KB043220

FIELDWORK
FOR HUMAN GEOGRAPHY

지리 답사란 무엇인가

FIELDWORK FOR HUMAN GEOGRAPHY

지리 답사란 무엇인가

리처드 필립스 • 제니퍼 존스
박경환 • 윤희주 • 김나리 • 서태동 옮김

푸른길

옮긴이 서문

지리를 배우거나 가르치는 사람이라면, 한번쯤 답사(踏査)는 '지리학의 꽃'이라는 표현을 들어보았을 것이다. 현장(現場) 또는 현지(現地)라 불리는 '저기 밖의 그곳'은 지리를 공부하는 사람들에게 학문적 가르침과 배움의 출발점이자 최종적인 도착점이라고 할 수 있다. '그곳'이 없으면 지리란 존재할 필요가 없으므로, '그곳으로 가는 여행'은 지리학자에 숙명이요 필연이리라. 그런 이유로 답사는 생생한 현실이 펼쳐지고, 지리적 열망을 불러일으키며, 영감과 상상력을 부여하는 곳으로의 학술적 여행이다.

그러나 사실 답사는 지리학의 전유물이 아니다. 오히려 지리학보다 답사를 훨씬 더 중요시하는 전공들도 많다. 사회학, 건축학, 인류학, 고고학, 역사학, 도시학, 지질학, 지구과학, 해양학, 관광, 미술 등은 말할 것도 없고, 생물학에서는 채집답사의 전통을, 국문학에서는 문학답사의 전통을, 그리고 심지어 철학과에서조차 철학답사의 전통을 이어오는 곳이 있다. 그럼에도 불구하고 우리는 답사가 '지리학의 꽃'이라고 말할 수 있을까? 다른 학문보다 지리학에서 답사가 중요하다고 말할 수 있을까? 답사가 지리학에 정말로 중요하다고 말할 수 있는 근거는 무엇일까? 지리를 가르치고 배우는 사람으로서 우리는 정말 답사를 중요시하고 있는가? 우리의 지리 답사는 정말 '꽃'이라고 부를 만큼 지적, 감성적 흥미와 영감을 불러일으키고 있는가?

이런 일련의 질문에 대해서 오늘날 지리를 사랑하는 많은 사람들이 선뜻 그렇다고 대답하기 어려운 것이 현실인 것 같다. 답사를 다니지 않더라도 이용할 수 있는 2차 자료가 충분하기 때문에, 현장에 다닐 수 있는 충분한 여건이나 여유가 없기 때문에, 또는 단순히 답사를 떠나는 것이 귀찮기 때문에 등의 여러 이유가 있을 터이다. 그러나 아마도 이런 질문들에 선뜻 대답하기 어려운 가장 큰 이유는 이런 질문 자체를 진지하고 체계적이며 깊이 있게 생각하고 대답해 볼 기회가 없었기 때문일 것이다. 곧 '지리'와 '답사'의 관계를 너무나 당연시해 왔기 때문이리라.

이런 점에서 이 책은 답사와 여행을 깊게, 진지하게, 그리고 무엇보다도 '재미있게' 생각해 볼 수 있게 도와준다. 이 책을 읽고 나면 답사에 대해서 갖고 있던 기존의 많은 선입견이 바뀔 것이다. 예를 들어, 우리가 답사의 중요성을 강조할 때 흔히 '아는 만큼 보인다'고 입버릇처럼 말하곤 한다. 그러나 이 책을 읽고 나면, 이런 표현이 답사에 대한 지극히 얕은 이해에서 비롯되었음을 인정하게 될 것이다. 저자의 주장을 토대로 그 이유를 말하자면, 아마 다음의 세 가지로 요약할 수 있겠다.

첫째, 무엇보다도 답사는 아는 것을 확인하려고 떠나는 것만은 아니다. 알기 위해서 떠나는 답사도 있고, 모르는 것 자체를 찾기 위해서 떠나는 답사도 있다. 심지어 자기 자신과 자신의 지식을 최대한 배제하고 오직 직관과 지각에 의존해서 영감을 얻으려고 떠나는 답사도 있다. 이런 점에서 지리 답사에서 아는 만큼 보인다고 강조하는 것은 답사를 지나치게 단순화하는 것일 뿐만 아니라, 배우는 사람이나 가르치는 사람이나 자신이 정작 무엇을 알아야 하는지를 쉽게 잊어버리게 만든다.

둘째, 이와 더불어 우리는 스스로 알기 때문에 또는 알고 있다고 믿기 때문에 답사에서 볼 수 있는 것을 보지 못하는 경우가 많다. 오히려 알고 있다는 생각이

보다 풍부한 답사를 방해하는 것이다. 답사는 언제나 앎에 대한 거울이므로, 배우는 사람이나 인솔하는 사람이나 언제나 자신과 타인의 앎의 상대성과 불완전성을 염두에 두어야 한다. 그렇지 않으면, 우리는 귀중한 시간과 자원을 투입한 답사에서 단지 사진이나 비디오로도 충분히 알 수 있는 것을 재확인만하고 돌아오게 될 것이다.

셋째, 아는 만큼 보인다고 할 때, '보는 것'은 답사 중 우리가 할 수 있는 여러 활동 중 단지 일부에 불과하다. 보다 정확하게 말하자면 답사 활동에서 '보는 것'을 중시하는 시각중심주의로 인해서, 우리는 답사에서 듣거나 만짐으로써 배울 수 있는 다른 많은 것들을 포기하게 된다. 답사는 우리의 정신과 감성과 육체를 아우르는 총제적 경험이다. 그럼에도 불구하고 우리는 흔히 답사를 '보는 경험'이라고 생각하니, 정말 안타까운 일이 아닐 수 없다. 나아가 우리는 답사에서의 감성적·정서적 경험을 진지하게 고려하지도 않고, 이를 학술적 탐구의 대상이라고도 생각하지 않는다. 그렇지만 오늘날 비재현이론에서 일컫는 생생한 '정동(情動, affect)' 또는 '감동(感動)'이야말로 우리가 답사에서 얻을 수 있는 중요한 경험이다.

지리를 사랑하는 우리는 답사가 중요하다고 선언적으로 말한다. 그렇지만 정작 체계적이고 깊이 있는 답사 프로그램과 프로젝트의 토양은 척박한 것 같다. 나 자신도 예전에는 지리 답사란 기껏해야 형태학적 지리학과 경관물신론의 소산에 불과하다고 폄훼하던 사람이었다. 심지어 '진정한' 지리학자는 가보지 않아도 아는 사람이라고 말하기도 했던 것 같다. 연구를 위해 답사를 하더라도 '답사를 하지 않으면 안 되는 마지막 상황'이 되어서야 비로소 답사를 하던 사람이었다. 지리에 문외한인 사람들에게 답사는 지리학의 꽃이라고 (위선적으로) 설파하면서 말이다. 정작 답사 현장에 가면 그렇게도 즐거운 것을, 왜 항상 마지못해서 갔던 것일까?

그러나 지리를 배우는 사람에서 가르치는 사람이 된 후, 언제부터인가 나는 답사의 중요성을 깨닫게 되었다. 내가 생각하는 현장과 학생들이 생각하는 현장 사이에 너무나도 큰 간극이 있었기 때문이었다. 나는 학생들이 내가 강의 시간에 말하는 다양한 지리적 세계를 이해할 수 있기를 바랐을 뿐만 아니라, 나 또한 학생들이 생각하고 있는 현장을 (곧 현상학적 생활세계를) 이해할 수 있기를 바랐다. 또한 이론적이고 추상적인 지리를 구체적인 현장에서 학생들과 함께 찾아보고 싶었다. 그래서 내가 소속된 학과에서는 답사를 학점화해서 매 학기마다 1학점 전공과목으로 개설하고 있다. 학생들이 졸업 요건을 갖추려면 적어도 6학점 이상을 취득해야 한다. 그리고 '현장을 보며 인솔자의 설명을 듣는' 관광식 답사를 벗어나, 보다 창의적이고 비판적인 자기주도적 프로젝트 답사를 시도하려고 노력하고 있다.

그러나 여전히 우리의 답사 토양은 척박한 것 같다. 적어도 독일과 영국에 비하면 말이다. 몇 년 전 한국과도 인연이 깊은 독일 킬대학교(Christian-Albrechts-Universität zu Kiel)의 로버트 하싱크(Robert Hassink) 교수께서 학부생 20명 정도를 인솔해 2주일간 한국 답사를 하던 중, 내가 소속된 학과를 방문해서 광주·전남 지역 및 지리교육에 대한 발표를 듣고 우리 학과 교수님 및 학생들과 함께 담양에서 즐겁게 점심 식사도 한 적이 있다. 당시 한국 답사를 위해서 직전 학기에 한국어 및 한국지리 과목을 수강하며 오랜 시간 준비했다고 즐겁게 말하는 독일 학생들을 부러워했던 기억이 있다. 우리 학생들도 과연 저런 답사를 할 때가 올까? 그렇게 생각하면서 말이다. 한편, 영국의 경우 답사연구회(Field Studies Council, FSC; http://www.field-studies-council.org 참조)라고 불리는 자선교육 단체에서는 "환경에 대한 이해를 모두에게!(Bring Environmental Understanding to All!)"라는 기치를 내걸고 오랫동안 답사의 전통을 지키고 발전시켜 왔다. 1943년에 설립된 이 단체는 영국 전역에 17개 답사 센터를 두고, 지리는 물론 역사,

사회, 생물, 지질, 환경 등 폭넓은 분야를 아우르는 다양한 답사 교육 프로그램을 운영하고 있다. 이 답사 센터의 프로그램에는 초등학생부터 대학생과 일반 성인에 이르기까지, 그리고 학생과 교사에서 동호회와 학부모 단체에 이르기까지 연간 14만 명이 참여하고 있다. 우리도 이런 전문적인 답사 센터 네트워크를 만들 수 있지 않을까? 지리 답사를 통해서 많은 사람들의 생각과 실천을 바꾸고, 이를 통해 사회를 보다 바람직하게 만들 수 있지 않을까? 그런 신나는 상상을 해 본다.

답사를 싫어하거나 폄훼했던 사람이 이 책을 읽고 나면 답사를 좋아하게 될 것이라고 나는 확신한다. 왜냐하면 나 같은 사람조차도 답사를 좋아하게 되었으니까 말이다. 또한 답사를 좋아하는 사람이라면, 이 책을 통해서 지리 답사를 보다 깊이 신중하고 창의적이며 비판적으로 생각할 수 있게 될 것이다. 왜냐하면 답사를 좋아하던 누군가가 이 책을 읽은 후 그렇게 바뀌었다고 내게 말해 주었기 때문이다.

이 책은 지리학, 특히 인문지리학 관련 분야를 전공한 대학생들을 주요 독자층으로 하고 있다. 그렇지만 지리에 관심 있는 고등학생들도 충분히 재미있게 읽을 수 있을 뿐만 아니라, 지리를 전문적으로 가르치는 지리 교사와 지리학자들이 읽기에도 부족함이 없다. 그만큼 이 책은 독자들이 쉽게 읽을 수 있게 되어 있으면서도, 지리 답사를 학술적 측면에서 비판적이고 깊이 있게 다루고 있다. 특히 이 책 곳곳에 실린 '엽서' 속에는 다른 곳에서는 쉽게 찾아보기 힘든 현장 지리학자들의 목소리가 생생하게 담겨 있다.

저자들이 이처럼 쉽고 재미있게 쓴 책을 내가 우리말로 쉽고 재미있게 옮겼는지에 대해서는 아직까지 자신감이 없다. 늘 그렇듯 번역이란 일은 잘해야 본전일 따름이다. 특히 이번에는 몇 명의 대학원생들과 실험삼아 함께 번역 작업을 해 보았다. 이 실험이 어떤 의미와 보람이 있을지는 나중에서야 알게 될 것 같다. 모쪼록 독자들이 이 책에서 번역의 부족함을 발견한다면, 부디 원저의 훌륭함을 보고 넓은 아량을 베풀어 주기를 바랄 따름이다.

번역을 마친 후, 이제 오늘날 '현장'과 '답사'가 나에게 어떤 의미가 있는지 다시 생각해 본다. 언제부터였던가? 자본에 대한 학문의 종속이 심화됨에 따라, 이제 지식은 지식의 생산 그 자체를 위해 생산되는 것 같다. 권력-지식의 (재)생산 구조를 확대하는 것, 그 이외의 어떤 목적도 없이 말이다. 이것이 오늘날 (누군가가 말한) 진실이라는 '황량한 사막'이 아니겠는가? 이런 진실이 너무나 익숙하고 이런 현실에 너무나 무디어져서, 이제는 언제부터 그랬는지도 기억나지 않는다. 그냥 늘 그래 왔던 것 같다. 그래서 공부하는 것이 지치고 허무하고 피곤할 때가 많다. 이럴 때마다 나는 '현장' 속으로 푹 빠져들고 싶은 충동을 느낀다. 왜냐하면 현장에는 그 '황량한 사막'이라는 진실이 펼쳐져 있지만, 이와 동시에 그 황량한 사막의 진실을 뒤엎어 온갖 생명력 넘치는 옥토(沃土)로 만들려는 현지인들의 '즐거운 고뇌'와 '슬픈 희열'과 '처절한 재미'가 넘치는 곳이기 때문이다. 그런 점에서 답사는 앎이나 지식이나 진실 나부랭이보다 훨씬 리얼하고 진정성 있는 실천으로의 여행이자 동시에 그러한 실천 자체이다.

2015년 5월

샌디에이고에서

역자진을 대표하여 박경환

한국어판 서문

한국의 독자 여러분,

제니퍼와 저는 리버풀에서 함께 지리를 가르치면서 여러 번의 답사를 통해 이 책을 출간했습니다. 우리 둘에게 학생들과 함께 하는 답사는 지리를 가르치는 과정의 하이라이트였습니다. 이는 단지 우리가 여행하는 지역이 우리에게 큰 영감을 불러일으켰기 때문만은 아니었습니다. 무엇보다도 답사의 전 과정을 통해 학생들이 생생한 지리를 경험할 수 있었고, 학생들의 상상력이 자라날 수 있었으며, 궁금한 것을 연구 문제로 표현할 수 있었기 때문입니다. 결과적으로 (밴쿠버에서 웨일스 북부에 이르기까지) 답사를 인솔한 것은 우리였지만, 정작 학생들은 우리에게서 배운 것 이상으로 우리에게 많은 것을 가르쳐 주었습니다. 학생들과 우리는 함께 큰 모험을 경험했던 것입니다.

우리는 이 책을 집필하는 과정에서 다양한 범주의 사람들에게 접근해서 그 성과물을 활용했습니다. 영국 빅토리아 시대의 교사들에서부터 오늘날 교육 전문가들, 1970년대 미국의 커뮤니티를 연구했던 급진적인 연구자들, 그리고 런던의 구도심 근처의 빛바랜 화랑에 살고 있는 예술가들에 이르기까지 말입니다. 이 모든 사람들의 생각이 학생들의 경험과 함께 이 책에 고스란히 녹아 있습니다. 이런 의미에서 볼 때, 답사란 언제나 외부에 열려 있고, 포용적인 프로젝트라고 할 수 있습니다. 답사의 경계가 확장되어 가는 경험은 우리를 언제나 짜릿하게 만듭니다. 그뿐만 아니라 비즈니스계와 같은 지리 영역의 외부에서는 상호작용에 기반을 둔 '가상' 답사를 개발함으로써 답사와 지리적 '상상'을 자신의 것으로 만들고 있습니다. 이런 가상 답사는 장소 기반의 상호작용을 극대화하도록 설계되어 있는데, 지리학 영역 밖의 지리학자들은 오늘날 이런 것들에 매우 친숙한 상태입니다.

우리는 이 책이 한국어로 번역되고 한국 독자들에게 읽힐 것이라는 소식을 듣고 매우 기뻤습니다. 박경환 교수님, 그리고 함께 공부하고 계신 대학원생들께서 이 책을 번역해 주신 것에 대해 영광스럽게 생각합니다. 박경환 교수님의 지적 관대함을 감사하게 생각합니다.

지리 답사는 언제나 열린 프로젝트입니다. 답사는 학생들이 자신의 생각과 방법을 확대하고 적용하는 하나의 공간인 것입니다. 우리는 한국의 학생들도 이런 '열린 답사'를 했으면 좋겠습니다. 부디 여러분이 이 책을 여행의 출발점으로 삼아서 새로운 지리의 지도를 그릴 수 있기를, 새로운 지리 사상을 발전시킬 수 있기를, 그리고 무엇보다도 답사에서 새로운 모험을 할 수 있기를 희망합니다!

리처드 필립스, 셰필드대학교

제니퍼 존스, 리버풀대학교

2015년 2월

도입

지리학자를 위한 답사

답사는 지리교육 및 지리학 연구의 핵심으로서, 지리학을 공부하는 모든 학생들이 필수로 수강하는 과목이다. 여러분처럼 수많은 학생들이 커리큘럼의 일부로서 자기가 살고 있는 곳을 벗어나 세계 곳곳에서 답사를 수행하고 있다. 이 중 많은 학생들은 낯선 환경에 대한 호기심에 이끌려서, 아니면 일상적인 강의와 시험을 벗어나 휴식을 갖기 위해서 답사에 매료된다. 미처 답사란 무엇이고 답사가 왜 필요한지에 대해 생각할 겨를도 없이 말이다. 그러나 이는 여러분이 답사 참가 신청서에 서명을 하고 답사를 떠날 준비를 마치기 전에 반드시 진지하게 고려해야 할 질문이다. 이 책은 지리 답사를 떠나려는 학생들을 위해서 쓴 책이다. 이 책을 쓴 목적은 학생들이 자신의 답사에서 최대한의 것을 얻을 수 있도록, 그리고 답사란 무엇이고 답사가 여러분에게 무엇을 줄 수 있는지를 분명하고도 비판적으로 생각할 수 있게 하려는 것이다.

답사는 실로 매우 다양하기 때문에, 답사에 어떤 단일한 원리란 있을 수 없다. 일반적으로 답사란 인솔자의 지도하에 교실 밖에서 직접적인 경험을 통해 이루어지는 학습이라고 정의할 수 있다(Lonergan and Anderson 1988: 1; Gold et al.

1991: 23). **지리** 답사의 경우, 이러한 정의는 좀 더 구체화되어 '학생들이 교실 밖으로 나가 지리적 이슈를 직접 경험할 수 있는 기회'라고 할 수 있다(Livingstone et al. 1998: 3). 답사 수업은 어떤 과목의 수업 시간 중 잠시 야외에 나가서 진행되기도 하지만, 반나절 또는 하루 동안의 현지 방문이나 보다 장기적으로 현지에서 거주하는 방식으로 진행되기도 한다. 또한 어떤 답사는 인솔자나 조교의 주도면밀한 지도 속에서 이루어지기도 하지만, 어떤 답사는 학생들이 독자적인 연구 프로젝트를 계획하고 수행하기도 한다. 또한 답사는 (경제지리학, 사회지리학, 문화지리학 등과 같이) 세부 전공과 밀접하게 진행되기도 하고, 어떤 답사는 보다 자유로운 범위에서 이루어지기도 한다. 또한 답사는 다양한 환경 조건하에서 이루어진다. 가령, 우리 고장의 내부와 외부, 국내와 국외, 도시와 시골 등에서와 같이 말이다. 어떤 학생들은 답사에서 특정 활동만을 수행해야 하지만, 점차 많은 학생들이 일정한 지도를 받되 자신만의 프로젝트를 독자적으로 계획하고 수행할 것을 요구받고 있다. 그러나 실제 대부분의 학생들은 일정한 지도와 자기 주도적 연구가 복합된 답사를 수행할 것이다. 또한 많은 답사들은 여러 측면에서 공통점을 갖고 있다. 아마 대부분의 지리 답사는 세계의 다양한 지역에서 이루어지지만 근본적으로 동일한 주제를 다룰 것이다. 그리고 답사의 형태 또한 넓은 측면에서 볼 때 비슷할 것이다. 따라서 학생들은 서로 다른 답사를 수행하고 있지만, 대개 비슷한 경험과 어려움에 직면하는 경향이 있다. 이 책은 답사의 다양성을 인정하면서도, 많은 학생들이 공감할 수 있는 근본적인 주제와 문제를 다루고있다.

여러분이 어떻게 답사할 것인가에 대해 생각할 때에는 여러분 이외의 다른 사람들이 왜 그리고 어떻게 답사를 했는지를 알면 큰 도움을 얻을 수 있다. 이는 답사에 있어서 연구자들이 (그리고 특히 지리학자들이 일반적으로) 어떠한 연구 방법을 적용했는지를 파악하는 것과 관련되어 있다. 지리학을 포함한 사회과학과 인문학 분야의 많은 책들은 답사에 적절한 연구 방법이 무엇인지를 설명하고 있다. 이 책은 이러한 방법을 반복해서 세세히 설명하기보다는 주요 연구 방법들이 서로 어떻게 관련되어 있고, 그 맥락이 무엇인지에 초점을 둔다. 이러한 연구 방법은 상호 보완적이고 중첩되어 있다. 여러분은 답사를 할 때에 어떤 연구 방법이 가장 적절할지를 결정하려 하지만, 실제로는 어떤 한 가지를 선택하기보다는 여러 방법을 유용하게 구사하는 능력을 기르는 것이 더욱 중요하다. 이런 능력을 키움으로써 여러분은 답사에서의 위험을 줄일 수 있고, 자신의 연구 결과를 다각도에서 조망할 수 있을 것이다.

7장에서는 면담과 초점집단 연구 방법을 다루고 있고, 8장에서는 참여적 접근과 참여관찰을 설명하고 있다. 나이절 스리프트(Nigel Thrift 2000)의 주장에 따르면, 지리학자들은 특정 종류의 방법에 지나치게 의존하기 때문에 자신의 연구나 답사 활동에서 훨씬 다양한 방법론을 구사할 수 있는 가능성을 간과하는 경향이 있다. 또한 이 책은 우리가 이미 잘 알고 있는 연구 방법만이 아니라 보다 상세한 설명이 필요한 방법까지도 포괄하고 있다. 6장은 경관 읽기와 관련된 내용을 다루고 있지만, 이미지와 텍스트를 어떻게 탐구하고 어떤 기술을 활용할 것인지에 대해서도 설명하고 있다. 9장에서는 '어떻게 탐험가가 될 수 있는지', 그리고 어떻게 지리적 호기심을 배양할 것인지 등 보다 포괄적인 질문에 대한 대답을 찾고자 했다. 각 장에서는 연구 방법과 맥락 간의 상호 관계를 구체적인 답사 경험 사례를 통해서 제시한다. 세계 도처에서 답사를 수행하고 있는 많은 노련한 답사 인솔자들이 이 책을 위해 기꺼이 자신의 경험담을 제공해 주었다. 이는 '엽서'라는 이름의 글상자로 소개되고 있다. 이 엽서들은 답사를 통해서 무엇을 얻을 수 있는지, 그리고 답사에서 어떠한 어려움과 난관에 직면할 수 있는지를 생생하게 보여 준다. 우리는 몇몇 학생들로부터도 엽서를 얻어서 이 책에 실었는데, 이는 답사가 지니는 또 다른 가치를 보여 줄 것이다.

답사와 방법에 대해서 설명하기에 앞서, 여러분이 왜 답사를 가려고 하는지에 대한 보다 근본적인 질문에 대해 논의하는 것이 중요하다. 1장은 여러분이 제한된 답사 기간 동안 어떻게 하면 최대한의 것을 얻을 수 있는지를 설명한다. 2장에서는 (많은 학생들이 궁금해하는 질문이기도 한) 답사가 학생들이 졸업한 후 직업을 갖는 데 어떤 도움을 줄 수 있고, 어떠한 역량을 배양하는 데 도움이 되는지를 설명한다. 그리고 3장은 학생 스스로 사전 연구 계획을 구상하고 답사 계획을 수립하는 방법을 설명함으로써, 여러분 혼자의 힘으로 답사를 준비하는 방법을 안내한다. 4장에서는 답사에서 고려해야 할 윤리적 사항과 더불어, 여럿이 함께 여행하고 답사하는 사회적 경험에 대해서 논의한다. 이러한 논의를 통해, 답사를 수행하는 현지 조사자로서 여러분이 어떻게 자신의 위치를 설정해서 답사 현장에서 윤리적이면서도 효과적인 연구를 수행할 수 있는지를 살펴본다. 우리는 여러분이 답사를 계획하고 수행하는 과정에서 대답해야 하는 중요한 이슈와 문제들을 제시한다. 우리는 여러분에게 질문에 대한 답이 무엇이라고 제시하기보다는 여러분 스스로 대답할 수 있도록 도와주는 데 목적을 두었다. 우리는 이를 통해서 여러분이 답사를 비판적이고도 창의적으로 수행할 수 있는 지름길을 찾기를 바란다.

차례

· 제1부 · 현장으로 들어가기

· 제2부 · 방법과 맥락

제1부

현장으로 들어가기

제1장

답사 쥐어짜기

개 요

이 장에서 논의할 주요 내용은 다음과 같다.

- 답사를 최대한 활용할 수 있는 방법은 무엇일까?
- 답사란 무엇이며, 답사가 지리학에서 중요한 이유는 무엇일까?
- '현장'이란 무엇이며, 우리에게 현장은 어떤 의미가 있을까?
- 답사를 비판적으로 생각한다면 어떤 점이 문제시될 수 있을까? 이 질문을 답사의 학술적 적절성, 학생들에 대한 실용적 가치, 답사에 소요되는 금전적·환경적 비용, 답사의 윤리적 차원에서 생각해 보자.

이 장에서는 여러분을 초대해서 답사의 즐거움을 만끽하게 하고, 답사를 진지하게 생각해 봄으로써 현장에 대해 도전적인 질문을 던지게 한다.

도입: 답사와 지리

답사는 지리학을 전공하는 많은 학생들에게 필수적이며, 많은 다른 학생들에게도 추천되는 사항이다. 왜냐하면 답사는 지리학계와 지리 관련 분야에서 매우 중요한 위치에 있기 때문이다. 지리학자에게 있어 답사는 의학의 임상실습과 같다. 좋건 나쁘건 답사는 "지리학에 입문하는 통과의례"로 여겨지곤 하며 (Rose 1993: 69), 답사 현장은 "진정한 지리학자가 되어 가는 곳"이라고 일컬어진다(Powell 2002: 267). 이는 지리학 교수들뿐만 아니라 지리학을 공부하는 학생들에게도 적용된다. 펠릭스 드라이버(Felix Driver)는 "완전한 지리학자는 일정한 기준에 따라 (곧 안전하고, 능숙하며, 효과적으로) 답사를 수행할 수 있는 사람"이라고 이야기했는데, 이는 지리학에서 답사의 위치를 잘 보여 준다. 또한 답사는 진정한 지리학자와 아닌 사람을 구별하는 기준으로 제시되곤 했는데, 캐나다의 지리학자 콜 해리스(Cole Harris)는 다음과 같이 말했다.

> 답사를 좋아하지 않는 지리학자들이 있다. 1960년대 저명한 공간 이론가였던 동료 지리학자 한 명은 감각을 통해 인지한 세상을 믿지 않았다. 그에게 이는 너무나 어지러운 것일 뿐이었다. 그는 고급 세단 뒷좌석에 앉아 눈을 지그시 감은 채 이동하는 것을 좋아했고, 집에서는 갱 영화를 즐기면서 여유를 즐기곤 했다. 그러나 우리 대부분은 그런 결벽주의자는 아닐 것이다. 우리는 세상에 뛰어들어 관찰하고, 질문하고, 대답하고, 어려운 문제를 풀며 기뻐한다. 이것이 우리가 일반적으로 말하는 답사다…. (2001: 329)

'그곳에 다녀온 적이 있다'라는 것은 지리학자들 자신뿐 아니라 그들의 연구 결과와 주장에도 신뢰성을 부여한다. 이러한 주장은 논쟁이 되기도 하는데, 이는 이어지는 장에서 살펴보고자 한다.

지리학의 전통에서 답사가 중요하게 된 것은 초창기 지리학자들과 지리 관련 제도의 영향 때문이다. 이들은 근대 지리학을 답사에 기반을 둔 학문으로 정의했다. UC버클리의 지리학과를 이끌었으며 북아메리카 지리학의 아버지로 불리는 칼 사우어(Carl Sauer)는 "지리학자는 어디에서든지 답사를 할 수 있도록 훈련받아야 한다."(Sauer 1956: 296)라고 이야기하며 답사를 강조했다. 그는 주말에는 가까운 지역으로, 그리고 휴가나 연구년에는 (멕시코와 같은) 멀리 떨어진 지역으로 답사를 다니면서 이를 몸소 실행에 옮겼다(West 1979). 이처럼 그의 실천은 지리학에서 답사의 중요성을 재차 강조한 사례라고 할 수 있다. 한편 답사를 강조하는 전통은 사우어 이전에도 있었고, 다른 많은 사람들도 공유하던 전통이었다. 대표적으로 지리학자인 윌리엄 모리스 데이비스(William Morris Davis 1850~1934)와 미국지리학회(Association of American Geographers)의 전통에서 이를 살펴볼 수 있다. 미국지리학회의 경우 1920~1930년대 내내 답사와 현장 기반 데이터의 중요성에 대해 이야기했으며, 답사를 포함한 연례 학술대회를 개최하기도 했다(Mathewson 2001; Rundstrom and Kenzer 1989). 또한 미국 밖에서도 많은 지리학자들이나 지리 관련 기관들이 답사를 중요시했다. 여기에는 탐험가들도 포함되어 있었다. 빅토리아 시기 가장 활발한 활동을 펼쳤던 학술 단체인 런던의 왕립지리학회(Royal Geographical Society)는 1859년 발간한 간행물에서 "지구 상의 구석구석을 샅샅이 탐험하는 중차대한 기획을" 수행할 것이라고 공언한 바 있다(*Times* 2009: 2). 교육자들도 답사를 중시해 왔다. 영국의 경우 1870년대 초창기 교육 정책에서부터 지금에 이르기까지 답사는 공교육에서 중요하게 다루어지고 있고(Ploszajska 1998: 758), 대학 교육에서도 지리학과가 처음 설립되었을 때부터 지금에 이르기까지 답사에 대한 관심이 계속되고 있다. 이는 학부 커리큘럼과 학자들의 연구 활동 모두에서 확인할 수 있다.

답사의 중요성은 사우어의 전통을 계승한 지리학자들뿐만 아니라, 이와는 다른 관점을 지닌 지리학자들에 의해서도 재차 확인되었다. 콜 해리스는 자신을 비롯한 '많은 지리학자들'에게 있어서 "지리학자로서의 삶에서 최고였던 순간은 답사에서의 짜릿한 경험들이었다."라고 회고했다(2001: 329). '현장'과 답사를 다른 관점에서 받아들이는 지리학자들도 해리스처럼 답사의 중요성을 강조한 바 있다. 1960년대 유행하던 계량지리에 도전하며 급진지리학을 이끌었던 윌리엄 벙기(William Bunge)는 '보지 않고 인용(cite not sight)'하는 지리학자들의 경향을 비판하며(1979: 171), 현장에 직접 뛰어들어 발견하는 것이 중요하다고 주장했다. 그는 답사 중 주민들을 연구에 참여시키는 사례를 보여 주기도 했다. 좀 더 최근에는 답사와 현장을 중요시하던 시기의 지리학사를 연구하는 이들도 생겨났다. 데이비드 스토다트(David Stoddart)는 지리학의 역사를 다룬 그의 저서 『지리학에 대해(On Geography 1986)』를 소개하며 "이 책은 안락의자가 아닌 현장에서 쓴 것이다."라고 이야기했다. 이 책은 온갖 종류의 답사에 대해서 서술하면서, '위대한 아름다움과 다양성의 세계가 탐험을 기다리고 있음'을 찬양하고 있다.

답사는 영미 지리학만의 전통이 아니다. 답사는 다른 지역의 지리학 연구와 교수법에서도 핵심을 차지하고 있다. 예를 들어, 싱가포르에서는 독립적이고 창의적이며 비판적인 교육을 실현하기 위해 교육부의 지원하에 교육학자들이 답사 활용 방법을 배포하고 있다(Chuan and Poh 2000). 이와 마찬가지로 아르헨티나와 홍콩 등 다른 나라의 지리학자들도 '그 무엇으로도 대체할 수 없는' 답사의 역할에 대해 주장하며, 커리큘럼에서 답사의 영역을 넓히려는 캠페인을 성공적으로 진행해 왔다(Kwan 2000; Ostuni 2000). 지금까지의 논의를 정리해 보면, 오늘날 답사의 가치와 목적에 대한 국제적 합의는 상당히 이루어졌다고 할 수 있다.

마지막으로, 답사 전통은 (소위 학문의 아버지 또는 오늘날처럼 '어머니'라 불리는) 역사적인 인물에 의해서만 계승되는 것은 아니라는 점을 강조하고 싶다. 답사는 답사에 참여하는 사람들뿐만 아니라, 답사를 지원하는 사람들에게도 의존한다. 오늘날 승무원, 운전자, 요리사 등 답사를 위해 교통과 숙박을 제공하는 모든 사람들이 포함된다. 궁극적으로 학부 수준의 답사는 학생 자신이 답사와 자신을 어떻게 연관지을 수 있는가에 따라 성공하기도 하고 실패하기도 한다. 답사에 대한 교육 관련 분야의 논문들은 학생들이 답사를 얼마나 애호하는지를 자주

인용하면서, (어떤 학생이 강의 평가에서 쓴 것처럼) "답사는 교육 내용에 생기를 불어 넣는다."라고 설명한다(Hope 2009: 175). 그리고 이 논문들은 답사 프로젝트에 기반을 둔 (또는 이와 관련된) 학습 유형을 탐구하면서 왜 이런 학습이 효과적인지를 설명한다. 이는 지리학자들뿐만 아니라 학생들도 답사가 중요하다고 생각하고 있음을 보여 준다. 요컨대 답사의 전통은 일정한 수준에서 계속되고 있고 생생하게 살아 있으며, 학생들은 이러한 답사를 만드는 데 중요한 역할을 하고 있다.

한편, 시대와 장소에 따라 답사의 의미에는 차이가 있다. 답사의 전통에는 연속성도 있지만, 변화와 다양성도 포함된다. 곧 답사는 단일한 전통이라기보다는 다양한 실행과 교섭의 과정을 거친 복수의 전통들로 구성된다. 단순히 앞선 사람들이 그곳으로 답사를 다녀왔다고 해서 그곳으로 답사를 가서는 안 된다. 우리는 '답사는 무엇이며 왜 해야 하는지, 그리고 현장이란 무엇이며 현장에서 무엇을 해야 하는지'에 대한 도전적인 질문을 던져야 한다.

답사란 무엇인가?

답사는 대개 교실 밖에서의 직접 경험을 동반하는 학습이라고 정의할 수 있지만, 앞서 말한 바와 같이 시대와 장소에 따라 답사가 의미하는 바는 다르다(Lonergan and Andersen 1998: 1; Gold et al. 1991: 23). 이는 생각보다 간단한 문제가 아니다. 왜냐하면 사람마다 '지리적 문제'에 대한 이해가 다르기 때문이다. 어떤 교과서는 학생들이 답사를 할 때 "어떤 건축물이나 마을의 역사적 사실에만 또는 자신이 찾아낸 동식물에 관한 생물학적 정보에만 관심을 가지져서는 안 된다."고 적고 있다(Glynn 1988: 3). 이 책은 답사를 보다 포괄적이면서도 보다 지리적으로 정의하고자 한다. 곧 역사적이거나 생물적인 것을 배제하지 않고, 이러저러한 여러 현상들을 지리적 관점에서 포괄하고자 한다. 이 책은 '지리학자'를 위한 답사를 다루고 있으며, 답사는 '대학과 국가 학문 체계에 있어서 지리학을 독립된 학문으로 뚜렷이 부각'시키는 데 중요하다(Pawson and Teather 2002: 275). 그러나 지리 답사는 인류학이나 문화연구 등 인접 학문과도 깊이 관련되어 있다는 점 또한 염두에 두자.

이제까지 답사의 일반적 정의를 간략하게 살펴보았다면, 지금부터는 답사가 매우 다양하게 이해되고 있음을 살펴보자. 답사는 스케일과 같은 특정한 지리적 개념을 가르치고 배우기 위한 수단, '신의 창조물에 대한 은총'을 이해하기 위한 수단(Masden 2000: 17), 활기차고 생동감 넘치는 바깥 세계를 통해 교실의 딱딱하고 공식적인 분위기를 바꾸기 위한 수단(Geikie 1887; Knapp 1990), 애국심과 시민의식의 가치를 심어 주는 수단(Layton and White 1948), 국제 평화와 이해의 폭을 넓히는 수단(Marsden 2000)과 같이 다양하게 이해되고 있다. 이처럼 답사는 시대와 장소에 따라 이해되는 바가 다르다. 골드 등(Gold et al. 1991)은 나름대로의 역사를 지나면서도 상호 관련되어 있는 답사의 세 가지 전통을 (또는 답사에 대한 세 가지 접근 방법을) 제시한 바 있다. 첫 번째는 '탐험 전통'으로 새로운 곳에 직접 가서 보는 것이다. 두 번째는 '지역적 전통'으로 지역에 기반하여 자연 및 인문 현상이 상호작용하는 모습을 조사하는 것(1991: 22)이다. 마지막으로 '관찰 및 경험주의 전통'으로서, 이는 '관찰 가능한 사실'을 출발점으로 삼아서 '답사를 통한 능동적인 학습을 강조하는' 데 기여했다(1991: 23). 여기서는 편의상 위와 같이 세 가지로 구분했지만, 이런 구분이 절대적인 것은 아니다. 또한 이런 전통은 상충되고 경합되어 조화를 이루기 어려울 때도 있다. 그러나 우리가 궁극적으로 제시하려는 바는 답사가 다양하고 경합적인 여러 실천들의 집합이라는 점이다. 위와 같은 분류는 어떤 유형의 답사가 보다 바람직한지 그리고 그 이유는 무엇인지를 표현하기 위함일 뿐이다.

어떤 문헌들은 답사를 야외학습이라고 정의하면서 답사와 관광의 차이점도 강조한다. 고등교육에서의 지리교수법 매뉴얼 중 하나는 답사 관련 단원을 다음과 같이 자못 엄중한 경고로 시작한다. "지리 답사는 소풍이나 야유회, 수학여행과 혼동해서는 안 된다."고 말이다(*Field Training in Geography* by P.F. Lewis, Gold et al. 1991: 21 재인용). 답사에 비판적인 사람들은 답사란 '학술 여행'에 불과하다고 일축하면서(Mowforth and Munt 1998: 101), 답사를 관광과 다를 바 없이 무비판적이고 신식민주의적인 것이라고 보았다. 학생 답사는 실제로 이러한 비판에서 자유롭지 못한 경우가 있다. 디나 애벗(Dina Abbott)은 영국 학생들과 감비아 답사를 하던 중에 참가했던 현지 관광에서, 관광 가이드가 감비아를 노예무역의 역사를 지닌 서아프리카의 작은 국가라고 소개하는 것에 대해 불편한 감정을 느꼈다고 밝혔다. 학생들과 관광객들이 섞여 있던 현지 관광팀은 "노예무역으로 얼룩진 감비아의 역사를 반갑게 맞이했으며, '이제 감비아는 충분히 봤다'고 느낀 다음에는 곧장 (자신들이 타고 온) 보트로 되돌아갔다."(2006: 330) 애벗은 학생들이 "현지인으로서는 구별할 수 없는 또 한 무리의 '백인' 관광객들에 불과할 따름이었다."는 회의적인 결론을 내렸다(2006: 335). 보다 가볍지만 답사를 가는 동료나 친구에게 '그럴듯한 핑계를 대고 놀러가는 것이 아니냐'고 농담하거나 비웃는 모습도 이와 마찬가지다.

답사 인솔자들은 답사가 주마간산(走馬看山)식의 단체 관광(Cook's Tour)과는 다르다는 점을 강조하면서, 답사와 관광을 뚜렷이 구별함으로써 이런 비판을 반박한다. 또한 이들은 답사에는 신뢰할 만한 여러 가지 유형들이 있다는 점도 강조한다. 닐 코와 피오나 스미스(Neil Coe and Fiona Smyth)는 다음과 같이 이야기한다(2010: 126).

학생들의 첫 답사 경험은 대개 전문적인 지식을 갖춘 인솔자가 가르치는 방식이었을 것이다. 이런 답사 방식에서는 전문적인 답사 인솔자가 학생들을 위해 준비한 여러 장소들에 대한 해설과 설명이 짜임새 있게 계획된다. 때로는 보다 전문적인 지식을 듣기 위해 현지 전문가가 투입되기도 한다. 이런 답사에서 학생들은 지식을 수동적으로 전달받는 입장이 되며, 질문에 대한 전문가의 대답이나 설명을 단순히 노트에 받아 적게 된다. 이 경우 인솔자의 역할은 '관광 가이드'와 다를 바 없게 된다.

코와 스미스는 보다 진보적이고 학생들 스스로가 주도하는 답사를 제시한다. 다른 학자들도 답사를 이와 비슷하게 구별지어 왔다. 이-푸 투안(Yi-Fu Tuan)은 답사란 "관광객들이 한 바퀴 구경하는 것과 거의 다를 바가 없다."면서 답사에 회의적이기도 했지만(2001: 42), 학생들이 좀 더 창의적이고 역동적인 역할을 수행하는 답사 모델을 제안하기도 했다. 답사에 대한 이러한 이분법적 구분이 항상 옳은 것은 아니다. 가령, 학생들이 낯선 곳에서 자신의 독자적인 연구 프로젝트나 탐험을 수행해야 할 경우, 그곳에서 기본적으로 숙지해야 할 사항이나 기초적인 지역 정보를 제공해 주는 오리엔테이션 답사는 학생들에게 매우 유익하다(Herrick 2010). 또 다른 한편으로 학생 중심의 답사는 사실 새로운 것이 아니다. 이전 세대의 학자들도 학생들에게 흥미롭고 매력적일 수 있는 새로운 답사 방식을 시도해 왔다. 울드리지(Sydney W. Wooldridge)는 이미 반세기 전에 '바람직한 답사'란 학생들이 무엇을 듣느냐가 아니라 무엇을 '하느냐'와 관련되어 있다고 말한 바 있다(1955: 79; Marsden 2000: 31 재인용). 빌 마스덴(Bill Marsden)은 "답사는 소위 진보적인 지리 교육과 항상 함께 해 왔다."고 말하기도 했다.

관광과 답사의 차이 및 수동적 답사와 능동적 답사의 차이는 답사 인솔자만이 생각해야 하는 문제는 아니다. 학생으로서 여러분도 답사에서 자신의 학습에 대해 책임감을 갖고, 답사에서 능동적인 역할을 할 수 있어야 한다. 필자들은 우리와 함께 밴쿠버로 답사를 떠난 학생들에게 '답사와 관광의 차이'가 무엇인지를 물어 보았다. 아래는 학생들의 답변 중 일부이다(조사는 답사가 종료된 후에 실시되었다).

답사는 상호작용의 수준이 다른 것 같아요. 우리는 답사에서 관광을 통해서는 알지 못했거나 관심조차 두지 않았을 것 같은 지역이나 주제를 공부했어요. (해나)

답사 여행에서 재미를 찾을 수도 있겠지만, 답사의 일차적 목적은 공부와 자기 계발에 있다는 것을 염두에 두어야겠어요. (앤서니)

관광은 휴식, 여가, 사업 등을 위해 목적지에 가는 것이므로 현지에서 쓸 돈이 반드시 필요하지만, 답사는 연구 프로젝트를 수행하기 위한 것이기 때문에 해당 지역에 대한 공부가 반드시 필요한 것 같아요. (소라야)

만일 관광으로 갔었더라면 둘러보지 않았을 곳들을 둘러볼 수 있었어요. (엘리자베스)

아마 위의 학생들이 한 가지 답변을 추가할 수 있었더라면, 답사는 매우 힘든 활동이라고 대답했을 것이다(그림 1.1). 이러한 측면은 특히 많은 시간과 노력이 필요한 답사에서 잘 드러난다. 장시간 비행은 피로를 유발하며, 시차는 '현지 곳곳을 누비려는' 인솔자와 학생들의 능력을 반감시킨다(Nairn et al. 2001). 답사는 휴가가 아니다. 훌륭한 학생 답사가는 능동적인 학습자로서 언제나 질문을 던지고 그 답을 찾으려고 애쓰는 사람이다. 우리는 모든 학생들이 이 책을 읽고 자신만의 답사를 할 수 있기를 바란다.

시간이 흐르면서 답사가 달라진 또 다른 측면 중 하나는 오늘날의 답사가 '단단한 부츠(등산화)를 신고 다니는' 전통적인 답사 유형으로부터 점차 이탈하고 있다는 점이다. 이런 변화로 인해, 학생 답사가들은 답사가 어떤 것들과 관련되어 있는지에 대해 보다 도전적인 질문을 제기하고 있다. 질리언 로즈(Gillian

■ **그림 1.1** 여러분의 친구들은 이 사진을 보고 휴가를 떠난다고 이야기할지도 모르지만, 해외 답사는 매우 힘든 여정이다! (사진: Richard Phillips)

Rose 1993)는 지리 답사의 젠더화를 강하게 비판하면서, 지리학자들로 하여금 '건강한 남성'과 밀접하게 연관된 일련의 실천을 폐기하라고 촉구한 바 있다(1993). 비록 이 비판으로 인해 일부 지리학자들은 답사와 완전히 벽을 쌓아 버리기도 했지만, 많은 다른 지리학자들은 이를 자신의 답사 수행 방식을 재고(再考)하는 기회로 삼기도 했다. 이 결과 오늘날의 답사는 '높은 곳에서 내려다보는 남성'의 전유물이라는 일반화가 성립되지 않게 되었다. 정리하면, 오늘날의 답사는 훨씬 다양하고 포괄적이며, '면담과 어린이, 랩톱컴퓨터와 도시 환경, 현지 협력자와 연구자의 성찰성, 그리고 당연히 여성'까지도 관련되어 있다(DeLyser and Starrs 2001: iv).

진보주의자들뿐만 아니라 전통주의자들 또한 답사에 대한 새로운 접근을 인식했지만, 이들은 이런 변화를 달가워하지는 않았다. 가령, 2009년 많은 비평가들은 왕립지리학회가 근 10년 이상 현장 연구 프로젝트를 발주하지 않았다고 주장하면서 그 뿌리를 잃었다고 비판했다. 또한 "리빙스턴 박사(Dr. Livingstone)는 현장을 부끄러워하는 리빙룸 박사(Dr. Livingroom)로 변모했다."고 비꼬았다(*Times* 2009: 2; Maddrell 2010). 이런 논쟁과 이견을 살펴보는 것은 중요하다. 왜냐하면 우리는 이를 통해 답사란 단순하게 전승되어 온 전통이 아니라, 복잡하고 상충하며 변화하는 총체적 실천임을 알 수 있기 때문이다. 학생들 역시 (사우어에서 로즈에 이르는) '위대한' 지리학자들에 의해 전승되어 온 답사의 정의나 모델을 단순히 수용하는 것을 넘어서 답사를 왜, 어디서, 어떻게 수행해야 하는지에 대해 도전적인 질문을 던질 수 있다. 이를 위해서 학생들은 자신의 답사에 책임감을 가져야 하고, 이 책에서 소개하는 답사와 관련된 논쟁(이 책의 후반부에서 이런 논쟁을 보다 상세히 살펴볼 것이다)에 비판적으로 참여해 보며, '자신'이 답사에 어떻게 접근할지를 결정할 수 있어야 한다.

현장이란 무엇인가? 어디로 답사를 떠나야 하는가?

지리학에서의 '현장(現場)' 또는 '현지(現地)'는 고고학에서의 '발굴'이자 역사학에서의 '사료'와 같다. 곧 현장은 "문자 그대로 어떤 곳일 뿐만 아니라 중요한 상상물이다."(Kearns 2002: 76) 그렇다면 현장은 어디이고 무엇을 의미하는가?

답사가들은 온갖 장소들에 이끌려 왔다. 탁 트인 경관을 조망할 수 있는 높은 곳을 선호한 것이 사우어가 처음은 아니었다. 1885년 영국의 한 교육자도 "학생들은 전망이 좋은 높은 곳에 서서 지리적 첫인상을 받을 수 있어야 한다."면서 이와 비슷한 주장을 한 바 있다(Bain 1885: 273; Marsden 2000: 16 재인용). 어느 곳에서 답사를 해야 하는가에 대해서는 상당히 다양한 관점들이 있어 왔다. 어떤 사람들은 우리가 알고 있고 당연하다고 여기는 곳에서 충분히 벗어난 (곧 교실이나 집에서 멀리 떨어진) 곳이라면 모든 곳이 현장이 될 수 있다고 생각했다. 반면, 어떤 사람들은 답사는 집이나 동네에서도 이루어질 수 있고, 또 그렇게 이루어져야 한다고 주장하기도 했다. 영국 빅토리아 시기의 또 다른 교육학자였던 로리(Laurie)는 "자비심과 마찬가지로 가르침은 집에서 시작되어야 한다."고 주장했는데(1888: 96~97; Marsden 2000: 16 재인용), 이는 최근 가정의 지리에 대한 지리학 연구에 의해 뒤늦게 주목을 받고 있다(Blunt and Dowling 2006). 특히 교육에 관심이 있는 몇몇 연구자들은 교실 역시 현장이 될 수 있다고 보았다. 로즈(1993)는 전통적으로 지리 답사가 낯선 것들에 과도하게 집중했기 때문에, 현장이라고 하면 으레 이국적인 곳을 떠올리게 되었다고 말했다. 다른 학자들도 이에 동의하면서, 현장 답사가들이 일상적인 장소나 현상을 간과하는 대신 '특별한' 곳에 과도하게 주목해 왔다고 말했다(Gold et al. 1991: 29). 곧 동네, 집, 교실 등의 익숙한 장소는 오히려 새로운 것을 발견하기 어려울 수 있다는 점에서 답사를 하기에 더욱 도전적인 곳이 될 수 있다. 뉴질랜드 캔터베리에서 답사를 가르치는 에릭 포슨과 엘리자베스 티더(Eric Pawson and Elizabeth Teather)는 현장이 집과 가까울 경우 다음과 같은 통찰력을 배울 수 있다고 말했다.

> 어떤 학생은 멀리 답사를 다니지 않고서도 최우수 평점을 받을 수 있었다. 그 학생이 속한 팀은 그 학생이 아르바이트를 하던 주유소 근처의 작은 동네를 대상으로, 지난 4년간의 경관 변화를 살펴보면서 그 동네의 글로벌 브랜드 업체들이 얼마나 늘어났는가를 살펴보았다. 학생들은 캔터베리 탐험을 통해 로컬 장소들을 '보는 법'을 배움으로써 단시간에 엄청난 즐거움을 느꼈다고 말했다. 또한 학생들은 해외 답사 기회가 생겼을 때에 활용할 수 있는 분석 기술도 터득할 수 있었다고 한다. (2002: 82)

인류학자인 제임스 클리퍼드(James Clifford)는 "누군가가 답사를 떠난다거나 현장에 간다고 말하면, 대개 사람들은 내부와 외부가 뚜렷이 구별되는 독특한 곳이라는 (그리고 물리적 이동을 통해 그곳에 도달하는) 이미지를 떠올린다."고 지적 한 바 있다(1997: 54). 그렇지만 클리퍼드는 이러한 가정이 항상 성립되는 것은 아니라고 했다. 우리는 이미 답사 현장이 언제나 집이나 교실에서 멀리 떨어져 있어야 한다는 가정이 옳지 않음을 살펴보았다. 이와 더불어, 우리는 이제 현장이 언제나 눈에 보이는 뚜렷하고 물리적인 장소여야 한다는 상식적인 가정 또한 옳지 않음을 알 수 있다. 마틴 도지와 롭 키친(Martin Dodge and Rob Kitchin 2006)은 '답사'에 인터넷을 포함하면서, 인터넷은 정보에 접근할 수 있는 매체일 뿐만 아니라 그 자체로 연구 대상이라고 말했다. 앤드루 데이비스(Andrew Davies)는 지리적으로 분산되어 있는 티베트 동포들과 활동가들의 네트워크를 연구하면서, '현장'은 단일한 물질적 공간이라기보다는 상호 연결된 장소들의 네트워크라고 표현하기도 했다.

자, 이제 답사를 할 때 어느 곳을 현장으로 선정해야 하는가라는 질문으로 되돌아가자. 그 대답은 다음과 같다. '멀든지 가깝든지, 물적 공간이든지 가상 공간이든지, 특정 장소든지 아니면 장소들 사이에 있든지 간에, 어떤 곳이나 그리고 모든 곳이' 현장이다. 현대 지리학 연구에서 연구 현장의 다양성은 그림 1.2와 1.3에서 살펴볼 수 있다. 답사는 내부도시로의 단체 방문에서부터 네팔 어린이들의 참여관찰에 이르기까지 매우 다양하다. 그림 1.2의 사례는 이 책의 5장에서, 그림 1.3의 사례는 8장에서 다룰 것이다.

답사의 핵심은 우리가 어디를 가느냐의 문제가 아니라, 우리가 왜 그곳을 선택했고 왜 그 선택이 타당한지와 관련되어 있다. 곧 현장은 유형(有形)의 장소일 뿐만 아니라 보는 방식과도 관련되어 있다. 펠릭스 드라이버는 현장은 단순히 '거기'가 아니라, 특정한 방식을 통해 (곧 '상이한 경관으로의 물리적 이동뿐만 아니

■ **그림 1.2** 트레버 반스(Trevor Barnes)가 밴쿠버의 다운타운이스트사이드(Downtown Eastside) 일대 답사를 인솔하고 있다. (사진: Richard Phillips)

■ **그림 1.3** 리버풀 존무어대학교의 학생인 루시 우즈(Lucy Woods)가 네팔에서 참여 사진 프로젝트 활동을 보여 주고 있다. (사진: Sara Parker)

라 수많은 지점들 사이의 문화적 이동에 의해 생산되고 재생산됨으로써') 마주치는 공간이라고 말했다(2000: 267). 이러한 만남은 뚜렷한 '일시성'을 가진다. 다른 강의와는 달리 답사는 제한된 시간에 집중적으로 이루어지며, 학습 또한 매우 집약적이며 실시간으로 일어난다. 이러한 (답사 현장의 물리적 지리와 가상의 지리, 답사를 구성하는 학술적 실천, 답사에 참여하는 학생들과 인솔자, 특정 시간 및 특정 장소로의 집약 등과 같은) 답사의 구성 요소들은 기존의 학습을 '변화시킬' 수 있는 가능성의 조건이기도 하다(Herrick 2010:114). 답사가 짜릿한 이유는 답사 중에 어떤 일이 일어날지 알 수 없기 때문이다.

답사를 비판적으로 생각하기

권위 있는 지리학자들이 답사를 지지하며 이를 계승해 왔고, 몇몇 이들은 주말과 휴일에 답사를 하며 이를 실천으로 옮겨 왔지만, 답사 전통이 얼핏 보는 것만큼 보편적이고 강한 것은 아니라는 점에 주목할 필요가 있다. 답사를 최대한 활용하기 위해서는 이러한 지리적 전통에 대해 도전적인 질문을 제기하고, 왜 답사가 모든 지리학자에게 사랑받지 못하는가에 대해 생각해 보아야 한다. 이를 위해서는 답사의 실제적, 학술적 문제에 정면으로 부딪혀 보아야 한다.

많은 지리학자들이 답사의 중요성을 주장했지만, 실제로 항상 답사를 떠나거나 학생들을 인솔하는 경우는 드물었다. 또한 답사를 떠난다고 하더라도 모든 학생들이 이에 동참한 것은 아니었다. 홍콩의 태미 콴(Tammy Kwan)은 강의를 담당한 교수와 학생들 모두 답사를 떠나는 것이 좋은 생각이라는 점에는 동의하면서도 항상 이를 실천하지는 않는다고 하면서, 의도와 실천이 불일치한다고 지적했다(Kwan 2000). 또한 2000년 미국에서 실시된 한 설문 조사는 학부 수준에서 답사의 중요성에 대해 많은 이들이 공감하지만, 답사 관련 교과를 수강한 학생 중 5%와 지리를 전공한 졸업생의 약 15%만이 실제 답사에 참여했다는 결과를 발표했다(Peterson and Earl 2000: 216). 곧 지리학을 전공하는 대부분의 학부생들이 답사를 위한 연구 방법론 교과를 이수하지 않았다는 것이다. 이는 몇몇 연구자들의 강의나 연구를 통해서 인지되는 바와 같이, 전반적으로 답사가 쇠퇴하고 있음을 보여 준다. 로버트 런드스트롬과 마틴 켄저(Robert Rundstrom and Martin Kenzer)는 이미 지난 20여 년 동안 "인문지리학에서 답사의 영향력이 축소되어 왔다."고 보고하면서, 1차 자료 수집을 위한 현지에서의 답사 체류는 최근 60년 중 가장 바닥에 떨어진 상태이며, 특히 1970년대 이후 급격히 감소했다고 주장했다. 그러나 설령 이들의 주장이 옳다고 해도, 이런 현상이 보편적인 것은 아니다. 영국의 경우, 장거리 답사 여행이 증가하고 학생들이 답사에 소요되는 비용을 기꺼이 부담하려는 경향이 강해짐에 따라 답사가 훨씬 활발해지고 있으며, 답사 방식도 달라지고 있다. 결과적으로 답사의 범위와 영역이 크게 확대되었을 뿐만 아니라, 교수-학습 방법의 다변화로 인해 답사의 전 과정에서 학생들의 능동적인 역할이 크게 강화되었다.

어떤 곳들의 경우에는 몇 가지 불리한 여건으로 인해 답사가 크게 활성화되지 못하고 있다. 답사에 필요한 시간과 자원에 대한 투자를 줄이고 있는 대학, 현지에서의 건강 및 안전에 대한 우려, (답사 중 사고와 관련된) 소송을 제기한 학생과 학부모를 파악하고 상대하는 데 소요되는 비용, 답사의 가치를 역설하지만 그를 뒷받침하는 노력이 없는 학계, 학비를 스스로 벌어야 하기 때문에 아르바이트를 잠시도 중단할 수 없는 학생들, 점차 증가하는 답사 비용 등이 이런 여건에 해당된다(Herrick 2010). 만약 이 책을 읽고 있는 여러분이 조만간 답사를 떠나는 학생이라면, 이런 이유들은 직접적인 우려 사항이 되지는 않을 것이다. 그러나 왜 모든 대학(또는 학과)에서 답사를 가지는 않는지 또는 왜 모든 학생들이 답사 기회가 주어졌을 때 이를 선택하지는 않는지 등의 질문과 관련해서, 현실적 또는 환경적 이유는 아니더라도 학술적 이유에 대해서만은 관심을 가질 필요가 있다. 답사에 대한 이러한 우려와 비판을 이해함으로써 여러분은 자신만의 비판적이고 강력한 답사 접근법을 개발할 수 있을 것이다. 이 책에서는 답사에 대한 우려와 비판을 크게 네 가지 측면에서 살펴보고자 한다. 첫째는 지식으로서 답사의 적절성, 둘째는 학생들에 대한 답사의 실질적 가치, 셋째는 답사에 소요되는 금전적·환경적 비용, 넷째는 답사의 윤리이다. 다음 절에서는 이 네 가지를 간략하게 개요하고, 책 전체에 걸쳐 이에 대한 대답을 탐색해 볼 것이다.

디지털 시대에 답사는 적절한가?

지리학에서 지역지리가 전성기를 누리던 시절, 답사는 매우 중요한 위치에 있었다. 그러나 시간이 지남에 따라 지리학의 학문 경향도 계속 변해 왔고, 답사 또한 이에 발맞춰 어떻게 변해야 할 것인가에 대한 질문에 봉착했다. 1960년대 계량혁명 시기, 지리학은 2차적인 수치 데이터에 관심을 가지기 시작했고 (Rundstrom and Kenzer 1989), 이는 디지털 시대인 오늘날에 더욱 강화된 것으로 보인다. 미국의 주요 지리학과를 대상으로 한 설문 조사가 보여 주듯이 많은 사례에서 답사는 '기술적인 응용 과목'으로 대체되어 왔다(Gerber and Chuan 2000: 11; Peterson and Earl 2000 참조). 일부 응답자는 답사 방법이 오늘날 정보 기술이 지배하는 학술 환경에서 점차 쓸모없게 되어 버린다고 답변하기도 했다. 이렇게 답사에 회의적인 일부 사람들이 답사의 가치를 믿고 답사의 적절성을 설파하고 있는 우리와 같은 사람들에게 도전장을 내밀고 있다.

그러나 답사는 새로운 기술의 등장으로 인해 쓸모없는 것이 되지는 않는다. 오히려 답사는 새로운 기술의 덕분에 훨씬 더 풍부해지고 있으며, 새로운 기술이 현장에서 적용될 수 있는 가능성을 훨씬 더 크게 열어젖히고 있다. 실제로 미국 대학의 지리학과를 대상으로 한 위의 설문에서는 (학생들에게 큰 인기를 끌고 있는) 뛰어난 답사 과목들의 경우 새로운 기술을 효과적으로 흡수해 오고 있음을 밝히고 있다. 답사는 "교실이나 실험실의 디지털 기기를 통해서는 알 수 없는 근본적인 개념을" 쉽게 이해할 수 있게 한다(Gerber and Chuan 2000: 11). 답사에 어떻게 기술을 적용할 수 있을지 그 가능성을 이 책에서 샅샅이 탐구하는 것은 어려운 일이다. 10여 년 전만 하더라도 GPS나 GIS 같은 기술이 강조되었다(Peterson and Earl 2000). 이는 오늘날에도 여전히 활용되지만 최첨단 기술 목록에서는 제외되었다. 최첨단 기술로 급격히 (지금 이 글을 쓰는 순간에도) 부상하고 있는 것은 트위터와 같은 통신 기술이다. 이런 SNS 기술을 통해, 우리는 실시간으로 답사 프로젝트를 관리하고 그 결과를 생산하고 유포할 수 있다. 현행의 정보 통신 기술을 소개하고 이의 '활용 방법'을 안내하는 책은 시간이 지나면 쉽게 그 가치를 잃게 될 것이다. 이 책에서 기술과 관련된 내용은 모든 장에서 다룰 것이며, 이러한 기술을 답사와 연결시킬 수 있는 가능성에 대해 살펴볼 것이다. 예를 들어 6장에서는 답사에서 녹화와 녹음 기술을 어떻게 사용할 수 있는지, 그리고 인터넷과 통신 기술이 어떻게 적용되는지에 대해 살펴볼 것이다.

답사는 이론으로부터의 탈출인가?

이따금 지리 답사는 이론으로부터의 탈출이라고도 하고, '위대한' 지리학자들의 과거 발자취를 되짚어 보다가 오늘날의 주요 논점을 잃어버릴 수 있다고도 한다. 이런 측면에서 피터 잭슨(Peter Jackson)은 칼 사우어의 영향과 업적을 인정하면서도, ('통나무집과 무덤에서부터 헛간의 건축양식과 주유소에 이르는 다양한 문화적 특징을 포함한') '문화의 물리적 또는 물질적 요소'를 끊임없이 지도화하면서 사우어의 연구를 무비판적으로 답습하는 사람들을 비판한 바 있다(1989: 19). 잭슨은

'신문화지리학'의 근간을 구축한 학자로서, '문화의 비물질적 또는 상징적 특징'에 주목해야 한다고 설파했다(1989: 24). 곧 잭슨은 답사가 이론적 논쟁을 통해서 재구성되어야 한다고 주장했는데, 이는 답사가 이론적 논쟁을 이끌어야 한다는 것을 내포한 것이었다. 이 주장은 큰 영향을 끼쳤다. 사실 오늘날 지리 답사를 떠나는 대부분의 학생들은 답사를 일반적인 (방문한 곳에 대해 모든 것을 배우는) 지역지리라고 생각하지는 않는다. 답사는 이론적 논쟁과 불가분의 관계에 있다(이에 대해서는 3장을 참조하라). 오늘날 많은 학생들은 이전 세대의 지리학자들이 주목하지 않았던 장소들에 이끌리고 있다. 예를 들어, 과거에는 촌락과 역사적 문화경관에 관심을 가졌다면, 오늘날은 도시와 현대적 문화경관에 눈을 돌리기 시작한 것이다(Burgess and Jackson 1992). 이는 지난 동안 답사의 학문적 여정을 재발견하고 재구성한 결과라고 할 수 있다. 1970년대 새로운 비판지리학의 선구자였던 윌리엄 벙기는 급진주의 지리학을 주창하며 새로운 답사 방법을 제시했다. 벙기는 답사의 중심을 촌락에서 도시 공간으로 그리고 역사적인 관심에서 현대적인 관심으로 옮긴 사람으로서, 토론토와 디트로이트 일대에서 공동체를 연구하면서 참여관찰을 포함한 대규모 답사 프로젝트를 진행했다(9장 참조). 보다 최근에는 신(新)지역지리와 장소 기반의 지리에 기반을 두고 답사의 혁신이 이루어지고 있다. 데이비드 윌슨(David Wilson 1990: 219)은 답사의 죽음에 대한 주장을 반박하면서, '비판 사회이론의 활용을 통해 현장 연구를 부흥시키는' 이른바 '재구성된 지역주의(reconstructed regioanalism)'를 천명한 바 있다. 이 운동은 1980년대 앨런 프레드(Allan Pred)의 신지역지리에서 출발한 것으로, 섬세한 경험적 연구와 아카이브 분석을 통해 (지역에 영향을 미치는) '특수한 작용력과 보다 일반적인 작용력의 통합'을 연구하면서 1차 자료 수집의 중요성을 강조했다(Wilson 1990: 220). 이러한 지리학자들은 새로운 기술을 받아들이거나 새로운 이론적 논의와의 결합을 통해 답사를 재발견한 사람들이었다. 한편 또 다른 지리학자들은 교수–학습의 측면에서 답사의 혁신을 추구하기도 했다. 이들은 학생들이 문제를 설정하고, 그 해결 전략을 모색하는 문제기반학습(Problem Based Learning, PBL)과 같은 최근의 교육학 이론을 통해서 답사의 중요성을 주장했다. 이들에 따르면, 답사에 기반을 둔 문제기반학습을 통해 학생들의 적극성과 자신감은 크게 향상되었다(Marsden 2000: 32; Pawson and Teather 2002 참조). 지리 답사의 혁신은 이처럼 다양한 분야에서 이루어졌다. 이는 새로운 세대의 지리학자들이 자신들의 시대적 요구에 부응하면서 어떻게 답사를 재발견하고 재구성해 왔는지를 뚜렷이 보여 준다.

이러한 이론적 또는 교육적 논의는 사실 많은 학생들이나 연구자들이 답사를 기획하기 이전 단계에서 충분히 생각할 수 있는 다음과 같은 보다 근본적인 질문을 제기한다. 과연 여러분은 교실과 도서관에서 또는 컴퓨터 앞에서는 할 수 없는 그 무엇을 답사 현장에서 할 것인가? 과연 여러분은 (답사에 기반을 두었던 위대한 지리학자들의 자취를 그대로 답습하는 것이 아니라) 현대의 지리적 지식과 이론적 논의를 한 걸음 더 진전시킬 수 있는 그 무엇을 답사 현장에서 할 것인가? 최소한 여러분은 강의실에서는 달성할 수 없는 그 무엇을 답사 현장에서 배우고 밝힐 수 있다는 점을 반드시 기억하자. 피터 잭슨은 다음의 엽서를 통해서 이 점을 분명하게 설명하고 있다.

엽서 1.1 치킨런 보내는 사람: 피터 잭슨

(피터 잭슨은 음식의 지리를 주제로 한 연구 프로젝트를 진행하고 있다. 잭슨은 공장식 양계장을 방문한 후, 직접적인 자료를 취득하는 것이 중요하다는 것을 몸소 깨달았다. 또한 그는 이 답사 경험을 통해서 연구실에 앉아 다른 사람들이 수집한 자료에만 의존해서 연구하던 자신의 문제점을 깨달을 수 있었다고 한다.)

부화 후 40일을 전후해 닭을 도살시키는 대형 양계장에 방문하자마자 나는 충격에 휩싸였다. 나는 근대 영국의 양계 산업 발달에 대해 연구해 왔고, '농장에서부터 돼지고기까지'라는 상품 사슬도 연구해 왔다. 그리고 사전에 소매업자와의 면담과 일부 소비자를 대상으로 한 초점집단(focus groups) 연구도 수행했다. 나는 내 연구를 최종적으로 확인해 보기 위해서 직접 양계장에 방문했던 것이다. 나는 동료인 폴리 러셀(Polly Russell)과 함께 그가 잘 알고 있는 이가 운영하는 도싯(Dorset)에 있는 한 양계장을 방문했다. 방문하기에 앞서 우리는 수차례에 걸쳐 농장주를 면담하고 이를 녹음했다. 이 과정을 통해 우리는 그녀가 양계업에 종사하는 것을 자랑스럽게 여기고 있음을 파악할 수 있었다. 그러나 나는 첫 번째 사육장에 들어가자마자 수많은 닭들로 인해 문 밖으로 떠밀릴 듯한 느낌을 받았다. 수천 마리의 닭이 개별 사육장 안에 줄지어 있는 것을 목격했다. 나는 이렇게 충격적인 대량 사육 농장의 실태를 본 적이 없었다. 오늘날 많은 동물 보호 운동가들이 양계장에서 이루어지는 고밀도 사육에 반대하고 있음에도, 이곳의 닭들은 여전히 좁은 우리에 갇혀 달걀을 낳고 있었다. 사실 나에게 가장 인상적이었던 부분은 농장주가 '사육 우리 위를 밟고 다니며' 날카로운 눈매로 양계장의 난방, 조명, 식수 공급에 대해 살펴보고, 상처를 입고 파닥거리는 병든 닭을 집어 잽싸게 목을 비튼 후 밖으로 내던지는 모습이었다. 우리가 바깥으로 나왔을 때, 죽은 닭들은 커다란 철제 소각장 앞에 수북이 버려져 있었다.

농장주는 비록 닭을 소득원으로 생각하기는 했지만, 닭이 잘 지내는지에 대해 분명히 관심을 가지고 있었다. 그녀는 자신의 애완견과 비교해, 닭에 대해 감정적 애착을 느끼기 어렵다고 이야기했다. 닭은 너무 많고, 그 순환 속도 또한 너무 빨랐다. 그러나 그녀가 닭에 대해 무관심한 것은 아니었다. 그녀는 하루에 몇 차례 사육장을 둘러보며 닭이 무기력하다거나 미친 것 같을 때, 또는 몹시 소란스럽거나 비정상적으로 조용한 때와 같이 평상시에 비해 무언가 다른 점이 있으면 즉각적으로 알아차렸다.

우리는 식재료 안전 문제에 대한 농장주의 생각도 물었다. 그녀는 '현대의 가정주부'가 요리에 조금이라도 소질이 있거나 식품에 관한 지식을 약간이라도 가지고 있다면 식중독이나 관련 질병의 발병이 급격하게 줄어들 수 있음에도 불구하고, 이에 대한 비난을 '불쌍한 사육자'가 모조리 받고 있는 현실을 부당하게 느끼고 있었다. 또한 그녀는 대형 슈퍼마켓이 도매 단계에서 닭고기 가격을 가차 없이 깎는 횡포를 부린다고 분노했을 뿐만 아니라, 외국의 양계업자들이 (영국에서는 사용이 금지된) 항생제와 성장촉진제를 마구 사용하고 가금류의 무게를 늘리기 위해 물을 주입하는 등의 불공정한 방법을 사용한다고 불만을 터뜨렸다.

닭의 일생과 양계업자에 대한 동정 없이 양계장을 떠나는 것은 어려운 일이었다. 우리와 이야기를 나눈 많은 소비자는 과거에 존재하는 상상 속의 닭을 맛보길 원했고, 농업의 잃어버린 '황금기'에 대한 향수를 드러냈다. 이는 최근 빠르게 공장화되고 있는 농업의 현실을 보았을 때 충분히 이해할 수 있다. 그러나 이는 닭의 대량생산이 현실화된 것이 단지 지난 몇 세대(1960년대 이후)에 지나지 않는다는 사실을 간과한 것이다. 과거에는 대부분의 가정에서 기념일이나 휴일에만 닭을 즐길 수 있었다면, 오늘날의 닭은 값싸고 보편적인 단백질 공급원이 되지 않았는가?

소비자들이 과거의 향수를 그리워하고 소매업자들이 닭을 팔기 위해 좋은 점만을 부각시키는 상황에서, 우리가 직접 양계장을 방문한 것은 적나라한 '현실을 볼 수 있는' 좋은 방법이었다. '현장에 있다'는 것은 또한 (잊었던 것을) 상기시켜 주고, 우리에게 이야기해 준 또 하나의 정보원이었다. 그리고 상품 사슬의 최종 단계에서는 살아 숨 쉬는 생명이 있음을, 그리고 동물은 다른 상품들과 똑같이 취급되어서는 안 된다는 것을 느낄 수 있었다. 또한 우리는 어떻게 자연이 인간의 폭력에 저항하는지도 알 수 있었다. 곧 양계장의 사육 밀도가 과도하게 높아지면 닭들에게는 닭무릎화상(hock burn)과 같이 눈으로는 식별할 수 없는 변화가 나타나는 것도 알게 되었고, 다리의 힘에 비해 가슴살이 과도하게 무거워지면 닭이 스스로 다리를 끊어 버린다는 사실도 알게 되었다. 만일 나처럼 무지한 도시 촌놈이 연구실에 들어앉아서 폴리가 녹음했던 초점집단 및 면담 녹취문만을 읽고 있었다면, 농장을 방문해서 알게 되었던 이 모든 사실과 문제를 결코 알지 못했을 것이다. 우리의 연구 프로젝트는 음식이 '이야기와 더불어 판매'되는 것을 보여 주는 데 목적이 있었지만, '현장에서의' 직접적인 관찰이 이러한 담론 분석 및 내러티브 방식에 접목되는 것이 정말로 중요하다는 것을 알게 되었다.

답사는 취업에 도움이 되는가?

언젠가 미국에서 답사 과목을 수강하는 대학생들에 대한 설문 조사가 있었는데, 조사 결과 답사에 대한 학생들의 기대와 담당 교수의 기대가 불일치한다는 것이 밝혀졌다. 이 설문 조사는 학생들로 하여금 답사 과목을 수강하는 이유를 선택하게 했는데, 대부분의 요인은 실용적인 (특히 졸업 후 취업에 필요한 실질적인 기술을 배우려는) 목적과 관련되어 있었다(Peterson and Earl 2000: 222). 학생들이 답사 과목을 수강하는 이유 중 상위 5개는 다음과 같다.

1. 답사가 필수 과목이기 때문에.
2. 취업과 관련된 역량을 몸소 실천하고 익히고 개발하기 위해서.
3. 답사에 필요한 장비 사용법을 배우기 위해서.
4. 지리학 연구를 수행하기 위한 역량을 개발하기 위해서.
5. 야외에서 배우는 것이 즐겁고 중요하기 때문에.

재미있게도, 답사 과목을 맡은 담당 교수들은 학생들의 동기를 이와는 다르게 인식하고 있었다는 것이다. 다음과 같이 학생들이 순수한 학문적인 열정 때문에 답사 과목을 수강한다고 상상했던 것이다.

1. 답사는 과학 탐구를 위한 기본적인 소양이므로.
2. 지리적 문제를 해결하기 위해서.
3. 답사 현장에 지리적 개념을 적용시키기 위해서.
4. 경력에 직접적으로 도움이 되는 역량을 배우기 위해서.
5. 새로운 기술을 적용해 보기 위해서.

이는 답사가 항상 모든 이의 기대치를 충족시킬 수는 없으며, 교육적인 측면에서 학생이 원하는 것만을 제공할 수는 없음을 보여 준다. 이에 대해 런드스트롬과 켄저(1989: 300)는 '시장성 있는' 기술을 배우는 데 관심을 가지는 학생이 늘어난 것이 답사 수업을 점진적으로 약화시키는 결과를 가져왔다고 보았다. 한편, 이 조사 결과를 좀 더 긍정적으로 해석한 사람들은 학생과 교수 모두 답사의 일반적인 (가령, 학습 능력을 키우고, 새로운 기술의 활용 능력을 습득하며, 현행의 학계 논의를 배우는 등의) 목적에는 동의하지만, 단지 그 중요성에 대한 인식과 표현 방식이 다를 뿐이라고 주장한다. 답사 여행에서 배운 역량을 어떻게 이력서에 소개하고 취업 면접에서 설명할 것인지, 그리고 취업 전망을 밝게 만드는 데 이를 어떻게 활용할 것인지에 대해 반드시 생각해 볼 필요가 있다. 2장에서는 답사가 학위를 취득하는 데 어떤 도움을 줄 수 있는지, 그리고 취업 전망을 밝히는 데 답사에서 얻은 경험과 기술이 어떻게 이용될 수 있는지에 대해 좀 더 자세히 알아볼 것이다.

답사가 환경적으로 지속가능한가?

장거리 답사는 큰 탄소 발자국을 남긴다. 이와 관련된 흥미로운 질문을 몇 가지 던지고자 한다. 학교나 대학에서 답사 중 발생하는 탄소 배출량은 어느 정도이고, 이를 정당화하고 최소화할 수 있는 방법에는 무엇이 있을까? 답사 여행의 탄소 발자국은 어떻게 측정하며, 이는 어떻게 줄일 수 있을까? 이는 답하기 어려운 질문이며, 최선의 답변이라고 한다면 '더욱 생각해 보아야 한다'는 것일 뿐이다. 여러분은 답사를 떠나기 전에 잠정적인 환경 비용을 따져 보고, 이를 어떻게 줄일 수 있을지 생각해 보아야 할 것이다. 이의 첫 단계는 '탄소 발자국'을 추정해 보는 것이다. 이는 환경에 미치는 영향을 줄이고 최소화하기 위한 필수적인 첫 단계이다. 엽서 1.2에서 크리스 립체스터(Chris Ribchester)는 답사에 소요될 탄소를 어떻게 계산해서 예산으로 세울 수 있는지, 그리고 환경에 대한 부정적 효과를 줄이고 긍정적 효과를 거두기 위해서는 답사 여행 계획을 어떻게 재편해야 하는지에 대한 몇 가지 지침을 제시하고 있다. 립체스터는 학생들과 함께 영국의 한 대학교에서 제공한 탄소 발자국 계산기를 답사에 적용했는데, 그

엽서 1.2 답사의 탄소 발자국 　　　　보내는 사람: 크리스 립체스터

나는 한 팀의 학생들에게 우리가 답사 현장으로 여행을 다녀오는 모든 과정을 날날이 추적해서 기록하는 임무를 주었다. 이는 체스터대학교(University of Chester)가 수행 중인 프로젝트의 일환으로서, 답사에 수반되는 탄소 발자국을 측정하고 줄이기 위한 과정의 첫 단계이다. 일단 답사 여행이 시작되면 탄소 측정은 쉼 없이 이어진다. 숙소의 난방 에너지에서부터 우리가 답사 중에 먹는 모든 음식에 이르는 (답사와 직간접적으로 관련된) 모든 에너지를 기록하는 것이다.

답사 중 탄소 배출에 대한 책임은 보통 인솔자에게 있다. 왜냐하면 대개 인솔자들이 기존의 답사 코스를 변경하거나 아예 새로운 답사 코스를 짜기 때문이다. 그러나 사실 이는 공동의 책임이다. 비록 답사의 일반적 사항이 외부 변수에 의해 정해져 있다고 할지라도, 학생들은 자신의 독자적인 연구 프로젝트를 계획하고 수행하므로 답사의 탄소 발자국에 영향을 끼치기 때문이다. 간단한 사례로, 농촌 주거 변화를 연구하고자 했던 세 학생은 8개의 연구 지역을 방문할 교통수단으로 미니버스나 대중교통 대신에 도보를 선택했다. 결과적으로 이 학생들은 수 킬로그램의 이산화탄소 배출을 줄였을 뿐만 아니라, 인구밀도가 낮고 상대적으로 고립적인 농촌의 일상생활을 경험함으로써 훨씬 깊은 지리적 통찰력을 배울 수 있었다.

우리는 보다 친환경적으로 살 수 있는 방법에 대한 많은 정보를 접하고 있으며, 답사에서도 이를 적용할 수 있다. 이는 우리에게 다양한 질문을 던진다. 내가 관심 있는 주제를 연구할 수 있는 가장 가까운 곳은 어디일까? 탄소 발자국을 줄이기 위

해서 답사 현장까지 가는 데 대중교통을 이용할 것인가? 답사 현장에서는 어떻게 돌아다닐 것인가? 어떤 숙박 시설을 이용할 것인가? 캠핑은 에너지 소모가 적은 활동이다. 물론 통조림 등 모든 가공식품에는 내포 탄소(embedded carbon)가 많이 포함되어 있지만 말이다. 답사지원센터는 공동체 생활을 해야 하고 여러 자원을 공유하기 때문에 탄소 배출을 크게 절감할 수 있는 곳이다. 특히 최근에 들어 환경친화적 활동과 연계되지 않은 답사지원센터는 거의 찾아볼 수 없을 정도이다. 대부분의 답사지원센터는 재활용 또는 재생 가능한 에너지를 최소한 부분적으로라도 사용하고 있으며, 식재료로 로컬 푸드를 구매하고 있다.

오늘날에는 저탄소 답사에 필요한 정보를 쉽게 얻을 수 있지만, 답사 코스의 탄소 발자국을 계산하는 것은 상당히 복잡하다. 그러나 http://blog.naver.com/philgeog72/220349089938에서는 이런 목적을 위해 고안된 탄소 발자국 계산기를 사용자들에게 무료로 배포하고 있다.* 이 계산기에는 (여행, 에너지 사용, 섭취한 음식, 소비, 쓰레기/재활용 등) 답사의 핵심 요소들에 해당되는 값을 입력하게 되어 있다. 또한 이 계산기는 전체 배출량뿐만 아니라 서로 다른 요소들의 상대적 크기도 보여 준다. 계산기에 포함되는 세부적인 사항은 표 1.1에서 제시하고 있다.

우리는 지난 수년 동안 이 탄소 발자국 계산기를 활용하고 있다. 학생들과 교수가 함께 데이터를 수집하고 입력한 후에, 최종 결과를 함께 검토하는 것이다. 다년간의 경험을 통해서 우리는 올바른 환경에서 답사를 수행할 수만 있다면 '정상적인' 생활 방식보다 탄소 발자국의 크기를 상당히 줄일 수 있음을 알게 되었다. 현재까지 우리가 달성한 최저 '기록'은 영국 중부 웨일스 지방의 맥킨리스(Machynlleth)에 있는 대체기술센터(Centre for Alternative Technology, CAT)를 숙소로 이용함으로써 기존 답사보다 60%의 탄소 배출을 감축한 경우였다. 그러나 우리의 생각과는 다른 예외적인 결과도 나타나곤 한다. 가령, 체스터에서 노르웨이로 떠난 장거리 답사는 여름 동안 캠핑장에서 진행된 까닭에, 영국의 데번(Devon) 해안에서 진행된 겨울 답사보다 더 적은 양의 탄소를 배출했다.

* 역주: 탄소 발자국 계산기 파일을 다운받을 수 있는 원문상 링크는 http://gees.ac.uk/resources/hosted fwco2/co2ftprnt.htm이나, 현재 이 링크에 접속할 수 없으므로 다른 링크로 대체해서 파일을 다운받을 수 있도록 하였다.

표 1.1 크리스 립체스터의 탄소 발자국 계산기가 포함하는 요소

주요 요소	주요 변수	고려 사항
1. 여행의 일반적 세부 사항	• 참가자 • 기간 • 함께 숙박했지만 답사 참가자가 아닌 사람의 수	에너지 사용량은 사람에 비례해 부과되기 때문에 다수 인원이 같은 숙박 시설을 이용하는가를 파악하는 것은 중요하다.
2. 교통(이동수단 및 거리)	• 배나 페리 이용 • 미니버스와 (대형)버스 등 사적 교통수단 이용 • 대중교통 이용	본 계산기는 다양한 교통수단의 탄소 배출량을 측정하도록 고안되었다. 잘 알려진 사실이지만 비행기 이용은 상공에서 온실가스를 배출하는 등 여러 측면에서 환경에 많은 악영향을 미친다.
3. 에너지 사용	• 전기 • 가스 • LPG • 부탄가스/프로판가스 • 석유 • 석탄 • 목재 • 재생 연료	이 항목에서 주목할 사항은 전력의 생산 방식이다. 탄소를 적게 배출하는 녹색 전력인지 확인해 보자. 이 계산기에서는 재생가능한 자원(바람, 수력, 태양)을 이용하면 탄소 배출을 0으로 산정했다.
4. 음식(식단)	• 육식하는 사람의 수 • 부분적 채식주의자 수 • 완전 채식주의자 수	무엇을 먹느냐에 따라 약간의 차이가 있지만, 이 부문의 에너지는 일반적으로 개인의 탄소 배출의 상당 부분을 차지한다. 식품 생산을 위해 재배, 가공, 수송 등에 소요된 모든 에너지를 포함한다(일반적으로 채식이 보다 환경 친화적이다!).
5. 기타 소비와 쓰레기	• 식품 외의 물품 구입 비용 • 사용된 종이 • 배출한 쓰레기(쓰레기봉투의 수) • 퇴비화/재활용한 물품의 비율	계산기에는 모든 종류의 소비와 관련된 내포 탄소량이 포함된다. 이 계산은 음식과 마찬가지로 매우 복잡하기 때문에 대략적인 추정만 가능하다.

결과는 상당히 놀라웠다. 그들은 노르웨이 답사가 일주일간의 영국 해안 답사보다 더 적은 탄소를 배출했음을 알게 되었다.

답사는 윤리적인가?

환경은 다른 지역으로 답사를 떠날 때 고려해야 할 여러 사항 중 하나일 따름이다. 또 다른 사항으로, 연구를 통해 사람이나 장소에 기여하기보다는 단지 자신의 지적 호기심을 충족하거나 역량을 키우기 위해 다른 이의 삶이나 소수자의 공간을 침해함으로써 발생하는 사회적 문제도 있다. 답사는 때때로 단순하다. 답사 중 만나는 많은 사람들에게 질문은 던지지만, 반대로 그 사람들에게 돌아가는 혜택은 거의 없는 경우가 많다. 이는 우리에게 새롭고 도전적인 질문을 던진다. 답사에서 고려해야 할 윤리는 무엇일까? 다른 사람들의 세계에 들어가고, 관찰하며, 재현하는 것과 관련된 윤리적 문제를 극복하기 위해서는 어떻게 해야 할까? 이런 질문에 대한 답변을 포함하여, 답사를 떠나는 학생으로서 가져야 할 윤리적 책임과 지켜야 할 사항에 대해서는 4장에서 보다 자세히 다루고 있다.

답사에서의 또 다른 윤리적 문제는 현장에서 함께 연구를 수행하는 집단 내부에서 발생한다. 답사는 거의 언제나 사회적인 경험이기 때문에 함께 여행하고 작업하는 경험이 모든 구성원들에게 긍정적인 경험으로만 기억되지는 않는다. 몇몇 학생은 불필요한 돌출 행동을 하기도 하고, 저녁에 과음을 하는 등의 행동으로 답사 중 문제를 일으키기도 한다. 학생의 이러한 행동은 교수에게도 좋지 않은 경험이다. 그래서 어떤 교수는 답사라는 말만 들어도 손사래를 치면서, 답사 대신에 교실에서의 수업을 선호한다. 또한 이러한 관계는 젠더에 의해서도 구조화되어 있는데, 이러한 지리적 전통과 실천은 페미니즘적 비판을 통해 밝혀졌다. 또한 페미니즘은 나이, 장애, 신체적 능력 등 젠더 이외의 정체성에 의해서도 이러한 관계가 구조화되어 있음을 드러냈는데(Rose 1993), 이는 5장에서 자세히 살펴볼 것이다. 사실 답사 중 강렬한 경험과 추억은 집단적 활동에 의해서 만들어진다. 답사를 떠나는 것은 함께 여행하는 것, 함께 연구 프로젝트를 계획하고 수행하는 것, 함께 먹는 것, 그리고 (대개) 한 방에서 함께 자는 것을 포함한다. 답사는 함께 어울리고 연구하며, 갈등을 조정하고, 우정을 나누는 등 모든 활동과 관련된 것이다. 우리는 여러분이 단지 인솔 교수의 설명을 통해 답사 현장을 이해하는 것을 넘어서, 함께 여행하고 연구하는 과정에서 부딪히는 여러 도전들을 자신만의 해결 방식으로 풀어 나갈 수 있기를 희망한다. 우리는 많은 학생들이 이러한 도전에 직면하고 이를 해결해 나가는 것을 보아 왔기 때문에, 여러분도 이를 잘 해낼 수 있으라고 믿는다. 이 책은 다만 여러분이 이런 과정을 잘 해결해 나갈 수 있도록 배경지식이나 염두에 둘 사항을 일러 줄 따름이다.

이 책은 학생 답사가로서 여러분이 답사를 계획하고 떠나면서 반드시 생각해 보고 대답해야 할 이슈와 문제를 제시하는 데 그 목적이 있다. 지금까지의 내용으로 여러분은 이런 목적을 이미 간파했을 것이다! 이런 이슈와 문제에 대한 대답은 우리의 몫이 아니다. 대답은 바로 여러분의 몫이고, 우리는 여러분이 스스로 대답을 찾을 수 있게 도움을 줄 따름이다. 이 과정은 비판적이고 상상력 넘치는 답사를 수행하기 위해서 반드시 지나야 하는 길이다.

결론

지금까지 살펴본 내용을 통해, 여러분은 답사가 지리교육에 있어서 왜 그리고 얼마나 중요한 요소인지에 대한 분명한 그림을 그릴 수 있을 것이다. 이를 통해 답사를 떠나는 자신만의 동기를 다시금 생각해 볼 여유를 갖기를 바란다. 더불어 자신의 답사 참여를 보다 비판적인 측면에서 생각해 보기를 바란다. 몇 가지 중요 사항을 요약하면 다음과 같다.

- 지리 답사가 모든 곳에서 보편적으로 이루어지고 있는 것은 아니다. 그렇지만 학위를 취득하는 과정에서 답사 과목을 수강해야 하는 데에는 여러 이유가 있다. 여기에는 학술적인 이유도 있고, 일생의 역량 계발이라는 이유도 있다. 이에 대해서는 2장에서 상세히 살펴보자.
- 지리학자들의 답사 방법은 시간에 따라 진화해 왔고, 지금 이 순간에도 계속해서 달라지고 있다. 이러한 답사의 발달사를 살펴봄으로써 우리는 답사를 비판적으로 생각할 수 있고, 우리가 답사에서 무엇을 그리고 왜 연구하는지를 성찰할 수 있으며, 우리가 답사에서 발견하고 상호작용한 것들이 어떤 영향을 끼치는지에 대해서도 생각해 볼 수 있다. 이 장에서는 답사를 보다 비판적으로 생각할 수 있도록 그 배경과 맥락에 대한 설명을 제공하고자 했다. 여러분은 이를 통해 여러 가지 질문을 생각할 것이다. 만약 그렇다면, 앞으로 이어질 내용에서 그 대답을 생각해 보자.
- 답사를 떠날 것인가에 대한 결정은 답사에 소요되는 시간과 돈이 상당히 크기 때문에 가볍게 내릴 수 있는 것이 아니다. 이와 더불어, 답사를 떠나기 전에는 답사 활동이 환경에 미치는 영향, 디지털 시대에 있어서 답사의 적절성, 개인이 가져야 할 답사 윤리 등에 대해 반드시 생각해 보아야 한다. 다음 장에서도 살펴보겠지만, 성공적인 답사가 이루어지기 위해서는 답사에 참여한 학생들이 답사의 전 과정에 대한 의사 결정을 숙지하고 있는 것이 중요하다. 만일 여러분이 답사를 떠나기로 결정을 한다면 (또는 이미 결정을 했다면), 이는 앞으로 해야 할 여러 가지 의사 결정 중 가장 첫 단계에 해당되는 것이다.

더 읽을거리와 핵심 문헌

- 답사의 맥락과 역사에 대해 (이 장에서 논의한 내용 이상으로) 좀 더 알고 싶다면,

스토다트(D.R. Stoddart)의 *On Geography*(Blackwell 1996)를 살펴보자. 다소 무거운 비판을 주제로 하지만, 지리학적 열정을 갖고 이 책의 풍부함을 맛본다면 즐거운 독서 시간을 보낼 수 있을 것이다.

- Dydia DeLyser and Paul F. Starrs(eds) (2001) 'Doing Fieldwork', *Geographical Review*, 91(1-2): iiv-viii. 두 차례에 걸쳐 특별 기획된 이 논문은 답사에 대한 지리학 문헌의 대부분이 그렇듯, 이것도 학생이 아닌 연구자를 대상으로 쓰였지만 그럼에도 몇몇 논문은 매우 유용하다.
- Jacquelin Burgess and Peter Jackson (1992) 'StreetWork: an encounter with place', *Journal of Geography in Higher Education*, 16(2): 151-157. 이 논문은 답사팀을 실험하면서 쓴 것으로, 이 책에서 이끌어 내고자 하는 많은 주제와 아이디어를 담고 있다. 이 또한 학생보다는 교사에게 소개할 목적으로 쓰였지만, 비판적이고 상상력이 풍부한 지리 답사를 수행하기 위한 첫걸음으로서 훌륭한 시사점을 제공해 준다.

제2장

답사의 가치: 학위와 취업 전망

개 요

이 장에서 논의할 주요 내용은 다음과 같다.

- 답사를 떠날지에 대한 결정에 영향을 미치는 요인은 무엇일까?
- 답사를 통해 개발할 수 있는 학술적 역량은 무엇일까?
- 답사는 진로에 어떤 도움이 되는가?
- 어떻게 하면 자신의 학습 및 사고 과정을 더 잘 이해할 수 있을까? 이를 이해하는 것이 왜 중요할까?

이 장에서는 학생들이 답사에서 무엇을 얻고자 하고, 답사에 대해 무엇을 알고자 하는지를 살펴본다. 앞 장에서 살펴본 답사 과목 수강생들에 대한 설문 조사에서와 같이, 학생들이 답사 과목을 선택한 이유에는 취업과 관련된 역량을 키우려는 현실적인 이유들이 있다. 답사 과목을 수강하는 이유 중 응답자가 가장 많았던 두 항목은 첫째 "취업과 관련된 기술을 직접 해 보고, 배우고, 익히기 위해서"이고, 둘째 "지리학 연구를 수행하기 위한 역량을 개발하기 위해서"였다(Peterson and Earl 2000: 222).

답사는 학위를 취득하고 향후 취업 전망을 높이기 위한 일종의 투자라고 할 수 있다. 앞서 살펴보았듯이, 답사는 환경적으로나 경제적으로 많은 비용이 든다. 개인이자 제도의 일부로서 우리의 활동이 야기하는 환경 발자국을 고려할 때, 특히 해외 답사의 필요성은 적잖이 의문시되곤 한다. 답사에 소요되는 (탄소 발자국 등의) 여러 환경 비용을 따져 보고, 이를 어떻게 평가하고, 줄이며, 정당화할 것인가에 대한 대답은 여러분에게 맡기고자 한다. 이 장에서는 답사의 경제적 비용에만 한정하여 문제를 다룬다. 대개 답사 비용은 학생과 대학 양측 모두에서 부담한다. 대학이 지불하는 답사 비용 중 숨겨진 것들에는 답사 인솔자 및 직원의 시간 비용, 안전 관리 비용, 행정적 간접비 등이 포함된다. 답사를 준비하고 실행하는 데에는 많은 요구 사항들이 있기 때문에(특히 미국 대학들의 경우) 어떤 학과들은 교직원과 학생의 시간표를 침해하지 않는 약간의 시간을 할당한 후 주로 숙박을 포함하지 않고 도보로 다녀올 수 있는 가까운 현장으로 답사를 다녀온다(Foskett 1997: 200). 아마 여러분은 이런 사정 뒤에 개입되어 있는 금전적 논의에 관심이 없을 수도 있겠지만, 왜 대부분의 대학들이 여전히 숙박을 포함한 장거리 답사를 진행하고 있는지에 대해서는 자못 궁금할 것이다. 한 가지 이유를 들자면, 답사는 수요자 주도형 활동이기 때문이다. 흥미진진한 답사를 추진하는 학과들은 훌륭한 입학생들을 유치하는 데 보다 성공적이다. 또 다른 이유로는, 답사는 학술적으로 매우 가치 높은 활동이기 때문에 양질의 교육을 제공하는 데 핵심적이기 때문이다.

대부분의 교육기관들의 경우 학생들이 답사 비용을 부담하기 때문에, 학생들은 좀 더 비싼 장거리 답사와 좀 더 저렴한 근거리 답사 중 하나를 선택하게 된다. 답사 비용은 대학이나 국가마다 천차만별이다. 어떤 학생들은 (식비와 현지 여행 비용 등) 기본적인 체제비만 지불하지만, 어떤 학생들은 답사 여행에 소요되는 모든 비용을 부담한다(이 경우 답사는 필수보다는 선택 사항인 경우가 대부분이다). 답사를 떠나는 비용 외에 간접적인 비용 역시 존재한다. 만약 여러분이 아르바이트를 하고 있다면 답사 여행에 소요되는 시간을 할애해야 할 것이다. 만약 불가피하게 도착이 늦어지거나 여행 후 피로 때문에 아르바이트에 지각하게 된다면, 여러분은 고용주의 불만에 대처해야 할 수도 있다. 만일 여러분이 장애인이라면 답사 여행에 동반해서 도와줄 사람을 구해야 하며, 집에 돌봐야 할 자녀가 있다면 답사 기간 동안 육아를 맡아 줄 사람을 구해야 한다. 이러한 '비용'은 경제적 비용일 뿐만 아니라 감정적 비용이기도 하다(이에 대해서는 4장과 5장에서 상세히 살펴보자). 게다가 답사를 떠나기 전에 미리 강의 및 세미나 준비와 평가를 끝낸 후, 답사를 다녀오자마자 제출해야 한다. 결국, 답사는 정말로 투자이다! 그러나 정말 그만큼의 가치가 있는 것일까? 이 질문은 자기 자신이 대답해야 할 사항이다. 이런 비용을 감수하고서라도 답사에 참여함으로써 무엇을 얻을 수 있을지를 생각해 보아야 한다.

이 장에서는 답사의 이점을 두 가지 측면으로 나누어 살펴본다. 이를 통해 여러분은 답사 과목을 수강해야 하는 근본적인 이유를 찾고, 답사로부터 최대한의 많은 것을 얻을 수 있을 것이다. 아울러 답사가 여러분의 학위 취득뿐만 아니라 취업 전망에도 도움이 될 수 있다는 점도 알게 될 것이다. 하지만 우리는 여러분이 답사를 선택한 이유가 그리 합리적이거나 도구적이지는 않다는 것을 알고 있다! 아마도 여러분 중 많은 학생들은 장거리 여행의 짜릿함에 유혹되었을 가능성이 클 것이다. 해외 연구의 동기를 조사한 한 연구 결과에 따르면, 실제 많은 학생들은 답사의 실용적 이점을 고려하기보다는 이국적 여행의 매력을 보다 우선적인 이유라고 밝히고 있다(Attwood 2009). 그러므로 여러분은 건전한 학술적 이유에서 답사를 선택했다기보다는, 다른 곳에 대한 매력과 흥미 때문에 선택했을 가능성이 높다(Maguire 1998: 209). 세라 매과이어(Sarah Maguire)는 학생들이 답사 과목을 선택한 이유를 조사한 바 있는데, 이에 따르면 학생들은 답사에 소요되는 비용을 신중하게 고려하지만 반드시 비용의 최소화를 최우선으로 생각하지는 않았다. 오히려 많은 학생들은 장거리 답사 여행이 그에 소요되는 비용만큼 값어치가 있다고 생각했다. 가령, 어떤 영국 학생은 웨일스 답사 대신에 알프스 답사를 선택한 이유를 '싼 값에 해외에 다녀올 수 있는 기회'라고 표현했다(Maguire 1998: 210). 설령 답사를 선택한 이유가 현지에 매료되었거나 자신의 방랑벽 때문이라고 할지라도, 답사를 가는 근본적 이유를 보다 냉철하게 이해하는 것이 자신에게 도움이 된다. 특히 여러분이 가족이나 친척에게 답사 비용 원조를 요청할 때 이를 즉각 활용할 수 있다! 또한 답사의 합리적 근거를 잘 알고 있으면, 학술적 여행뿐만 아니라 먼 훗날 여러분의 직업 세계에서 여행을 할 경우에도 최대한의 것을 얻는 데 도움이 될 것이다.

이런 논의 중에서 가장 먼저 답사의 학술적 이점에 대해 다음 절에서 설명하고자 한다. 특정 지리적 주제는 특정 위치에서 훨씬 쉽고 효과적으로 연구할 수 있다. 예를 들어, 원주민에 관한 연구를 영국에서 진행하기는 몹시 어렵지만, 글로벌 금융 권력에 대한 연구를 뉴욕, 홍콩, 싱가포르와 같은 지역에서 진행하는 것은 연구에 '생기를 불어넣을 수' 있을 것이다. 장거리 답사는 보다 포괄적인 역량을 개발할 수 있고, '지리적 실천에 관한 비판적 성찰을 자극할' 수 있는 기회를 제공한다(Nairn et al. 2000: 242). 이 장에서는 답사를 통해 여러분이 어떤 능력을 획득할 수 있고, 이를 어떻게 인식할 수 있는지를 설명하면서 위와 같은 주장을 펼쳐 보고자 한다. 이어지는 절에서는 이러한 답사의 학술적 이점이 졸업 후 직장을 구할 때 어떤 도움을 줄 수 있는지를 논의하고자 한다.

왜 답사는 지리학 학위를 받는 데 필수적일까?

전통적으로 지리학자들은 답사를 지리교육에 필수적이고 본질적이라고 생각해 왔으며, 아울러 가장 효과적이고 즐거운 교수법이라고 여겨 왔다. 앞의 내용에서 살펴본 바와 같이, 오랫동안 답사는 지리학의 근본적인 토대이자 지리학을 정의(定義)하는 특징으로 인식되어 왔다. 그러나 답사는 교육기관이나 국가에 따라 실행되는 양상도 다르고, 시대에 따라서도 그 방식이 변천되어 왔다. 캐런 네언(Karen Nairn 2003: 68)은 "답사는 국제적으로 여러 학문들에 폭넓게 적용될 수 있는 개념"이지만, "답사를 실제 가르치는 방식은 지리적 맥락에 따라 상이하다."고 말한 바 있다. 오스트레일리아나 영국 등에서 이루어지는 답사는 대체로 숙박을 동반하는 장거리 여행이 증가하는 추세에 있다. 반면에 미국과 뉴질랜드 등에서는 (숙박 없이) 단시간에 다녀올 수 있는 가까운 곳으로 답사를 떠나는 경향이 있다. 그러므로 이 장에서는 특정한 형식의 답사를 상정해서 논의하지는 않을 것이다. 우리가 살펴보려는 역량은 답사에 필요한 일반적인 것들이며, 답사에서 어떤 경험을 했는가와 관계없이 얻을 수 있기 때문이다.

지리 전공자는 어떤 학술적 역량을 갖추게 되는가?

많은 국가에서는 고등교육기관들의 교육 기준을 관리하고 조정하기 위해서, 지리학을 포함한 모든 학위 프로그램을 검토하는 별도의 조직을 갖추고 있다. 이러한 기준 설정을 흔히 '벤치마킹'이라고 부른다. 이러한 벤치마크는 학위 취득을 위해 달성해야 할 최소한의 성취 기준을 포괄적으로 제공하는 것을 목표로 한다. 이 기준을 파악하는 것이 학생 여러분에게 중요한 이유는 무엇일까? 첫째, 이러한 기준은 고등교육기관들에 책임감을 부여하고 '양질의 교육'을 하도록 강제하기 때문이다. 둘째, 여러분은 이 기준을 활용함으로써 자신의 교육이 어떤 맥락에서 이루어지는지를 알 수 있기 때문이다. 이 절에서는 영국의 벤치마크를 기준으로 하여, 특정 국가의 지리학과와 학생들이 성취해야 할 기준이 무엇인지 설명하고, 답사가 이를 성취하는 데 어떻게 이용되고 있는지를 설명한다. 그다음 절에서는 전공 지식이 어떻게 실제적 역량과 관련되는지를 살펴보자.

이 장에서는 벤치마킹을 기본 틀로 삼아 지리학 전공자가 갖추어야 할 역량을 논의하지만, 이러한 기준들이 보편적으로 통용되는 것은 아니다. 오스트레일리아지리학회(Institute of Australian Geographer, IAG)는 벤치마크와 같은 기준을 제시하지 않기로 결정했는데, 이는 "(지리학의) 주요 요소들은 여러 경로를 통해 획득할 수 있으므로, 이를 규정하려는 시도는 불필요하기 때문"(Jones, 2000: 421)이었다. 한편, 최근 국제적으로 역량 개발(skills development)을 강조하는 쪽으로 초점이 이동하고 있다. 이 결과 지난 10여 년간 역량에 관한 논의가 활발히 진행되고 있으며, 이에 따른 교육과정 개정도 이루어지고 있다. 북아메리카의 경우, 미국의 보이어보고서(Boyer Report)와 캐나다의 스미스위원회(Smith Commision)가 이러한 역량 개발로의 선회를 주도했다. 이런 기준에 대한 아래의 설명을 잘 해석하고, (필요하다면) 자신이 속한 학과의 교육과정에 적용시켜 보기를 바란다. 그러나 모든 국가들이 지리학을 벤치마크하는 조직을 두고 있지는 않으며, 특히 지리교육과 직업 간의 관계를 뚜렷이 제시하는 경우는 더욱 적을 것이다.

이 절의 내용을 통해, 여러분은 우선 벤치마크가 무엇인지를 이해하고, 학위를 취득함으로써 얻을 수 있는 벤치마크 역량과 지식이 무엇인지를 파악하여, 답사를 통해 이 중 어떤 역량과 지식을 얻을 수 있을지 분명하게 인식할 수 있을 것이다. 아울러 여러분은 이를 통해 자신의 학습 경험 및 목표와 결과가 어떠한지도 확인할 수 있을 것이다. 벤치마크에 포함된 핵심 역량들은 지리학 및 관련 분야를 전공한 학생들에게만 관련되는 것은 아니다. 특히 포괄적 역량은 여러 학부 전공들에 적용될 수 있는 것들이다. 그림 2.1은 (영국의 교육 조절 기구 중 하나인) 고등교육평가원(Quality Assurance Agency, QAA)이 '전형적인' 지리학 전공 졸업생이 갖추어야 할 역량으로 제시한 것이다. 이 표는 고등교육평가원이 (다른 포괄적인 역량을 포함하여) 보다 상세하게 제시한 자료를 바탕으로 만든 것이다. 이에 대해서는 다음 장에서 보다 자세히 살펴보자.

답사가 여러분의 역량 개발에 어떤 도움을 주는지를 이해하기 위해서는 그림 2.1에 제시된 포괄적인 지리적 역량과 지식이 답사 과목을 통해서 획득, 개발될

지식과 이해	지적(사고) 역량
• 인문환경에서 나타나는 변화의 본질을 이해할 수 있다. • 자연환경과 인문환경에 영향을 미치는 공간적 관계의 중요성을 이해할 수 있다. • 지리적 개념을 여러 상황에 적용할 수 있다. • 정확성, 정밀성, 불확실성에 대해 체계적으로 접근할 수 있다.	• 질문이나 문제를 설정하고 이를 조사할 수 있다. • 문제 해결을 위한 접근법을 파악하고 평가할 수 있다. • 정보를 종합한 후 적절한지를 평가할 수 있다. • 일관성있고 논리적인 주장을 전개할 수 있다. • 타인과의 논쟁에서 자신의 약점을 파악하고 이를 보다 정교하게 발전시킬 수 있다.
전공 관련 능력	**일반적 역량**
• 현장 기반의 연구에 있어서, 연구 설계와 실행에 요구되는 주요 사항을 제시할 수 있다. • 지리적 자료를 수집하고, 분석하며, 재현하기 위한 전문적인 기능 및 접근법을 제시할 수 있다. • 지리적 문제에 대해 자신의 관점을 정교하게 발전시키고 이를 전달할 수 있다. • 낯선 상황에 자신의 아이디어를 적용할 수 있다.	• 말과 글과 시청각도구를 활용해서 지리적 사상, 원리, 이론을 효과적이고 유창하게 전달할 수 있다. • 청중의 특성에 맞게 자료를 제시할 수 있다. • 독립적 또는 자기주도적 (시간 관리까지 포함해서) 학습을 실행함으로써 학습 목표를 일관적이고, 능숙하며, 지속적으로 달성할 수 있다. • 그룹의 구성원이나 리더로 활동하면서 그룹의 목표를 달성하는 데 기여한다. • 학습 과정에서 자신의 강점과 약점을 성찰할 수 있다.

■ **그림** 2.1 전형적인 지리학 전공자가 학위를 취득하는 시점에 가져야 할 것으로 기대되는 역량 목록으로서, 영국의 고등교육평가원(2007)이 제시한 것을 정리한 것임. (출처: www.qaa.ac.uk)

수 있는 역량 및 지식과 어떤 관련성이 있는지를 파악해야 한다. 이는 그림 2.2에서 보다 상세히 설명되고 있다.

그림 2.2는 '생각하기'와 관련된 역량(이론적 사고와 연구 설계 등), '실행하기'와 관련된 역량(동료와의 의사소통, 자료 수집, 연구 결과의 제시 등), 그리고 보다 넓은 차원의 '사회적' 역량(자신의 학습에 대한 주인 의식과 타인에 대한 책임감 등)을 보여 주고 있다. 물론 이런 역량이 답사를 통해서만 획득될 수 있는 것은 아니다. 그렇지만 답사 현장은 이러한 역량의 개발을 훨씬 촉진시킨다. 왜냐하면 답사 현장에서는 학생들이 '일반적인' 생각을 '특수한' 장소에 적용하고, '실제로' 연구를

1. **지리적 (문화, 정치, 경제, 환경 등) 이슈에 대한 인식**: 장소에 따라 지리적 과정이 다르다는 것을 파악할 수 있고, 개별 과정을 서로 연계해서 그 관계를 이해할 수 있으며, 현장에서 다른 사람과 환경을 존중할 수 있는 역량
2. **분석**: 수집된 자료와 관찰 결과를 비판적으로 검토하고 평가할 수 있고, 아이디어에 대한 기술(記述)을 넘어 아이디어 간의 관계를 파악할 수 있고, '무엇'뿐만 아니라 '어떻게' 그리고 '왜'라는 질문에 대답할 수 있는 역량
3. **의사소통**: 처음부터 끝까지 생각을 밀어붙이고, 다른 사람들과 토론하며, 학술적 견해를 분명히 제시할 수 있고, 말과 글로 표현할 수 있는 소통할 수 있는 역량
4. **윤리적 행동**: 다른 사람들에 대해, 그리고 자신의 연구가 미칠 영향에 대해 진지하게 고려해서 연구를 계획하고 실행할 수 있는 역량
5. **유연성 및 적용 가능성**: 자신의 연구 계획이 바뀌더라도 이에 대처할 수 있고, 연구가 진화하도록 자료 수집을 계획할 수 있고, 문제를 해결할 수 있는 역량
6. **연구 주제의 선정**: 기존 문헌을 검토할 수 있고, 연구 지역에 지식을 적용할 수 있고, 연구를 유효하고 실행 가능하도록 기획할 수 있는 역량
7. **문해력, 수리력, 도해력**: 자신의 견해를 효율적으로 서술하고, 수치로 표현하며, 도표로 제시할 수 있고, 자료 제시 방법이 가장 효율적인지를 평가할 수 있는 역량
8. **관찰**: 경관을 관찰하고 비판적으로 해석할 수 있고, 배운 것을 본 것에 적용할 수 있으며, '보는 것'을 넘어 관찰 결과를 해석할 수 있는 역량
9. **프로젝트 관리**: 프로젝트를 처음부터 끝까지 이해할 수 있고, 연구 수행의 실질적 요소를 (계획, 실행, 공동 연구, 시간 관리 등) 통합할 수 있으며, 이론적 견해를 실제에 적용할 수 있는 역량(5장 참조)
10. **책임감**: 자신의 학습에 주인의식을 갖고, 연구 목표 달성을 위해 자신의 현장 경험을 전략적으로 조정할 수 있는 역량

■ 그림 2.2 답사를 통해 배양할 수 있는 지식과 역량.

수행하며, 동료 학생들이나 교수와 함께 작업할 수 있는 특별한 경험을 하기 때문이다.

답사는 지리학자들에게 기대되는 특수한 역량과 지식을 얻을 수 있는 중요한 통로이다. 그러나 그림 2.1에서와 같이 고등교육평가원이 제시하고 있는 벤치마크는 이러한 역량과 지식을 규범적이고 실용적으로 표현하고, 모험적이지도 않으며, 호기심을 옥죄어서 따분하게 나타낸다. 사실, 학습이란 고등교육평가

원과 같은 조직이 발행한 체크리스트나 표에 나열된 목록보다 훨씬 더 심오하고 신나는 활동이다.

이런 측면에서 고등교육평가원조차도 "지리학자들은 답사와 같은 경험적 학습을 통해 자신의 지리적 이해를 발전시켜 나간다. 왜냐하면 답사는 사회적·자연적 환경에 대한 호기심을 키우고, 관찰에 있어서 분별력을 제고하며, 스케일에 대한 이해를 촉진하기 때문이다."라고 명시하고 있다(www.qaa.ac.uk). 달리 말하면, 답사는 구체적인 역량을 얻을 수 있는 중요한 수단일 뿐만 아니라, 넓은 의미에서 세계에 대한 여러분의 생각을 열어젖히는 이른바 '심층학습(deep learning)'의 하나이다.

심층학습은 아이디어와 정보를 단순히 수동적으로 수용하는 것을 넘어, 자신의 생각을 심화시키고 보다 독립적이고 비판적으로 학습하는 활동이다. 학생들의 입장에서 심층학습은 그리 만만치 않다. 그래서 심층학습은 대개 강의실에 앉아 강의 내용을 수동적으로 필기하는 대학교 1학년 이후가 되어서야 적용된다. 답사는 심층학습에 특히 적합한 과목이다. 왜냐하면 답사는 교과서적 지식의 신비주의를 허물고, (개별 과목 및 이론에 따라) 파편처럼 분절화된 지식들을 일관성 있게 총체화하며, 암묵적 지식과 직관적 지식을 얻을 수 있도록 하기 때문이다(Lonergan and Andresen 1988). 이런 이유 때문에 많은 진보적인 교육자들은 심층학습을 적극 장려하고 있다. 한편, 보다 수동적인 '관찰 기반의' 답사 또한 여전히 많은 학생들과 교수자들이 선호하는 방식으로서, 특히 남아시아 및 동아시아 지역에서 많이 활용되고 있다(Fuller et al. 2006).

요컨대, 답사를 통해 기를 수 있는 역량이 무엇인지를 아는 것도 중요하지만, 이 외에도 답사에서는 (비록 실용성은 약하지만) 여러 다른 역량들을 키우는 데 필요한 기회와 자질을 얻을 수 있음을 기억하자. 특히 답사의 사회적 측면은 중요하다. 왜냐하면, 답사에서는 우리가 다른 사람들과 친밀하고 호혜적으로 어울리는 과정에서 직면하는 일생의 도전들을 경험하기 때문이다. 여러분과 답사를 함께하는 이들은 (나이나 배경이) 서로 다르기 때문에, 답사는 다양한 부류의 사람들과 만날 수 있는 의미 있는 기회를 제공한다. 아마 모든 답사에서 그렇겠지만, 특히 단체 숙식을 동반한 답사는 훨씬 이런 사회적 강도가 높을 것이다. 여러분은 당연히 동료와 함께 연구해야 할 뿐만 아니라 먹고, 자고, 돌아다니는 거의 대부분의 활동을 함께해야 한다. 이는 (5장에서 설명하겠지만) 학생들로서는 그리 쉽지 않은 도전이지만, 그만큼 충분한 보상을 얻게 될 것이다(Maskall and Stokes 2008 참조). 답사의 다른 측면과 마찬가지로, 답사에서의 이러한 사회적 경험을 통해 여러분은 살아가는 데 정말 중요한 역량을 키우게 될 것이다. 특히 졸업 후에 어떤 일을 할지를 결정하고 관련된 직장에 지원서를 내고 면접을 볼 때, 이러한 역량을 적극적으로 활용할 수 있을 것이다. 이에 대해서는 다음 절에서 보다 상세히 살펴보자.

답사는 취업에 어떤 도움이 되는가?

학위는 미래에 대한 중요한 투자이다. 최근 대학들이 '준비된 구직자'를 배출하라는 압박에 시달림에 따라, 개별 학과들은 학생들의 취업 관련 능력을 기르기 위한 방법을 찾는 데 고심하고 있다. 이러한 능력을 기르는 데 답사는 매우 중요한 역할을 담당할 수 있다. 이 절에서는 답사가 어떻게 취업에 도움이 되는지를 살펴보자.

학생들이 학위 과정에서 얻을 수 있는 '비(非)학술적' 역량을 설명하는 데에는 다양한 용어가 사용되었다. 이런 용어에는 '고용 가능성(employability)', '전용성 역량(transferable skills)', '평생학습(lifelong learning)' 등이 있다. 현행의 논의들은 역량 개발의 장기적 성격에 주목하면서 각 개인은 (생애의 어떤 단계에 있든지 간에)

반드시 자신의 역량을 반성적으로 검토하고 재평가해야 한다고 강조한다. 또한 이러한 과정이 어떻게 유지, 발전될 수 있는지를 제시하고 있다. 또한 '학술적' 역량과 '비학술적' 역량으로 구분하는 것은 (양자가 서로 무관하다는 것을 전제로 하기 때문에) 타당하지 않다는 점도 지적하고 있다. 이 책에서는 이러한 제반 논의들을 수용한다. 특히 이 절에서는 앞서 세부적으로 설명했던 역량들을 키워 나감으로써, 학생들이 다양한 장기적 역량들을 졸업 후에도 평생 유지, 개발시킬 수 있다는 점을 강조하고 싶다. 이런 주장은 그 이전에도 항상 있어 왔다. 하지만 보다 최근에 들어 고등교육이 국가 및 지역 노동시장에 얼마나 적절하며 어떻게 기여할 것인가를 둘러싸고 격렬한 논의가 진행되는 가운데, 전 세계적으로 교육기관들은 학생들의 졸업 후를 대비한 교육을 정교하게 고심하고 있다. 이런 논의는 학위 교육과정에까지 일부 개입하고 있지만, 그 양상은 (벤치마킹의 경우에서와 마찬가지로) 지리적으로 불균등하게 나타나고 있다. 고등교육이 졸업생들의 고용 가능성을 높여야 한다는 점은 전 세계적으로 인식되고 있지만, 어떻게 하는 것이 최선인가에 대한 체계화된 견해는 없는 상태이며, '최선책'이라고 할 만한 것도 없고, 대다수가 채택하고 있는 모델도 없다(Little 2003).

고용 가능성 개념은 학술 교육과 취업 전망을 연계하여 생각하는 데 도움이 된다. 고용 가능성이란 "어떤 개인이 직업을 구하고 해당 직장에서 성공하는 데 필요한 개인의 성과, 지식, 속성의 총체"라고 정의할 수 있다(Little 2003: 1). 이와 관련된 용어로 '지속가능한 고용 가능성'이 있는데, 이는 일생 동안 취업 상태로 남아 있을 수 있는 능력에 초점을 맞춘다. 고용 가능성은 "첫 직장을 잡은 후 사라지는 것"이 아니라 "취업 상태를 유지하기 위해 지속적으로 재개발되어야 하는 것"(Knight and Yorke 2004: 46)이다. 따라서 여러분은 자신의 총체적 역량과 지식을 지속적으로 검토하고 업그레이드 해야 하며, 고용 상태를 유지하기 위해 자신의 경력을 관리해야 한다.

지리학자 전공자는 어떤 직무 역량을 갖추게 되는가?

지리학은 폭넓은 성격의 학문이기 때문에 지리학 전공자들은 고용주에게 많은 것들을 보여 줄 수 있다고 생각하지만, 다른 한편으로는 자신이 구체적으로 어떤 역량을 개발해 왔는지를 정확히 표현하는 데에는 어려움을 겪기도 한다. 뉴질랜드의 리처드 헤론과 제임스 해서웨이(Richard Le Heron and James Hathaway)는 지리 전공자들이 지닌 직무 역량으로 사고력, 분석력, 연구력, 컴퓨터 활용 능력, 작문력, 발표력, 조직력과 기획력, 팀워크, 동료 평가력 등을 제시한 바 있다. 직무를 수행할 때 위와 같은 역량이 유용한 것은 사실이지만, 이러한 역량은 여타 사회과학 전공자들도 갖추고 있는 일반적인 역량이기도 하다. 무엇보다 중요한 점은 지리학자들이 노동시장의 치열한 경쟁에서 다른 사람들과 어떤 점을 차별화할 수 있느냐는 것이다. 일부 학자들은 지리학 전공자들에 보다 특화된 역량을 다음과 같이 제시하기도 한다(Kubler and Forbes 2006).

- 문화, 정치, 경제, 환경 이슈에 대한 지식
- 사람과 장소는 다양하다는 인식에 토대를 둔 도덕적, 윤리적 판단에 대한 지식
- 복잡한 환경과 이슈로부터 자료를 추출하고, 이를 통합, 분석, 가공할 수 있는 전문적 지식
- 실험실에서부터 책상과 야외 현장에 이르는 다양한 연구 환경하에서 프로젝트를 관리할 수 있는 (시간 관리, 위험 평가, 문제 해결 등의) 능력
- 잘 발달된 문해력, 수리력, 도해력
- 예기치 않은 상황에 대처할 수 있는 유연성과 적응력

이러한 역량은 인사 담당자가 보다 쉽게 이해하고 연상할 수 있도록 구체적인

표현으로 바꾸어 사용할 수도 있다.

고용주는 무엇을 원하는가?

프라이스워터하우스쿠퍼스(PricewaterhouseCoopers, 세계에서 가장 큰 보험, 세금, 비즈니스 컨설팅 서비스업체)에서 인사팀장을 역임했던 앤드루 보텀리(Andrew Bottomley)는 "인사 담당자가 관심을 가지는 부분은 여러분이 무엇을 전공했는가가 아니라 전공으로부터 어떤 도움을 받았는가이다."라고 말한다(2001: 25). 지리 전공자로서 여러분은 글로벌 경제에 따른 새로운 도전과 기회를 알 필요가 있다. 글로벌화와 산업 재구조화는 국가 경제와 노동 세계를 바꾸고 있다. 선진국에서 새롭게 생겨나는 일자리의 대부분은 서비스 업종이다. 모든 국가들이 경제적 성장을 추구하는 가운데, 정책가들은 '지식경제(knowledge economies)'로의 이행을 강조하고 있다. 그리고 이에 상응해서 지난 30여 년간 일자리도 (그리고 고용주들의 요구도) 변동해 왔다. 라이히(Reich 2002)의 주장에 따르면, 선진 경제는 두 가지 유형의 고차위 전문성을 요구한다. 한 가지는 발견(discovery) 능력이고, 다른 하나는 (시장친화적 지능과 대인 관계 기술을 활용함으로써) 타인의 발견을 취득(exploitation)하는 능력이라는 것이다. 대다수 국가의 고등교육과정은 이러한 시장의 요구를 반영하지 않고 있기 때문에, 이러한 역량 개발에 대한 노동시장의 요구는 여전히 학생 개개인이 충족시켜야 할 몫으로 남아 있다. 이 과정은 두 단계를 거친다. 우선 학생들은 전공에서의 학술적 역량에 대한 이해를 높여야 하고, 그다음으로 이 역량을 보다 정교하게 만드는 법을 터득해야 한다.

여러분의 전공 능력과 지식을 잠재적 고용주들이 이해할 수 있고 매력적이라고 받아들이게끔 만드는 방법을 배우는 것은 매우 중요하다. 앞에서 우리는 포괄적인 지리적 역량이 무엇인지, 그리고 답사를 통해 이를 어떻게 배양할 수 있는지를 살펴보았다. 그리고 이를 10가지로 정리해 보았다. 이제 우리는 또 다른 역량 목록을 제시하고자 한다. 하지만 (앞에서와는 달리) 고용주들에게 적절하고 익숙한 용어로 바꾸어서 표현할 것이다. '학술적' 용어를 '비지니스 언어'로 바꾸어 표현할 때, 이러한 '전문 유행어들(buzz words)'을 이해하고 이를 구사할 수 있는 능력은 매우 중요하다.

대졸자를 채용하는 고용주들에 대한 설문 조사를 보면, 실제로 많은 용어들이 빈번하게 언급되고 있음을 알 수 있다. 이를 통해서 고용주들에게 익숙한 전문 유행어들이 무엇인지를 알아차릴 수 있고, 구직 활동이나 면접을 준비할 때 이를 유용하게 활용할 수 있다. 가장 빈번하게 사용하는 용어는 그림 2.3에서 살펴볼 수 있으며, 최신의 조사 결과는 http://www.prospects.ac.uk에서 확인할 수 있다.

고용주들의 요구와 그들이 찾고 있는 역량을 이해하고 이를 미리 준비하는 것은 용어를 바꾸어서 표현하는 것 이상의 문제이다. 자신이 가진 역량을 효과적으로 드러내기 위해서는 우선 자신이 희망하는 직장이 무엇인지를 파악해야 한다. 그다음 자신이 갖춘 역량이 무엇이고, 그중 직무에 도움이 되는 능력은 무엇이며, 표현을 바꿈으로써 도움이 되는 역량이 무엇인지를 생각해 보아야 할 것이다. 가령, 학위 과정 중에 수행하는 대부분의 과제는 개별적으로 수행하지만 직장에서 하는 대부분의 일은 다른 사람과 함께 해야 한다. 미래의 고용주들은 여러분이 다른 사람들과 협력해서 (그리고 효율적으로) 일하고자 하는지 그리고 계속해서 배우려는 의지와 능력이 있는지를 보여 주는 증거를 요구한다. 이를 달성하기 위해서는 자신의 학습 및 역량 개발 과정을 지속적으로 성찰하는 방법을 익혀야 한다. 이 장의 마지막 절에서는 이 방법에 대해 설명하고자 한다.

앞에서 우리는 지리 전공자가 갖출 것으로 기대되는 역량과 지식은 무엇인지, 그리고 (위에서 제시한 바와 같이) 고용주가 요구하는 역량은 무엇인지를 살펴보았다. 이제 우리는 답사가 전공 학습에 도움될 뿐만 아니라, 직장을 구하고 고용주

1. **자립성 역량**
자각: 목적의식이 있는, 집중력이 좋은, 신념이 뚜렷한, 현실적인
능동성: 전략이 풍부한, 추진력이 있는, 자신감이 있는
배우려는 의지: 호기심이 많은, 의욕적인, 열정적인
자기 계발: 긍정적인, 끈기 있는, 야망 있는
네트워킹: 주창자, 관계 구축가, 전략이 풍부한
계획성: 의사 결정자, 계획가, 일에 우선순위를 부여함

2. **대인 관계 역량**
팀워크: 협력적인, 조직화된, 조정자, 전달자
대인 관계: 잘 들어줌, 조언자, 협력적인, 깔끔한
화법: 표현을 잘하는, 발표가 훌륭한, 유창한
리더십: 동기를 부여하는, 에너지 넘치는, 선견지명이 있는
고객 지향성: 친근한, 배려하는, 사교성 있는
외국어: 외국어 구사 능력

3. **일반적인 직무 역량**
문제 해결: 실용적인, 논리적인, 결과 지향적인
유연성: 다재다능한, 자발적인, 여러 기술을 갖춘
사업적 총명함: 기업가적인, 경쟁심 있는, 모험적인
IT/컴퓨터 숙련도: 사무 능력, 타이핑이 훌륭한, 소프트웨어 패키지
수리력: 정확한, 계산이 빠른, 체계적인
책임감: 헌신적인, 신뢰성 있는, 성실한

4. **전문가적 역량**
직종 특수적 역량: 언어, IT
기술적 역량: 언론, 공학, 회계, 영업

■ **그림 2.3** '전문 유행어들'과 각 단어가 고용주에게 의미하는 바.

들에게 자신을 효과적으로 표현하는 데 도움이 된다는 점을 보여 주고자 한다. 우리는 세계 10대 기업의 인사 담당자들을 대상으로 한 설문 조사에서 (자신들이 추구하는 역량과 지식 중) 답사를 통해 얻을 수 있는 그리고 답사를 통해 입증될 수 있는 역량과 지식이 무엇인지를 확인해 보았다. 조사 결과 여러 가지 견해와 용어, 전문 유행어들이 수집되었고, 우리는 이를 정리한 후 답사에 적용해 보았다. 최종적으로 인사 담당자들이 찾고 있는 역량은 다음과 같았다.

- 그룹 활동: 뚜렷한 의사소통, 리더십의 발현, 분쟁 조절 능력, 공감(타인의 의견을 잘 듣는 것), 관계 형성
- 답사의 실제: 조직과 계획, 시간 잘 지키기, 스트레스 상황에서의 임무 수행, 새로운 환경에서의 임무 수행, 심리적 안전지대(comfort zone)를 넘어선 새로운 것에 도전, 서로 다른 문화에 대한 이해
- 현장 프로젝트 작업: 전략적 의사 결정, 일에 대해 주인 의식 갖기, 프로젝트의 시작에서부터 끝까지 차질 없이 완료하기, 피드백의 수용, 피드백을 통한 변화
- 연구 수행: 현실과 글로벌 이슈에 대한 관심, 프로젝트의 목표 선정, 목표 달성을 위한 최적의 접근법 선택, 일의 우선순위 설정, 목표 달성을 위한 유연한 태도, 변화를 두려워하지 않음, 시간 준수, 적절한 연구 참여자 선정, 연구 참여자와의 친목, 누증(snowballing) 면담이나 초점집단(focus group) 연구를 위한 네트워크 형성, 타인의 의견 경청, 정보 수집을 위한 기술 활용(예: 인터넷), 이질적 유형의 자료 수집과 분석

답사를 통해 위에서 제시한 모든 능력을 습득할 수 있는 것은 아니지만, 이를 개발하는 데 답사는 분명 도움을 준다. 여러분의 이력서에 기입할 수 있는 독특한 무언가가 되기도 하고, 자기소개서나 면접, 직무 역량 평가 등에 있어서 여러분을 설명하는 데 유용한 증거로 사용될 수도 있다. 인사 담당자들에게 자기 자신만의 '두드러진' 점을 가장 잘 드러내는 방법은 다른 사람과 차별화되는 점을 부각하는 것이다. 그리고 학교 밖에서 얻은 실제 경험을 이야기하는 것만으로도 다른 사람과의 차별화가 충분히 가능할 것이다.

답사 역량과 경험을 어떻게 표현해야 하는가?

답사를 성공적으로 끝마쳤을 때, 여러분은 이야기할 수 있는 경험 하나를 추가하게 될 것이다. 이는 다양한 방식으로 제시할 수 있다. 이력서에 포함할 수도 있고, 자기소개서에서 상세하게 설명할 수도 있으며(만약 지원하는 직장이 자기소개서를 요구할 경우, 엽서 2.1 참조), 입사 면접에서 이러한 경험담을 이야기할 수도 있다(엽서 2.2 참조). 이 절에서는 지난 10여 년 동안 우리가 가르쳐 왔던 학생들이 보내 준 경험담과 견해를 일부 소개하고자 한다.

재학 중에 우리와 함께 답사를 다녔던 앤서니(Anthony)는 이력서를 작성하는 데 있어 답사 경험을 유용하게 활용했던 사례에 대해 들려주었다.

> 저는 입사 면접에서 답사 경험에 대해 이야기했어요. 주로 답사 중 우리 팀의 목표를 달성하기 위해 함께 어떤 일을 했는지, 그리고 답사를 통해 무엇을 배우게 되었는지에 대한 것이었죠. 저의 답사 경험을 이야기함으로써, 인사 담당자에게 제가 어떤 능력을 가지고 있고, 실제 상황에서 그 능력을 언제 그리고 어떻게 발휘했는지 드러낼 수 있었죠. 돌이켜 보면, 입사 면접에서 답사 경험을 이야기했던 것이 빨리 직장을 잡는 데 큰 도움이 되었던 것 같아요.

다른 학생도 비슷한 응답을 했다. 해나(Hannah)는 "답사 중에 여러 사람들을 면담하고 답사 지역에 대해 숨김없이 열정적으로 토론하는 경험을 통해서, 나의 능력에 대해 자신감을 갖게 되었다."고 이야기했고, 밴쿠버 답사를 함께 했던 제니퍼(Jennifer Grehan)는 답사 경험이 입사 서류를 준비하는 데 큰 도움이 되었다고 말했다(엽서 2.1 참조). 제니퍼는 자기소개서에 답사 경험을 소개하면서 자신의 풍부한 역량을 드러내는 데 활용했다.

답사는 입사 면접에서뿐만 아니라 직무 역량 평가에서도 유용하게 사용될 수

엽서2.1 자기소개서에 답사 경험 활용하기 보내는 사람: 제니퍼 그레햄

(법률회사에 지원할 때 제출했던 자기소개서에서 발췌했으며, 답사를 통해 얻은 다양한 역량과 경험을 중심으로 인용했다.)

저는 다양한 문화들에 대처해야만 했습니다. 대개의 경우 답사 현장에서 저는 '외부인'으로 비칠 수밖에 없었기 때문에 사회적으로 민감한 상황이었습니다. 바로 이 국면에서 제 특유의 대인 관계 능력을 발휘할 수 있었습니다. 저는 이 능력이 제가 일하려고 하는 법조계에 큰 도움이 될 것이라고 생각합니다.

저는 답사를 수행할 때, 제 개인 프로젝트 작업을 하다가도 모든 학생들이 반드시 참여해야 하는 공동 프로젝트 작업을 병행해야 했습니다. 이 과정에서 저는 적응력과 유연성을 유감없이 발휘할 수 있었습니다. 특히 여러 프로젝트 작업의 우선순위를 결정한 후, 번갈아 가면서 작업을 무사히 마칠 수 있었습니다.

또한 저는 목표에 대한 집중력을 잃지 않은 채, 제한된 시간 내에 일을 끝마칠 수 있는 역량도 키웠습니다. 특히 주어진 시간 내에서 면담과 보고서 작업을 기대했던 수준 이상으로 훌륭히 완수할 수 있었던 것은 저의 조직적 역량 덕분이었다고 생각합니다.

저의 연구 프로젝트는 북아메리카 원주민들과 함께 수행하는 것이었는데, 이로 인해 다른 배경을 가진 사람들이 가진 관점을 잘 이해할 수 있는 능력을 키울 수 있었습니다. 이 덕분에 저는 갈등 상황에 처했더라도, 그 상황이 어떻든지 간에 냉철한 집중력을 발휘하는 능력을 키웠습니다.

밴쿠버에서의 답사는 저에게 현장에 대한 큰 호기심과 관심을 불러일으켰고, 이로 인해 저는 단지 답사 프로젝트를 완수하는 것을 넘어서 정말로 소중한 친구들을 사귈 수 있었습니다. 이들과는 지금도 정기적으로 연락하며 지내고 있습니다. 저는 전공에서 배운 대로 현지 주민들과의 관계에 책임감 있는 태도를 갖고, 그들의 배경을 이해하려고 노력함으로써 호혜적인 신뢰 관계를 구축할 수 있었습니다. 덕분에 우리 답사팀은 현지 주민들의 '명명식'이라는 일종의 연극에 초대받았고, 저녁 식사도 함께 하고 전통 음악과 춤을 즐기면서 그들의 친절에 화답했습니다.

또한 답사 과목에서는 답사 이전부터 답사 이후까지 몇 번의 발표를 의무적으로 하게 되어 있었습니다. 이는 저의 발표력과 표현력을 향상시키는 데 큰 도움을 주었을 뿐만 아니라, 제 자신의 능력에 대해서 뚜렷한 자신감을 갖게 해 주었습니다. 덕분에 저는 청중이 가득 찬 공간에서도 두려움 없이 차분하게 제 주장을 표현하고, 발표 후에도 청중의 질문과 비판에 슬기롭게 대처할 수 있는 능력을 키울 수 있었습니다.

있다. 엽서 2.2는 지리학을 전공한 졸업생이 어떻게 답사 경험을 활용해서 세계적인 경영 컨설팅 회사에 취직하게 되었는지를 소개하고 있다.

엽서 2.2 직무 역량 평가에서 답사 경험 활용하기 보내는 사람: 앤드루 그레고리 (프랑스 답사를 함께한 영국 학생으로, 글로벌 컨설팅, 기술 서비스, 아웃소싱 등을 제공하는 회사인 액센추어에 경영 컨설턴트로 취업했다.)

나는 액센추어의 면접과 직무 역량 평가에서 답사의 학술적 측면과 실용적 측면 모두를 이용했다. 첫 번째 평가에서 가장 중요했던 평가 항목은 몇몇 회사의 데이터를 분석한 후, 그 회사들의 주요 이슈를 요약해 발표하는 것이었다. 예전의 답사에서 그래프와 차트를 비롯한 다양한 자료를 해석하고 분석했던 경험은 이 평가 단계를 통과하는 데 많은 도움이 되었다. 정보를 비판적으로 분석하는 능력은 이 직업군에서 매우 중요하게 여기는 능력이었다.

두 번째 평가 단계는 엑센츄어의 고위 간부와 비즈니스 시나리오에 대해 토론하는 것이었다. 이 과제에서 나를 포함한 지원자들은 우선 상당히 복잡한 정보들이 포함된 자료를 제공받는다(이 모두를 완벽하게 이해하라고 나누어 주는 것은 아니다). 그다음에는 몇 가지 문제를 나누어 준다. 지원자들은 그 문제를 해결하는 데 적합한 정보를 자료에서 취사선택한 후 해독해야 한다. 여기에서는 비판적 사고력과 신속한 대처가 가장 중요했고, 필요한 정보를 모은 후 신속하게 구조화시켜야 했다. 결국, 이 단계에서 필요한 것은 문제 해결 능력이었다. 나는 예전의 답사에서 문제기반학습(PBL)을 경험했기 때문에 이런 상황에 상당히 익숙한 편이었으며, 덕분에 자신감을 가지고 효율적인 방법을 제시할 수 있었다. 이 단계가 끝난 후, 액센추어 관계자는 나에게 논리적이고 구조적인 주장을 펼쳤다고 이야기해 주었다.

세 번째 평가 단계는 팀별 프로젝트로서, 광고 캠페인을 기획하는 것이었다. 이 과제의 핵심 목표 중 하나는 팀별 목표를 수립할 수 있는 작업 환경을 조성하는 것이었다. 여기에서는 의사소통 능력이 가장 중요했다. 나는 (답사 때마다 늘 그렇게 해 왔던 것을 기억해 내서) 팀의 모든 구성원들이 전면에 나서서 의견을 제시하도록 제안하고 독려했다. 이것은 매우 논리적이고 합당한 것처럼 보이지만, 사실 책을 낭독하는 것만큼 간단한 일이기도 하다. 우리는 팀의 목표를 주제로 토론하면서 팀원 간에 탄탄한 신뢰를 구축할 수 있었고, 우리 모두가 하나의 목표를 공유하고 있다는 사실은 팀 구성원 모두에게 자신감을 심어 주었다.

내가 경험한 답사에서 팀별 과제의 결과는 언제나 개별 과제들의 총합 그 이상이었다. 나는 답사 경험을 통해서 개별 팀원의 강점을 파악하고, 그 강점을 팀에서 잘 구현할 수 있게 작업을 잘 분배해서 팀의 역량을 극대화할 수 있는 능력을 배웠다.

이처럼 주어진 일을 여러 사람들에게 배분하고 또 혼자서 (또는 소그룹으로서) 독립적으로 임무를 수행한 결과, 그룹 구성원들을 대상으로 발표할 때 필요한 여러 가지 테크닉을 익힐 수 있었다. 또한 이런 발표를 할 때, 나는 탄탄한 정당성과 논리 정연함을 갖추어서 내 주장을 효과적으로 제시할 수 있는 능력도 터득하게 되었다. 나의 답사 경험, 그리고 나의 지리학 학위 취득 과정 전체는 나의 발표 역량을 크게 키워 주었다. 이는 내가 액센추어의 입사 면접과 직무 역량 평가를 성공적으로 통과하는 데 큰 도움을 주었다.

엽서 2.2에서 앤드루 그레고리(Andrew Gregory)는 답사 경험을 학술적 측면과 실용적 측면 모두에서 활용했다. 앤드루는 분석 결과를 표현하고, 팀의 일원으로서 효과적으로 작업하는 과정에서 의사소통 능력을 키울 수 있었다. 또한 앤드루는 자신의 역량을 성찰해서 자기가 맡을 가장 가치 있는 역할이 무엇인지를 파악한 후, 이를 기반으로 팀워크에 기여할 수 있는 능력을 터득했다고 밝히고 있다. 앤드루는 이를 '자아감(sense of self)'라고 표현했지만, 이 장에서 사용한 용어로 표현하면 '성찰성(reflection)'이라고 할 수 있겠다. 사실, 앤드루는 프랑스 답사 중 급성 위염으로 도중에 일찍 귀환한 학생이었다. 그럼에도 불구하고 앤드루는 입사 면접 및 평가 동안에 자신이 답사를 통해 터득하고 개발했던 역량이 무엇이었는지를 간파하고 이를 활용했는데, 이 또한 주목할 만하다고 생각한다.

대부분의 졸업생들은 답사의 긍정적인 측면에 초점을 두었고, 답사 경험을 통한 역량 개발로 자신의 고용 가능성을 향상시킬 수 있었다. 그렇지만 현장 연구를 수행할 때에는 여러 가지 도전적인 어려움에 직면하므로, 답사에서는 부정적인 경험을 할 수도 있음에 주의해야 한다. 여기에는 그룹 활동에서의 문제(그룹 활동은 5장을 참조하라), 연구 방법 설계의 오류, 비행기 결항이나 갑작스런 질병의 발생, 다른 구성원과의 갈등 등의 실제적인 문제들이 포함된다. 그러나 이런 부정적인 경험도 유용하게 활용할 수 있다. 가령, 단순히 이런 상황에서 짜증을 내거나 실망하기보다는 이를 어떻게 돌파하고 '전환'했는지를 입사 면접에서 보여 줄 수 있다. 입사 면접에서 가장 흔한 (그리고 가장 무섭기도 한) 질문 중 하나는 지원자의 약점이 무엇인지를 묻는 것이다. 이에 대해 '저는 약점이 없어요'라고 대답하는 적절하지 않다. 오히려 답사 경험을 돌이켜 보면서 부정적인 경험을 찾아내야 한다(그리고 특히 그런 도전적인 상황을 돌파하고자 했다는 점을 강조하는 것이 중요하다). 최근의 입사 면접에서는 과거와는 달리 방심하기 힘든 새로운 질문이 등장하고 있다. 프라이스워터하우스쿠퍼스의 면접에서는 "지루한 일을 열정적으로 마쳐본 적이 있습니가?"라는 질문을 입사 지원자들에게 던졌는데, 회사는 이 질문을 통해 지원자들이 반복적인 일상 업무를 불평하지 않고 해낼 수 있는지를 판단하려는 것이었다. 이 경우 답사 경험을 바탕으로 대답한다면, 아마도 여러분은 "네, 그런 적이 있습니다. 답사 연구를 수행하면서 면담 녹음을 일일이 녹취문으로 바꾸어야 했는데, 그 작업은 정말로 지루한 작업이었습니다. 그러나 그 일을 끝마치고 처음부터 끝까지 검토하는 순간, 제가 완수한 일이 얼마나 중요한 작업이었는지를 깨닫게 되었습니다. 이 작업 덕분에 면담 분석을 효과적으로 끝낼 수 있었을 뿐만 아니라, 팀에서 데이터를 가장 능숙하게 다룰 수 있는 능력을 터득했기 때문입니다."라고 할 수 있지 않겠는가?

과거의 경험을 어떻게 성찰해서 배울 것인가?

이 장에서 우리는 답사에 대한 '성찰(省察, reflection)'이 중요하다는 점을 여러 번 강조했다. 왜냐하면 이런 성찰의 과정이 있어야만 자신의 학술적 역량과 직무 역량을 파악할 수 있고, 여행에서 무엇을 배웠는지를 이해할 수 있으며, 어떤 상황이나 개념, 장소에 대한 이해를 업그레이드 할 수 있기 때문이다. 과연 성찰이란 무엇일까? 그리고 어떻게 해야 성찰할 수 있을까? 이 장에서는 여러 가지 성찰의 방법을 제시하고자 한다. 특히 여러분에게 실질적인 도움이 될 만한 사례를 제시함으로써 답사를 최대한 활용할 수 있게 도와줄 것이다.

성찰은 능동적인 과정이다. 답사를 대상으로 성찰할 때에는 수많은 주제들이 포함될 수 있다. 여기에는 자신의 관찰 결과에 대한 생각뿐만 아니라 다음과 같은 것들도 포함된다.

- 연구 과정(예: 연구 계획을 현장에 적용하는 전 과정)
- 연구 실행(예: 자신의 위치성, 윤리적 고려 사항, 자료 수집의 효율화 방안)
- 학습 과정(예: 자료 해석의 효율화 방안)

• 터득하거나 개발한 학술적 역량과 전용성 역량(transferable skills)

'성찰일기(reflective diary)' 작성은 답사 현장에서 발견한 것들을 비판적으로 바라보게 함으로써 학업 및 취업에 도움이 되는 능력을 발견하도록 할 뿐만 아니라, 자신의 학습 과정을 추적하는 데 유용한 도구로 사용될 수 있다. 성찰일기를 쓰는 것은 답사 현장에서의 경험과 그 과정에서 터득한 역량을 자신의 언어로 바꾸는 과정이다. 성찰일기를 씀으로써 여러분은 자신의 지식과 역량이 어떻게 발전되어 왔는지를 평가할 수 있을 것이다. 아마 여러분이 소속된 학과에서는 성찰일기 쓰기가 의무사항일 수도 있을 것이다. 그러나 설령 성찰일기를 쓰는 것이 의무가 아니라고 할지라도, 아래에서 제시하는 여러 이유를 읽어 본 후 꼭 성찰일기를 쓸 것을 권고한다. 그렇다면 성찰일기란 무엇이고, 성찰일기에는 무엇을 적어야 하는가?

첫째, 성찰일기는 기술(記述)적 성격의 답사노트와는 다르다. 이 둘의 차이는 적지 않으므로, 만일 둘 중 하나를 작성해야 한다면, 각각의 특성을 잘 파악한 후 선택하는 것이 좋다. 답사노트는 현장에서 관찰한 사람이나 장소나 사건을 기술적인 방식으로 기록하는 방법이다. 답사노트 작성은 발견, 해석, 재현에 이르는 일련의 답사 과정에서 가장 첫 번째 단계에 해당된다. 또한 이는 (보고서나 논문 등의) 연구 저술을 작성할 때 반드시 선행되어야 한다. 만일 답사노트 작성이 여러분이 제출해야 할 평가 과제 중 하나라면, 답사노트를 얼마나 '세련된' 형식으로 작성할 것인지, 그리고 답사노트에 자료의 기록뿐만 아니라 해석까지도 포함할 것인지를 사전에 미리 결정해야 한다. 반면에 성찰일기는 자신이 무엇을 관찰했는지뿐만 아니라 어떻게 관찰했는지, 관찰을 통해서 무엇을 배우게 되었는지, 그리고 자신의 관찰과 반성이 넓은 이론적 맥락에서 어떤 의미를 지니는지를 기록하는 것이다(McGuiness and Simm 2005).

성찰은 여러분으로 하여금 자신의 연구와 역량 개발의 전 과정 중 현재 어느 지점에 있는지, 그리고 답사에서 무엇을 익혀야 하는지를 꼼꼼히 점검하게 한다. 아마 여러분이 수강하는 답사 과목은 수강생들이 어떤 역량을 개발하고 어떤 지식을 습득해야 하는지에 대한 '의도된 학습 결과'를 이미 규정하고 있을 것이다. 그렇다고 하더라도 여러분 각 개인은 독특한 강점, 약점, 경험 등을 지닌 주체로서 답사에 참여하기 때문에, 실제의 학습 결과는 개인마다 다를 것이다. 어떤 학생에게는 답사 기간 내내 다른 구성원들과 함께 먹고, 자고, 일하는 것이 가장 어렵겠지만, 다른 학생에게는 한정된 시간 내에 임무를 마쳐 과제를 제출하는 것이 가장 어려울 것이다. 또한 어떤 학생에게는 집을 떠나는 것 자체가 (감정적으로나 금전적으로나) 정말로 힘들겠지만, 어떤 학생에게는 생소한 사람들을 만나고 면담을 요청하기 위해 자신의 소심한 성격을 극복해야 하는 것이 큰 도전이 될 것이다. 이는 특히 관심사가 서로 다른 학생들이 한 팀으로 참여한 답사일 경우에 더욱 뚜렷해진다. 가령, 어떤 학생들은 지리 전공자이지만 또 다른 학생들은 그렇지 않을 수도 있다. 이들은 자신의 독특한 경험과 지식을 답사 현장에 함께 가져올 것이다. 또한 학부 답사는 상이한 현장으로 여러 번 실시되는 것이 일반적이므로, 학생들이 각각의 답사에서 배우고 얻는 것들을 항상 다를 것이다.

성찰일기는 답사를 출발하기 이전부터 작성되어야 한다. 아래에 제시된 과제를 수행한 후, 성찰일기를 어떻게 구성할지 생각해 보자.

- 지리학 전공자가 학부를 졸업하는 시점에 가져야 할 것으로 기대되는 역량 목록(이 목록은 앞에서 이미 제시한 바 있다)을 숙독한 후, 현재 자신의 위치가 어디쯤인지 체크해 보자. 이런 역량 중 일부는 답사 과목을 끝까지 수강하기 전까지는 달성하기 어렵다는 점에 유의하자. 가령, 답사에 기반을 두고 연구 계획

을 수립하고 실행할 수 있는 역량이나 새로운 상황에 자신의 견해를 적용할 수 있는 역량 등이 이에 해당된다. 기존의 생애 경험이나 과거에 익혔던 역량을 출발점으로 삼고, 이를 확장시켜 나가는 것도 좋은 방법이다.

- 앞에서 논의한 '벤치마크 진술'은 '일반적인' 학생을 전제로 한 것이다. 여러분은 고도로 경쟁적인 오늘날의 세계에서 일반적인 학생 그 이상이 되기 위해 노력하고 있는가? 여러분은 자신의 동료와 비교할 때 어떤 점에서 다른가? 답사 과목은 이에 도움이 될 수 있을까?
- 자신에게 어떤 학습이 가장 효과적인지를 알고 있는가? 자신의 강점과 약점은 무엇인가? 답사를 통해서 자신의 약점을 향상시킬 수 있는가? (그리고 답사에서 그룹 활동을 할 수 있고, 이론적 견해와 경험적 관찰을 연계할 수 있는가?)
- 자신은 학위를 취득하기 위해 진정 어떤 노력을 하고 있는가? 많은 졸업생들에 따르면, 답사의 세부적인 경험들은 점차 잊히지만 역량에 기반을 둔 실질적 학습은 시간이 지날수록 더욱 강화된다. 답사에서는 이론적인 것들이 '실세계' 환경에서 관찰되므로, 이론적 아이디어를 기억하는 데 도움이 되는 틀을 제시한다. 그렇다면 답사는 높은 학점을 받고 취직하는 데뿐만 아니라, 평생에 걸쳐 지속될 지리적 상상력과 호기심을 기르는 데에도 도움이 될 수 있는가?

만일 여러분이 답사 현장으로 떠나기 전에 성찰을 시작한다면, 아마 과거의 경험을 (답사 현장에서든 아니든지 간에) 돌이켜 보게 될 것이다. 그림 2.4에서 볼 수 있듯이 사람들은 자신만의 독특한 역량을 답사 현장으로 갖고 온다. 그 사람의 배경이 어떠하든지 간에, 그리고 그 사람의 역량이 답사 현장에서 익힌 것이든 아니면 직장에서 익힌 것이든지 간에 말이다. 당연히 답사 현장에서 성찰은 계속되어야 한다. 왜냐하면 답사 인솔자나 동료들과 대화를 하면서 경험하는 피

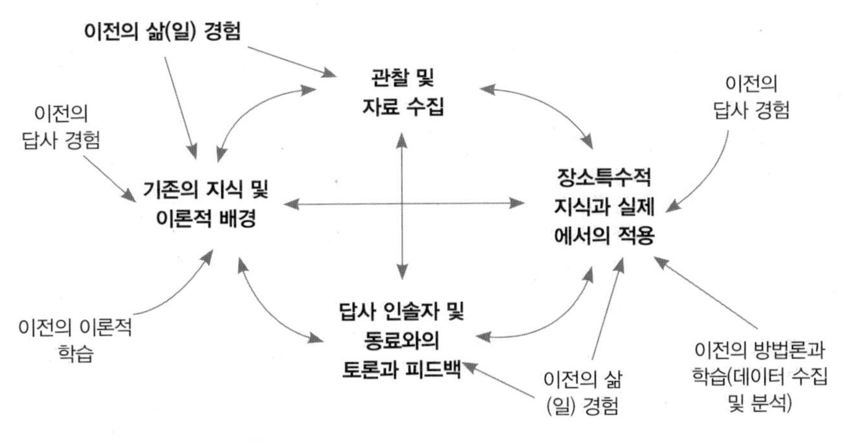

■ 그림 2.4 답사에서의 성찰과 학습.

드백의 과정은 여러분에게 큰 도움을 주기 때문이다. 실제로 답사는 지속적이면서도 즉각적인 피드백(학점에 포함되지 않는 '형성' 평가를 포함)을 얻을 수 있는 매우 드문 기회를 제공한다. 달리 말해서, 답사가 아니라면 교수와 학술적인 이야기를 할 기회는 거의 없을 것이다. 따라서 이 절호의 기회를 최대한 활용해야 한다. 교수가 여러분이 무엇을 어떻게 학습하는지에 깊이 관여하게 한 후, 그에 대해 함께 토론을 이어 나가도록 하라.

자신의 역량과 지식을 면밀히 점검하며 개발하는 것과 아울러, 아마 여러분은 이를 미래의 고용주들에게 어떻게 제시해야 하는지를 알고 싶을 것이다. 전공 학습과 관련해서, 앞서 살펴본 성찰적 역량은 고용 가능성이라는 관점에서도 (특히 고용주들이 선호하는 '전문 유행어'를 사용함으로써) 충분히 적용될 수 있다. 고용주의 요구가 반영된 성찰일기 내용을 구성할 수도 있다. 아래에 제시한 구성은 특히 미국의 상황을 염두에 둔 것이다(Duttro 1990).

• 학습 측면: 각 프로젝트/답사에서 배운 점

- 전문적 경력 측면: 자신이 수행한 역할/과업
- 면담 측면: 지원하려는 직장/프로젝트에 적절한 주제

위에서 제시한 사항은 최근 북아메리카에서 인턴십이라 불리는 직무 기반 채용의 중요성을 반영한 것이다. 인턴십은 점차 전 세계적인 경향으로 확대되고 있다. 이런 세계 속에서, 학생들은 고용 가능성을 향상시킬 수 있는 현장 직무 경험을 쌓기 위해 (대개 임금을 덜 받는 상태에서) 경쟁해야 할 것이다. 아마 여러분은 공부하고 일하는 과정에서 항상 자신의 경험과 강점 및 약점을 지속적으로 관리함으로써 자신의 프로파일을 향상시킬 수 있는 방법을 찾아야 할 것이다. 이런 점에서 (앞서 언급했던 프라이스워터하우스쿠퍼스사의 인사팀장이었던) 앤드루 보텀리는 "성찰적 학습은 학술적 공부에서뿐만 아니라 직장에서도 매우 중요하므로… 당연히 개별 학생들은 자기 자신의 능력을 늘 평가해야 한다."라고 이야기한다(2001: 25). 이러한 지적은 성찰적 학습이 답사에서 역량 개발 과정을 훨씬 더 능숙하게 만든다는 사실을 재확인하는 것이다. 그리고 여러분은 이런 역량을 익힌 다음, 이를 미래 자신의 경력을 개발하는 데 적용할 수 있을 것이다.

따라서 성찰은 얼핏 보기에는 다소 추상적인 듯하지만, 사실 매우 실용적인 과정이다. 성찰을 통해서 여러분은 자신이 공부하는 이유를 기억할 수 있을 뿐만 아니라, 자신의 학습을 지속적으로 추적하고 이를 능동적으로 이끌어 나갈 수 있다.

요약

이 장에서는 답사에서 얻을 수 있는 잠재적 이점을 살펴보았다. 삶의 모든 부분들이 그렇듯이, 답사 또한 더욱 많은 것을 (시간이든 열정이든 노력이든) 투자할

수록 더욱 많은 것을 얻게 될 것이다. 이 장의 핵심 내용은 다음과 같다.

- 답사는 독특한 학습 경험으로, 학술적 역량을 키울 수 있을 뿐만 아니라 기존의 능력을 더욱 발전시킬 수 있는 기회이다. 특히 '현장에 머무는 것' 자체는 '얕은' 학습에서 '심층'학습으로 나아가도록 한다. 답사를 통해 이론과 실세계의 사례를 관련지어 이해할 수 있고, 자신이 수집한 자료를 비판적으로 분석할 수 있기 때문이다. 우리는 이 장에서 학술적 역량과 직무 관련 역량으로 구분해서 이를 살펴보았다.
- 학습은 평생 지속되는 과정으로서, 이 장에서는 장기적인 '고용 가능성'에 초점을 두었다. 답사는 여러분의 고용 가능성을 개발하는 데 큰 도움을 준다.
- 답사에서 자기 성찰의 과정은 자신이 지닌 역량을 검토하고, 답사를 통해 이를 어떻게 향상시킬지를 이해하는 것이다. 이 장에서는 성찰의 능력을 키울 수 있는 몇 가지 가이드라인을 제시했다.

결론

아마도 이제 여러분은 자신이 답사를 떠나는 이유를 합리적으로 이해하고 정당화할 수 있게 되었을 것이다. 그렇다면 답사 현장에서 무엇을 할 것인가라는 문제에 대해 생각해 볼 차례가 된 것이다. 여러분이 신청한 답사를 본격적으로 준비하기 전에, 이 책을 끝까지 읽고 숙독하기를 바란다. 만약 답사의 구성과 목표를 이미 수립했다면, 3장부터 5장까지 읽어 보도록 하자. 이는 연구 주제를 발전시키고, 관련된 윤리적 문제를 생각해 보도록 하며, 구체적인 답사 상황에서 팀 구성원들과 함께 일하는 데 필요한 지침 등을 안내해 줄 것이다.

더 읽을거리와 핵심문헌

고등교육에서 점차 고용 가능성과 역량 개발에 더 큰 관심을 두고 있지만, 여전히 학생들이 읽을 만한 문헌들은 많지 않다. 현재로서는 국가기관이 제공하는 문헌들이 여러분에게 가장 적합할 것으로 생각된다.

- 대부분 국가의 중앙정부는 모든 학문 분야의 졸업생들이 갖추어야 할 역량의 기준을 제시하고 있다. 미국지리학회(AAG)에서는 정기적으로 '지리 전공자가 갖춘 역량'이라는 논평을 출판하고 있다. www.aag.org에 방문하면 이를 살펴볼 수 있다.
- 전공자가 갖추어야 할 역량 개발에 관한 정보는 인터넷이나 www.prospects.ac.uk와 같은 사이트에서 얻을 수 있다. 또한 여러분이 재학 중인 대학의 취업지원센터나 관심을 두고 있는 직장의 홈페이지에서도 얻을 수 있다.

보텀리(Bottomley 2001)는 대졸자를 대규모로 고용하는 기업들이 학생들의 역량 개발에 대해 어떻게 생각하고 있는지를 제시하고 있다.

제3장

답사를 떠나기에 앞서: 연구 설계와 준비

개 요

이 장에서 논의할 주요 내용은 다음과 같다.

- 실현 가능한 연구 계획은 어떻게 수립할 수 있을까?
- 이런 과정에서 부딪히는 어려움은 무엇이며, 이를 어떻게 극복할 수 있을까?
- 답사에서는 어떤 연구 방법을 활용할 수 있고, 이 중 가장 적절한 방법을 어떻게 선택할 수 있을까?
- 실제 답사에 필요한 준비는 어떻게 계획할 것이며, 잠재적 위험에는 어떻게 대처할 것인가?

이 장에서는 연구 주제를 어떻게 찾아낼 것인지, 그 주제를 어떻게 실행 가능한 연구 문제로 구체화할 것인지, 그리고 그 문제를 어떻게 답사에서 대답할 것인지를 안내하고자 한다. 아울러 연구 방법의 선택을 포함해서 연구 방법론의 전개 과정을 살펴보고, 답사를 떠나기 전에 활용할 수 있는 자료를 안내하고자 한다. 마지막 절에서는 답사 수행의 구체적인 실제와 위험 평가에 대해서 논의할 것이다.

훌륭한 연구는 깊은 고민과 신중한 계획에 달려 있다. 특히 답사는 떠나기 전에 많은 준비를 필요로 한다. 이번 장은 답사를 준비하면서 거쳐야 할 주요 단계를 개괄적으로 살펴본다. 물론 이는 연구 주제 선정이라는 가장 어려운 단계에서부터 시작된다. 학부 답사에서 학생들이 연구 주제를 선택할 수 있는 자율성은 매우 상이하다. 가령, 학생이 주제를 완전히 자유롭게 선택할 수 있는 답사도 있지만, 학생에게 미리 주제를 정해서 제시하는 답사도 있다. 그렇지만 모든 답사에서는 연구 주제를 선정해서 실행 가능한 계획으로 구체화하는 과정이 반드시 포함되기 때문에, 여러분은 이런 과정에 요구되는 비판적 통찰력을 갖출 필요가 있다. 이 장에서는 우선 연구 주제를 정하고 이를 좁혀 나가는 방법과 이를 다시 구체화된 연구 문제로 수립하는 방법을 안내할 것이다. 두 번째로 연구 방법의 선택과 연구의 실행 계획에 대해 설명할 것이다. 마지막에서는 답사 계획에서의 필수 고려 사항인 건강과 안전, 그리고 (4장에서 다룰) 윤리적 이슈에 대해 안내할 것이다.

연구 설계: 연구 주제의 수립

답사는 현장에 도착하고 나서야 시작되는 것이 아니다. 그보다 훨씬 전, 여러분이 연구를 계획하고 설계하는 단계에서 이미 답사는 시작된다. 게리 부마(Gary Bouma 1993: 9)에 따르면, "많은 사람들은 자료 수집이 연구의 핵심이라고 생각하지만, 사실 엄밀한 의미에서 이는 옳지 않다. 준비라 일컫는 제1단계야말로 가장 오랜 시간이 소요되며, 결과 도출과 보고서 작성이 자료 수집보다 더 오랜 시간이 걸리기 때문이다. 자료 수집 그 자체에 걸리는 시간은 아마 가장 적을 것이다." 자료 수집의 성공은 엄밀한 계획과 연구 설계에 달려 있다. 만일 이런 준비가 되어 있지 않다면, 답사 현장에서 오랜 시간을 낭비하게 될 것이다. 아마도 여러분이 수강하는 답사 과목에서는 답사 현장에 대한 배경지식, 방법론에 대한 안내, 답사 준비 사항 등에 대한 별도의 안내 강좌를 제공할 수도 있을 것이다. 그러나 모든 학생들이 이런 강좌를 수강하는 것도 아니며, 대부분의 학생들은 혼자서 이런 계획과 준비를 감당하고 있다. 그래서 우리는 여러분이 답사 계획에 대한 사전 지식이 없다고 가정하고 논의한다. 자신의 답사 계획을 교수와 논의할 수 있는 별도의 시간을 얻게 되었다면, 그것은 정말 다행스러운 일이다. 걱정거리가 있거나 확신이 없을 때에는 틈나는 대로 교수 연구실의 문을 두드려라! 그리고 나머지 모든 시간은 자신의 계획을 독자적으로 수립하는 데 투입하라. 2장에서 살펴본 바와 같이, 프로젝트에 대한 주인 의식은 학습 과정에서 중요한 부분을 차지하며, 역량 개발과 성찰의 능력을 키우는 데 큰 도움이 된다.

긍정적인 마음가짐과 더불어, 자신의 역량으로 프로젝트를 완수할 수 있다는 자신감을 갖고 연구를 설계하자. 이는 길고 벅찬 여정이 될지도 모르지만, 여러분은 답사 준비와 실행 모두에 있어서 즐거움과 보람을 느끼게 될 것이다. 이를 위해서 이 책이 안내하는 사항을 숙지하고 잘 따르기 바란다.

연구 주제를 어떻게 잡을 것인가?

어쩌면 여러분의 답사 과목에서는 학생 스스로 연구 주제를 정하도록 요구할 수도 있을 것이다. 만일 그렇다면, 오싹한 기분이 들 것이다. 특히 논문을 한 번도 써 본 적이 없는 사람이라면 무엇부터 시작할지도 모르고 혼란스러울 것이다. 이 절에서는 연구 주제를 발전시켜 나가는 과정을 안내하고자 한다. 이는 긍정적인 과정이 될 것이며, 여러분은 진정 관심 있는 주제를 연구할 기회를 갖게 될 것이다. 만약 여러분의 답사 과목이 특정한 지리 분야나 연구 이슈를 한정해 놓았다면, 아마 연구 주제나 문제를 비교적 쉽게 찾아낼 수 있을 것이다. 이런 경우라고 하더라도, 이 절은 이를 보다 구체화시키고 연구 방법을 고안하는 데 도움이 될 것이다.

그렇다면 어디서부터 시작해야 할까? 지리학은 잠재적으로 연구 주제의 범위가 폭넓은 절충적 학문이다. 매슈 마일스와 마이클 휴버먼(Matthew Miles and A. Michael Hubermann)은 "어떠한 연구자라도 (설령, 그 얼마나 귀납적이고 비구조적인 연구자라고 해도) 현장에 도착할 때에는 '어느 정도' 지향성이 있는 아이디어나 논점이나 방법을 이미 갖추고 있다."(1984: 27, 저자 강조)라고 이야기한다. 우선, 여러분은 (또는 여러분의 팀은) 연구 주제를 정할 때 기존에 배웠던 특정 강의 주제나 분야를 토대로 할지를 정해야 한다. 만약 이미 집적과 클러스터 개념을 배웠다고 한다면, 이를 활용해서 답사할 곳의 경제활동의 지리를 조사해 보라. 주요 문헌을 통해 이미 이에 대한 기본적 지식을 갖추고 있기 때문에, 아마 특정한 이슈로 연구 주제의 초점을 쉽게 좁힐 수 있을 것이다. 반대로 새로운 분야를 조사하기로 결정할 수도 있다. 특별히 관심 있는 어떤 분야가 있는가? 만일 그렇다면, 이번 답사는 그것을 조사해 볼 좋은 기회가 될 수 있다. 가령, 만일 평소에 환경 이슈에 관심이 있었다면, 연구 현장을 사례로 특정 활동이 어떤 환경적 영향을 미치는지를 조사해 볼 수 있다. 이 경우에 신선한 주제이므로 더욱 적극적인 태도를 가질 수 있고, 결과적으로 연구 계획에 보다 강한 열정과 준비를 쏟아 부을 수 있을 것이다. 한편, 하나의 팀으로서 답사할 경우에는 모든 구성원이 흥미 있는 주제를 찾는 것이 가장 중요한 원칙이 되어야 한다.

자신의 연구 주제가 답사 현장에 적합한지는 어떻게 알 수 있을까? 우리가 학생들의 답사 연구를 지도해 본 경험을 바탕으로 할 때, 많은 학생들은 연구 아이디어를 체계화시키는 것이 어렵다고 생각한다. 특히 익숙하지 않은 장소를 연구할 때에 더욱 그러하다. 이는 자연스러운 반응이다. 그러나 답사 현장에 대해 알 수 있는 다양한 정보원(情報原)들이 있다. 이런 정보는 여러분이 연구 주제를 구상하기 전에 찾아볼 수도 있고, 일차적으로 연구 주제를 선정한 후에 그 현상이 실제로 연구 현장에서 발생하는지를 확인할 경우에 이용할 수도 있다(그림 3.1 참조).

다른 사람들에게 물어보는 것은 어떨까? 아마 여러분은 소속된 학과의 교수의 도움을 요청하고 싶어 할 것이다. 토니 파슨스와 피터 나이트(Tony Parsons

1. **인터넷에서 답사 현장에 대한 신문 기사를 검색하라**: 이는 시의적절한 연구 주제를 잡기 위해서 가장 빠르고 쉬운 방법이다. 여기에는 다음의 예제들이 포함된다.
   (1) 주요 일간지: 최근 가장 중요한 사안은 무엇인가? 이들 중 상당 부분이 지리적으로 중요한 내용을 담고 있을 것이다.
   (2) 『이코노미스트』나 『뉴스위크』와 같은 저널 중 특정 지역이나 국가 리포트 기사: 정보 수집의 초기 단계에서는 세부 내용을 파악하는 것이 중요하지는 않으므로, 언어 문제는 큰 장벽이 되지 않는다. 만약 이런 자료가 외국어로 되어 있다면, 인터넷 번역 사이트를 이용하면 된다.

2. **이전에 들었던 강의를 떠올려라**: 이전에 들었던 강의에서 답사 현장이 사례 지역으로 언급된 적이 있는가? 많은 지리학 문헌들에는 이론과 장소를 연결한 '유명한' 사례들이 소개되어 있다. 예를 들어, 맨체스터는 산업혁명 및 후기산업도시와 연관된 지역이고, 싱가포르는 제2차 세계대전 이후 급격한 경제성장을 이룬 금융 서비스의 허브로서 자주 언급되는 도시이다. 밴쿠버는 할리우드의 지원을 통해 성장한 영화 산업으로 '북 할리우드(Hollywood North)'라고 불리고 있다. 자신이 지닌 기존의 지식을 토대로 빠르면서도 깊이 생각해 본다면, 답사 현장과 이론 간의 숨겨진 연관성을 찾아낼 수 있을 것이다.

3. **답사 현장에서 발생했던 중요한 사건(이벤트)에는 무엇이 있는가?**: 이런 사례로 올림픽이나 월드컵을 들 수 있다. 이런 이벤트는 지리적 영향력이 크기 때문에, 개최 전 단계, 진행 단계, 종료 후 단계로 나누어 볼 수 있다. 다른 이벤트로서 세계박람회, 대규모 산업/무역 관련 회의, G8 등의 정치 회의를 들 수 있다.

■ **그림 3.1** 연구 지역에 대한 정보의 제공처: 연구 아이디어 발전시키기.

and Peter Knight 1995: 32)는 이를 '일을 쉽게 해치우려는(wimpish)' 태도일 수 있다고 하면서, "(아무 생각 없이) 교수 연구실로 찾아가서 '무엇을 연구해야 할까요?'라며 징징거리지 마라. 이런 태도는 통하지 않을 것이다."라고 말한다. 곧바로 연구 주제를 접시에 담아 주면서 먹으라고 할 교수는 거의 없을 것이다. 또한 이는 최근 활발히 진행되는 학생 중심의 교수-학습 전략을 고려할 때에도 전혀 생산적이지 않다. 대신, 여러분이 할 수 있는 범위 내에서 최선을 다해 조사해서 가능한 연구 주제를 목록으로 추려 낸 다음, 교수를 찾아가서 그 목록에 대해 논의해 보자. 이렇게 하는 편이 좀 더 생산적일 뿐 아니라 더 나은 도움을 받을 수 있을 것이다.

연구 주제를 어떻게 구체화할 것인가?

콜린 롭슨(Colin Robson 1993)은 연구 설계를 개울 건너기에 비유한다. 징검다리를 하나씩 밟아 나가며 개울을 건너는 모습이, 마치 연구 주제, 연구 문제, 연구 전략, 연구 방법 등으로 구성된 연구 설계를 수립하는 과정과 비슷하기 때문이다. 연구 문제나 가설을 정하기 전에, 우선 연구 초점 설정이라는 첫 번째 돌을 밟아야 한다. 이 단계는 어려우면서도 즐거운 과정으로, 상당한 시간을 문헌 조사에 할애해야 한다. 연구 아이디어를 도출했다면, 이를 보다 구체적이고 실제적인 연구 주제로 좁혀 나가야 한다. 이를 위해 연구 주제를 2~3개의 연구 문제로 구체화하고, 이에 대답하기 위한 방법론을 수립해야 한다. 아니면, 여러분이 경험했던 '문제기반학습(PBL)'의 과정을 되짚어 봐도 좋다. 어떤 경우가 되었든지 간에, 연구 '문제'를 설정하는 것은 연구 주제를 좁히는 데 효과적인 방식이다.

연구 아이디어의 맥락을 찾고 연구 초점을 정하기 위해 도서관에 가는 것은 기존의 다른 연구들을 찾아보기 위해서 반드시 해야 할 일이다. 여기에는 많은 이유가 있다. 첫째, 자신의 연구 주제와 관련된 선행 연구를 고찰할 수 있다. 둘째, 아직 연구되지 않고 남아 있는 문제가 무엇인지를 확인할 수 있다. 셋째, 선행 연구를 비판적으로 검토할 수 있고, 연구 주제에 사용되었던 연구 방법들을 알 수 있다. 넷째, (답사를 시작하기 전 반드시 거쳐야 하는 출발점인) 문헌 분석 단계의 시작이기 때문이다. 전공 강의에서 제시한 필독서 등 수많은 정보를 활용해서 읽을 문헌을 추려 낼 수 있다. 여기에는 이미 찾은 자료의 참고문헌을 활용하는 '누증적(snowballing) 방법', 도서관의 검색 시스템 활용, (www.ingentaconnect.com 등의) 인터넷 검색, 연구 주제와 관련된 주요 학회지(가령 *Progress in Human Geography* 등)를 검토하는 방법 등이 있다. 그림 3.2는 문헌 조사의 실행 구조를 보여 준다.

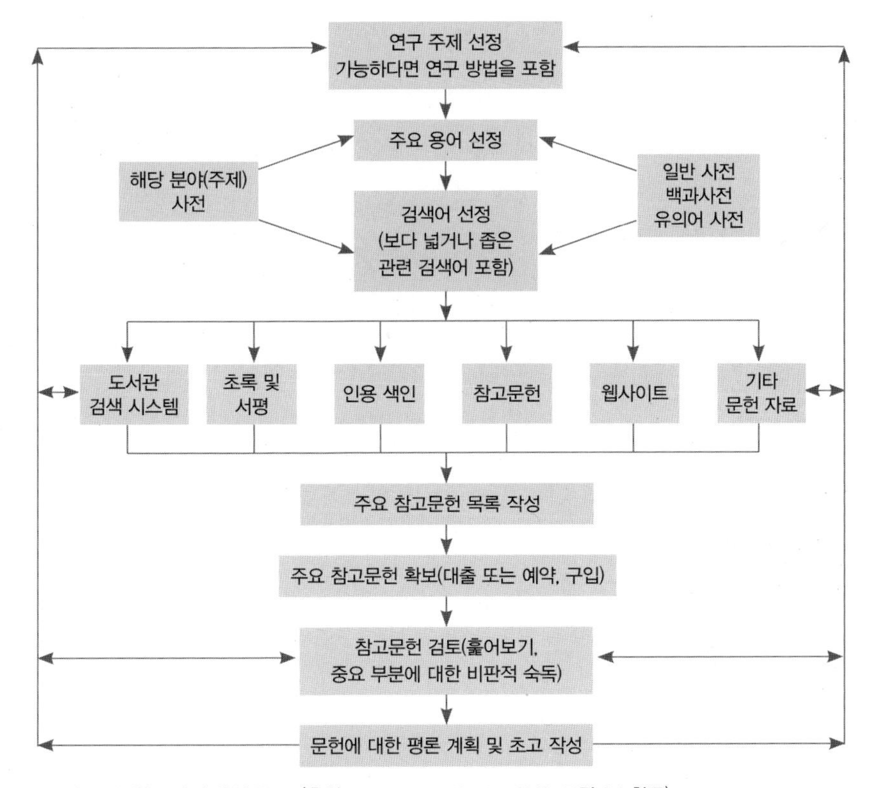

■ **그림 3.2** 문헌 조사의 실행 구조. (출처: Healey and Healey 2010: 그림 2.1 참조)

참고문헌은 가능한 한 폭넓게 읽되, 연구 주제와 관련성이 깊은 문헌을 15개 정도 선정해 두자. 중요한 문제에 관한 일반적인 고찰도 필요하지만, 일반적인 것에서 특수한 것으로 넘어가는 것이 사실 가장 어려울 때가 많다. 자신이 선정한 핵심 문헌에 익숙할수록, 해당 주제에 대해 이미 알려진 것과 아직 알려지지 않은 것 사이의 틈을 보다 빨리 찾아낼 수 있다. 그리고 연구 문제는 바로 이런 틈에 토대를 두어야 한다. 그림 3.3은 연구 과정에서 초점을 좁힐 수 있는 몇 가지 방법을 소개한 것이다.

위의 설명은 답사와 관련해서 특히 중요하다. 답사에서 수행할 연구에 관한

- 이 주제에 대해 아무도 연구한 적이 없군. 내가 한 번 시도해 볼까?
- 필립스와 존스(Phillips and Johns 2012)의 연구는 X의 역할에 대해 질문을 제기한 바 있군. 내가 X를 조사해 볼까?
- 필립스와 존스(Phillips and Johns 2012)의 연구 결과는 X가 미칠 수 있는 영향을 간과했군. 내가 X의 영향력을 연구하겠어.
- 필립스와 존스(Phillips and Johns 2012)의 연구 결과는 장소 X를 대상으로 한 것이군. 나는 장소 Y를 대상으로 해서, 똑같은 결과가 나오는지 연구해 보겠어.
- 필립스와 존스(Phillips and Johns 2012)의 연구는 X와 Y에 미치는 핵심 요인이 X라는 결론을 내렸어. 그렇지만 이것은 틀렸을 가능성이 있어. 내가 한 번 검증해 보겠어.
- 필립스와 존스(Phillips and Johns 2012)의 연구는 …라는 결과를 도출했어. 이 연구 이후 지금은 그 결과가 달라졌을까? 나는 현재 시점을 대상으로 연구를 해 보고, 그 결과가 그때와 같은지 비교해 보겠어.
- 필립스와 존스(Phillips and Johns 2012)의 연구는 방법 A를 통해서 결과를 도출했어. 나는 방법 B를 선택한다면, 다른 결과가 나올 것이라고 생각해. 나는 방법 B를 사용해서 결과가 같은지 비교해 보겠어.
- 필립스와 존스(Phillips and Johns, 2012)의 연구와 달리, 지금은 새로운 데이터를 사용할 수 있게 되었어. 나는 새로운 데이터를 사용해서 이 연구의 결과가 같다는 것을 증명해 볼 테야.

■ **그림 3.3** 연구의 초점을 도출하기. (출처: Parsons and Knight 1995: Box 4.2)

문헌을 읽는 것은 연구의 맥락을 파악하도록 하며, 중요한 문제에 대한 밑그림을 그릴 수 있게 도와준다. 그렇지만 특정 답사 현장에 초점을 둔 연구들에만 의존하려고 하지 말라. 여기에는 여러 가지 이유가 있다. 우선, 자신이 선정한 연구 지역을 대상으로 한 연구 문헌 자체가 매우 적을 수 있다. 이는 여러분이 정한 주제가 독창적이라는 것을 의미하기도 하지만, 연구의 바탕으로 삼을 수 있는 토대가 빈약하다는 것을 의미하기도 한다. 이와는 반대로, 순수하게 이론적인 연구나 다른 곳을 대상으로 한 연구 중에서도 자신의 연구에 큰 도움이 되는 훌륭한 연구들도 있을 수 있다. 이 중 어떤 경우이든, 여러분이 수집한 연구 문헌이 특정 지역만 대상으로 하고 있다면, 이는 검토해야 할 전체 문헌 중 일부에 불과하다는 점을 명심하자. 둘째, 연구 주제에 대해서 문헌을 검토할 때에는 여러 지리적 스케일을 포괄하는 것이 필요하다. 이를 포괄적으로 검토함으로써, 자신이 선정한 연구 주제가 어떤 지리적 스케일에서 연구될 때 가장 타당할지를 (그리고 실제적으로 수행 가능할지를) 결정해야 한다. 셋째, 지리학자로서 우리는 사회적, 경제적, 정치적 과정이 여러 지리적 스케일에서 작동한다는 것을 염두에 두어야 하고, 아울러 로컬 과정과 글로벌 과정 또한 여러 공간에 걸쳐 교차하고 상호작용한다는 점도 기억해야 한다. 이런 점을 고려하면, 특정한 답사 현장에만 집중해서 연구하는 것은 (마치 그곳이 다른 지역이나 사람들로부터 고립되어 있는 별개의 지역이라고 생각하므로) 상당히 근시안적인 태도라고 할 수 있다.

아마 학생 여러분에게는 연구 주제를 구체적으로 좁히면서도 보다 넓은 맥락과 과정을 고려해야 한다는 우리의 논점이 혼란스러울 수도 있을 것이다. 우리는 충분히 이해할 수 있다. 이를 고려해서, 우리는 여러분이 문헌 연구를 수행할 때 아래에서 제시된 3단계를 따르기를 주문한다.

- **맥락을 살펴라**: 자신의 연구와 관련된 핵심 주제를 이해할 수 있는 문헌들을 읽어라. 지리적으로 자신의 연구 지역에 국한될 필요는 없다. 오히려 여러분의 연구 지역 이외의 지역을 대상으로 한 논문들을 문헌 연구에 적극 포함시키는 것이 좋다.
- **연구 문제를 정하기 위해 좁게 파고들어라**: 그림 3.4에서처럼 선행 연구 검토를 통해 연구 주제를 1~3개 정도로 좁혀라. 연구 문제는 자신이 무엇을 묻고 싶은가를 구체적이고 뚜렷하게 나타내야 하며, 문제의 해결이 실제로 수행 가능한 것이어야 한다. '훌륭한' 연구는 얼마나 적절한 질문을 하는가에 달려 있다. 이 단순한 사실을 잊지 말라.
- **더 넓은 시야로 되돌아가라**: 자신의 연구가 위치하고 있는 넓은 맥락을 보여

줄 때, 어떤 문헌을 활용할지 생각해 보자. 문헌 검토 과정에 이에 대한 결정은 반드시 포함되어야 한다.

흔히 범하는 실수는 무엇일까?

사람들마다 학습 경험은 다르지만, 대부분의 학생들이 (그리고 심지어 학자들까지도) 빠지기 쉬운 공통의 '함정들'이 있다. 이러한 연구 함정들에 빠지는 이유는 연구 설계의 전체 과정에서 특정 단계를 다른 단계들보다 우선시하는 개인의 정형화된 관행 때문이다. 특히 연구 설계의 과정에서 쉽거나 재미있다고 생각되는 단계에 너무 많은 시간을 허비하는 경우가 많다. 만약 (2장에서 제시한 바와 같이) 여러분이 자신의 학습을 성찰하고 있다면, 자신의 강점과 약점을 파악하고 있을 것이다. 이 절은 데이비드 실버먼(David Silverman 2000)의 연구를 기반으로 하여, 답사 기반의 연구에 있어서 여러분이 빠질 수 있는 함정을 소개하고자 한다. 여기에 제시된 세 가지 주요 '함정'은 아마 여러분이 이전의 답사에서 이미 지적받았을 법한 실수이다. 여기에서는 이에 대한 간략한 소개와 가능한 해결책을 제시하고자 한다.

첫째 함정은 단순한 귀납주의 또는 '일단 현장에 도착한 다음, 흐름에 맡기자'는 태도이다. 이-푸 투안(Yi-Fu Tuan 2001)은 무엇을 배우고자 하는지에 대한 생각도 없이 어떤 장소에 머무는 것은 아무런 초점도 없는 혼란스러운 연구를 낳는다고 말한다. 이런 점에서 (9장에서 논의하겠지만) 탐험적 연구가 필요하다. 탐험적 연구는 주의 깊게 관찰하지도 않고 관찰 결과를 엄격하고 신중하게 생각하지도 않는 이른바 '단순한 귀납주의'에 빠지지 않도록 해 준다. 여러분은 아마 자신의 연구가 '너무 기술적'이거나 '경험의 상호관련성이 부족'하다는 지적을 받은 경험이 있을 것이다. 계획이 빈약하면 최종 논문이나 보고서에 짜임새가 없다. 단순한 귀납주의를 피하고 연구 문제를 발전시키기 위해서, 여러분은 자신의 관찰 결과를 여러 개념이나 이론과 연계해서 보다 거시적인 과정 속에서 맥락화해야 한다.

둘째 함정은 '모두 중요하니까 모두 쓸어 담겠다'는 이른바 '총망라(kitchen sink)' 전략의 태도이다. 이런 경우, 연구에 '초점이 없다', '깊이가 부족하다', '좀 더 비판적인 시각이 필요하다'와 같은 지적을 받을 수 있다. 만약 연구 대상의 중요도에 따라 우선순위를 두지 않는다면, (논점이나 분석에서) 깊이를 추구하는 것은 거의 불가능하다. 처음 방문한 장소에서는 어떤 것이 연구 주제와 관련성이 높은지 또는 낮은지에 대한 의문이 생길 것이다. 이러한 '총망라' 답사를 피하기 위해서는 '적게 행하고 더 철저하게' 탐색해야 한다(Wolcott 1990: 62). 이는 곧 어떤 개념이나 이론이 보다 중요한지를 결정하고, 자신이 무엇을 발견하고자 하는지를 자문함으로써 최종적으로 자신의 우선순위를 도출하는 것을 말한다. 이때, 주요 개념들이나 관찰 대상들의 상호 관계를 보여 주는 연구 흐름도나 '마인드맵'으로 자신의 생각을 시각화하는 것이 큰 도움이 될 것이다.

셋째 함정은 '나는 직접 자료를 수집하지 않고도 기존의 연구를 활용해서 나의 주장을 펼칠 수 있다'고 생각하는 이른바 '거대이론'을 주장하는 태도이다. 여러분이 이전에 경험적 자료를 직접 수집해 본 적이 없다면, 특히 이 함정에 빠지기 쉽다. 이러한 경우, '개별 사례 연구가 부족하다'거나 '상이한 이론적 접근들이 체계적으로 통합되어 있지 않다'는 지적을 받게 된다. 답사의 경우에는 대개 이러한 문제가 자주 나타나지는 않는다. 그러나 답사에서 관찰을 게을리하거나 단순한 '사실들'의 수집이 중요하다는 것을 인정하지 않는 학생들은 이따금 이런 문제를 경험하곤 한다. 또한 이는 자료 수집이라는 '궂은 일'을 다른 이에게 떠넘기는 거대이론가들 사이에서도 나타나곤 한다. 이런 함정을 피하기 위해서는 현지 환경 및 주민과 최대한 가깝게 밀착해서 수행하는 답사는 반드시 그에 합당한 큰 보상을 (곧 훌륭한 연구 결과를) 되돌려준다는 사실을 절대 잊어서는 안 된다.

학습과 연구 과정에 이런 잠재적 '함정들'이 있음을 염두에 둔다면, 여러분은 이를 잘 극복할 수 있는 방법 또한 반드시 찾아낼 것이다. 유비무환(有備無患)을 기억하라!

연구 설계: 방법 선택하기

훌륭한 연구 설계를 위한 그다음 단계는 자신의 연구 문제에 대한 대답을 어떻게 찾을지를 신중하게 생각하는 것이다. 다시 말하건대, 답사 장소에는 고유한 특수성이 있기 때문에 치밀한 사전 계획이 꼭 필요하다. 보다 실질적인 이유는 다음과 같다. 첫째, 여러분은 답사 현장에서 떨어져 있기 때문에 일단 그곳에서 무엇이 가능할지를 '상상하는 것' 자체가 어려운 일이다. 이 절에서는 이런 어려움을 극복할 수 있는 방법을 제시할 것이다. 둘째, (방법론을 치밀하게 만들기 위해) 답사 현장에서 예비연구(pilot project)를 수행하는 것이 불가능한 경우가 많기 때문이다. 그렇지만 여러분이 연구 방법을 (가령, 설문지나 면담 일정을 점검하는 등의) 집에서 '연습'하는 것은 그 누구도 막지 못할 것이다. 셋째, 답사에는 시간적인 한계가 있기 때문에 실제 연구 방법론을 구사할 때에도 이에 따른 한계가 있다. 따라서 어떤 연구 방법을 선택하는가에 따라 자신의 연구 문제를 조정해야 할 수도 있음을 명심하자. 하지만 이 점을 너무 우려하지는 않길 바란다. 왜냐하면 훌륭한 연구 계획에서 중요한 것은 실제의 도전들을 극복할 수 있는 성찰적 사고력과 적응력이기 때문이다.

연구 방법을 수립하기 위해서는 우선 자신이 넓은 의미에서 어떤 관점에서 접근할 것인지를 고려해야 한다. 지리학에서의 답사는 대개 '집약적' 접근을 취하는 경향이 있다. 답사에는 시간 등 여러 자원에 있어서 실질적 한계가 있을 뿐만 아니라, '심층 기술(thick description)' 등의 방법은 현장에서의 적극적인 참여를 통한 '뿌리내림(embeddedness)'을 기반으로 하기 때문이다. 그렇다고 해서 조방적 방법이 불가능하다는 것은 아니다. 다만 이런 방법은 상당히 풍부한 2차 자료를 얻어야 하므로, 현장에서 1차 자료를 수집하려는 목적에는 크게 부합하지 않기 때문이다.

어떤 방법을 선택해야 할까?

"현장 연구자는 자신이 수집하고 있는 자료가 잘못된 것이 아닐까라는 불안감을 항상 가지고 있다. …현재의 조사 대상이 아닌 다른 무엇인가를 관찰하거나 조사해야 하는 것은 아닐지 걱정하면서 말이다."(Shaffir and Stebbins 1991: 18) 따라서 자신의 연구 전략을 충분히 발전시킬 필요가 있다. 연구 방법론이 수립되어야 어떤 방법들을 활용할 수 있는지, 그리고 특정 상황에 어떤 방법을 적용해야 하는지를 결정할 수 있기 때문이다. 그리고 자신이 실행하고 있는 방법에 의구심이 들 때에는 언제라도 자신의 연구 방법론을 되돌아보고, 그 방법이 연구 목적과 자료 수집에 부합하는지 재점검할 필요가 있다.

그동안 지리학은 수많은 방법론적·해석적 접근들을 양산해 왔으며, 최근에 들어서는 일련의 대안적 연구 방법들이 등장하고 있다. 질적 방법과 양적 방법이라는 이분법적 사고는 점차 쇠퇴하는 대신, 양자는 일련의 연속체(continuum)라는 인식이 보편화되고 있다. 조방적 접근과 집약적 접근은 양적 방법과 질적 방법 중 어느 것을 택하더라도 상관없다. 답사 연구를 수행하면서, 아마 여러분은 면담 등의 질적 방법을 사용하기에 앞서 (자신도 모르는 사이에) 숫자로 된 2차 자료를 수집, 분석하고 있을지도 모른다. 6장과 9장에서는 답사에서 왜 특정 방법을 사용하는지, 이러한 방법을 어떻게 사용하고 자료를 수집하는지, 이러한 방법의 장점과 단점이 무엇인지에 관해 살펴볼 것이다.

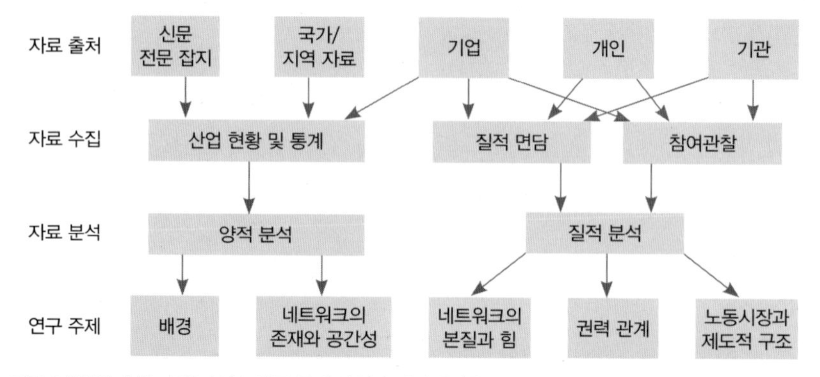

▪ 그림 3.4 자료 출처, 수집, 분석, 연구 주제 사이의 관련성. (출처: Johns 2004: 그림 4.4 참조)

자신이 왜 특정 방법을 선택했는지를 명확하게 이해하려면, 그 방법이 자신의 연구 문제에 대답하는 데 얼마나 도움이 되는지를 알아야 한다. 학부생의 경우 자신의 연구 목적, 접근하려는 이론, 연구 방법 사이에 뚜렷한 관련성이 없는 경우가 많다. 이런 경우, 좋은 시작점은 각각의 연구 방법을 (자신의 연구 문제와 관련지어) 개별적으로 평가한 다음, 각 방법이 자신의 현장 답사에 과연 적합한지 (또는 왜 적합하지 않은지) 기록해 보는 것이다. 그림 3.4는 맨체스터의 영화와 TV 산업에 관한 연구에 있어서, 자료 출처, 자료 수집 방법, 분석이 개별 연구 주제와 어떻게 연계되어 있는지를 보여 준다. 이는 연구자가 연구의 다양한 측면을 보이기 위해 다양한 방법이 사용될 수 있음을 보여 주는 간단한 방법이다.

수집한 자료가 타당하고 신뢰할 만한지는 어떻게 알 수 있는가?

연구의 타당성(validity)은 연구의 이론 및 조사가 지니는 확실성, 적합성, 적절성과 관련되어 있으며, 연구의 타당성과 신뢰성(reliability)은 서로 밀접하게 연관되어 있다. 실버먼(2000)은 이것이 양적 연구뿐만 아니라 질적 연구에도 똑같이 적용된다고 말한다. 따라서 언제나 자신의 연구 전략을 방어할 준비가 되어 있어야 하며, 헨리 양(Henry Yeung)이 말한 바와 같이 "여러 방법들의 상대적 이점이 무엇인지, 그리고 이들 각 방법을 상이한 연구 맥락에 어떻게 차별적이고 유연하게 사용할 것인지"를 숙지하는 것이 중요하다(1995: 320).

훌륭한 연구 설계란, 연구 자료의 신뢰성이나 타당성을 위협하는 여러 오류를 사전에 예측하여 이를 최소화하려는 노력에 토대를 둔다. 이러한 오류에는 표본 추출과 응답에서의 오류가 포함되는데(이에 대해서는 현장 면담에 관한 7장에서 자세히 다루고 있다), 이는 연구를 설계할 때에도 고려되어야 한다. 표본 추출의 오류는 편향된 응답이나 자신의 잘못된 의사 결정으로 인해 표본 집단이 대표성을 갖지 못하는 경우이다. 이런 오류를 극복하기 위해서는 표본 추출을 시행하기에 앞서 반드시 전체 집단에 대해 가급적 충분한 자료를 확보해야 한다. 가령, 어떤 도시에서 중국인이 소유한 상점을 조사하고 면담하기 위해서는 우선 중국인이 소유한 전체 상점이 몇 개인지를 파악한 다음에 (그리고 특정 표본 추출 전략을 선택해서 이를 정당화한 다음에) 표본을 추출해야 한다. 응답에 있어서 오류는 면담 중 서로의 견해가 교환되고 기록되는 과정에서 오해, 유도 심문, 편견 등이 개입될 때 발생한다. 이런 오류는 설문 문항과 연구 설계를 철저하게 함으로써 방지할 수 있다.

(약간일지라도 항상 있을 수밖에 없는) 특정 방법의 약점은 여러 방법을 함께 활용함으로써 극복할 수 있다. 어쩌면 연구에서는 특정 방법이 강한지 아니면 약한지의 문제가 중요하다기보다는, 이론과 방법의 상관성이 얼마나 높은지 그리고 선택한 방법의 취약점을 어떻게 보완하는지가 훨씬 더 중요하다고 할 수 있다. 두 가지 이상의 방법을 사용할 때에는 상이한 자료를 수집할 수 있다는 장점이 있는데, 이는 흔히 '다각화(triangulation)'라고 한다. 다각화에는 네 가지 측면이 있으며, 이들 모두는 답사 과목에서 자료를 수집할 때에도 적용된다.

- **자료의 다각화**: 여러 가지의 표본 추출 전략을 활용해서 자료를 수집하는 방법. 수집할 자료를 시간과 장소에 따라 일정하게 나누거나 조사 대상자의 다양성을 늘리는 것을 들 수 있다. 답사를 실행할 때에는 언제 그리고 어디에서 (가령, 길거리 상의 여러 지점에서 또는 여러 동네에서, 그리고 하루 중 여러 시간대를 택하는 등) 자료를 수집할지, 어떤 사람을 조사할 것인지를 신중하게 생각해야 한다.
- **조사자의 다각화**: 답사 현장에서 자료를 수집, 해석하는 데 두 명 이상의 조사자를 사용하는 방법. 여러분이 그룹 연구를 하고 있다면, 모든 구성원들이 함께 나서서 자료를 수집할 필요까지는 없다. 몇 명은 자료를 수집하고 몇 명은 자료를 해석하는 등으로 분담한 후, 나중에 함께 모여서 토론하는 것이 좋다. 이는 분석의 초기 단계에서 효과적이며, 답사 현장에서 시간을 효율적으로 활용할 수 있는 이점이 있다.
- **이론의 다각화**: 자료를 해석하는 데 두 가지 이상의 이론을 적용하는 것.
- **방법론의 다각화**: 자료를 수집하는 데 두 가지 이상의 방법론을 이용하는 것. 연구자는 다각화를 통해 여러 연구 방법들을 결합하고 연구 결과 간의 상호연관성을 파악할 수 있다.

답사에서 여러분은 다양한 방법을 사용하게 될 것이다. 많은 연구 프로젝트에서는 (연구 주제나 연구 문제를 수립하는 과정에서 사용한 자료를 포함해서) 배경 자료의 수집을 필요로 한다. 이런 과정에서는 1차 자료와 2차 자료를 결합해서 활용해야 할 것이다. 연구 방법과 자료 수집에서 다각화를 추구하는 것은 좋은 생각이다. 왜냐하면 이 경우 한 가지 자료에만 전적으로 의존할 필요는 없기 때문이다. 그렇지만 앞서 언급해던 것처럼 방법론적으로 '총망라' 함정에 빠져서는 안된다. 여러 방법을 사용한다고 해서 보다 나은 자료를 얻는다는 보장은 없다. 오히려 이는 시간과 노력을 낭비하는 것일 뿐일 수도 있다.

답사 계획에서 시간은 가장 중요하게 고려해야 할 사안이다. 답사 현장의 환경과 그곳에서 보내는 시간은 답사마다 다르기 때문에, 자료를 얼마나 수집해야 적절하다고 말할 수는 없다. 다만, 여러분에게 주어진 시간에 부합하는 연구 방법을 수립해야 한다는 점은 중요하다. 답사 기간이 한정되어 있다는 점을 인식한 후, 같은 시간을 활용하더라도 보다 나은 결과를 얻을 수 있도록 결정해야 한다. 엽서 3.1에서 닉 클라크(Nick Clarke)는 일주일 남짓한 답사 기간의 한계를 분명히 인식한 다음 보다 현실적인 과제를 설정한다. 그는 학생들로 하여금 상세한 전체 연구의 토대가 될 수 있는 예비연구(pilot study)를 수행하게 하는데, 학생들은 이 과정에서 (결론을 과장하거나 예단하지 않고) 자신의 주장을 조사 결과에 한정하여 제시하는 법을 배우게 된다.

엽서 3.1 예비연구로서의 답사 보내는 사람: 닉 클라크

답사는 대체로 짧다. 대부분 2~3일이고, 길어야 2주 정도이다. 이는 연구와 관련해서 답사에서 무엇을 할 수 있는지에 대한 물음을 던진다. 답사에 참여한 학생들은 비록 짧더라도 완결된 연구 결과를 제출해야 하는 경우가 많다. 이 결과 여러 가지 나쁜 습관을 발견하게 된다. 가령, 몇 시간 동안의 짧은 관찰에서 또는 표본 추출이 잘못된 설문 조사에서 결론을 끌어내는 것이다. 학생들이 (단기간의 답사에 모든 것을 쑤셔 넣기보다는) 이런 문제를 전체 연구 과정의 한 부분으로 생각해 볼 수 있는 한 가지 방법으로, 나는 답사 연구 프로젝트를 예비연구로 삼는 것을 제안하고 싶다.

동료 교수와 나는 매년 약 30여 명의 학생을 데리고 일주일간 베를린으로 답사를 떠난다(그림 3.5 참조). 나는 베를린을 '20세기 유럽의 도시 공간의 생산'이라는 연

구 주제의 실험실처럼 활용해 왔다. 학생들에게는 여름 방학 동안 읽을거리를 나누어 준다. 가을 학기가 되어 학생들이 베를린에 도착할 때에는 이미 읽을거리를 통해 베를린의 일반적인 역사와 도시지리학의 주요 이론 및 경험을 숙지하고 있는 상태이다. 답사 기간 중 매일 아침은 특정 주제에 관한 강의와 토론으로 시작한다. 그 다음 학생들을 5~6명의 연구 그룹별로 도시 답사를 진행한다. 저녁에 숙소로 돌아와 그룹별로 2명씩 나와 발표하는 시간을 갖는다. 한 명이 자기 그룹의 예비연구 결과를 간략히 소개하면, 다른 한 명은 보다 충분한 시간과 자원이 주어졌을 경우 수행할 수 있는 연구계획서를 보다 상세하게 발표한다.

답사 기간 동안 매일 학생들은 대답해야 할 1~2개의 연구 문제를 제시하고, 이 문제에 답하기 위한 방법을 (가령, 표본 추출에 따른 관찰 등의) 수립한 후, 현장에서 2~3시간 조사를 한 다음, 그 결과를 기록해야 한다. 또한 학생들은 베를린에 일주일이 아니라 일 년간 머무를 수 있는 경우, 독일어를 할 수 있는 경우, 그리고 보다 엄밀한 연구를 수행할 수 있는 재정적 또는 여타 지원을 받을 경우 어떻게 연구할지에 대해 생각해야 한다. 학생들은 저녁 시간에 자신의 견해를 예비연구의 틀에서 간략하게 보고한 다음, 보다 실제적인 연구계획서를 상세하게 발표한다. 연구계획서에는 연구 지역에 대한 개관, 대답할 연구 문제, 연구 방법에 대한 설명, 연구 일정, 그리고 연구에 필요한 자원 목록 등이 포함된다.

이런 식으로, 단기간이라는 답사의 문제는 학생들에게 기회로 바뀐다. 학생들은 전체 연구의 일부만을 수행할 따름이며, 그렇게 생각하도록 요구되기도 한다. 설령, 새로운 지식을 창출할 수 있는 수준 높은 연구의 일부는 아니라고 하더라도 말이다. 또한 학생들은 (보다 고차원적 지식을 드러낼 수 있는) 연구계획서로 나아가기 위한 (과장되거나 쉽게 예단하지 않는) 예비연구의 관점에서 답사를 생각하게 된다. 결과적으로 학생들은 연구 과정을 하나의 전체로서 이해할 수 있을 뿐만 아니라, 답사 현장에 보다 성찰적이고 비판적으로 참여하게 된다. 학생들은 답사를 마치면서 설령 베를린이라는 도시를 알게 되었다고는 생각하지 않더라도, 어떻게 하면 알 수 있는지에 대해서는 배우게 되었을 것이다. 짧은 답사에서 기대할 수 있는 것은 이정도이다. 그리고 이 정도로도 충분하다.

■ 그림 3.5 베를린에서 답사 중인 학생들. (사진: Nick Clarke)

훌륭한 연구계획서는 어떻게 쓰는가?

연구의 초점을 설정하고 1~3개의 연구 문제를 설정한 후 적절한 연구 방법론을 선택했다면, 그다음 단계는 (그리고 여전히 마지막 단계는 아니지만!) 연구계획서(프로포절)를 쓰는 것이다. 아마 여러분은 피드백이나 평가를 위해 답사 과목 담당 교수에게 연구계획서를 제출해야 할지도 모른다. 설령 답사에 연구계획서 제출이 의무 사항은 아니라고 하더라도, 연구 계획의 일부로서 자신만의 연구계획서를 완성해 보기를 바란다. 명확한 연구계획서는 나중에 답사 보고서를 작성할 때 매우 중요할 뿐만 아니라, 다른 사람들은 여러분이 쓴 연구계획서를 통해서 여러분이 얼마나 치밀하고 엄격한 사고력을 지니고 있는지를 알게 될 것이다.

일반적인 연구계획서에는 다음의 사항들이 포함되어야 한다.

- **연구 제목**: 이는 연구의 맥락을 보여 주는 한 문장으로 (곧 연구가 포괄하고 있는 사항에 대한 일반적 진술로) 표현되어야 한다.
- **연구 목적**: 자신이 설정한 연구 문제들을 나열한 후, 이를 설명하는 내용을 한 문단으로 작성하는 것이 좋다.
- **연구 배경 및 정당성**: 왜 이 연구가 흥미로운가? 연구와 관련된 핵심 문헌들을 참조하라. 자신의 연구 계획이 해당 분야의 연구에 어떤 '틈'을 메울 것인지를 적시해야 한다.
- **방법론**: 여러분이 택한 연구 방법을 정당화하는 내용을 써라. 그리고 연구 방법이 연구 문제와 어떻게 연결되어 있는지를 뚜렷하게 밝힐 수 있어야 한다. 왜 이 방법을 택했는가? 두 가지 이상의 방법을 사용한다면, 이들을 어떻게 통합할 것인가? 정확하게 어떤 자료를 찾아서 분석하고자 하는가?
- **연구 일정**: 연구 자료를 수집하는 데 걸리는 기간을 가능한 한 구체적이고 현실적으로 적어야 한다. 전체 답사 일정을 참조한 후, 개인별 또는 팀별 활동이 불가능한 날짜나 시간대는 계획에서 빼야 한다. 일정을 세울 때 현실적인 여건을 충분히 고려하되, 시간적인 측면에만 집중하지는 말라. 또한 여러분이 잠정적인 연구 참여자들에게 언제, 어떻게 접근해야 할 것인가에 대한 (가령, 면담 대상자나 '게이트키퍼'와 관련된) 정보와 연구 보고서 작성 스케줄도 포함해야 한다.

연구계획서를 상세하게 작성할수록, 더 많은 피드백을 받을 수 있다. 피드백을 잘 참조하라. 그리고 최대한 많이 반영하도록 노력하라. 이는 여러분이 현장에서 자신감을 갖게 할 뿐만 아니라, 현장 활동에서 시간을 절약하게 해 준다.

마지막으로, 연구 설계는 여러분이 답사를 마친 후에서야 비로서 끝난다는 점을 기억하라. 연구가 계획대로 진행되기는 몹시 어렵기 때문에, 연구 계획표를 유연하게 수정할 수 있도록 준비해야 한다. 6장과 9장에서 살펴보겠지만, 모든 방법은 현장에서 극복해야 할 나름대로의 어려움을 갖고 있기 때문이다. 그리고 사실 답사를 떠나기도 전에 현장에서 어떤 연구 결과를 얻을지 정확하게 예상할 수 있다면, 아마 그 연구는 가치도 없을 뿐더러 지루하기 짝이 없지 않겠는가?

답사 전 시작해야 할 연구 절차

답사를 떠나기 전에도 연구를 시작할 수 있고, 사실은 그렇게 해야만 한다. 여러분이 연구 방법과 계획을 수립하고 자료 수집의 기초를 구성하는 데 도움이 되는 정보를 제공하는 곳들이 있다. 이 절에서는 (가능한 모든 목록을 나열하는 것은 불가능하지만!) 인터넷을 통해 얻을 수 있는 주요 자료 제공처를 살펴보고, 이렇게 수집된 자료를 연구에 의미 있게 적용할 수 있는 해석 방법에 대해 알아볼 것이다. 마지막으로, 학생들이 현장에서 지역 주민들을 만났던 사례 연구를 보여주는 엽서 3.2로 마무리하고자 한다.

정부와 조직의 자료

답사는 장소를 기반으로 진행되기 때문에, 자료 접근성에 대한 질문은 사실 답사 현장이 어디인가에 따라 조금씩 다르다. 해외 답사의 경우에는 해당 국가의 통계 관련 기관의 홈페이지부터 조사하는 것이 가장 일반적이다. 이러한 기관은 국가의 '공식적인' 통계 자료를 생산하고, 중립적인 자료를 제시한다. 이런 자료를 선택, 이용할 때에도 주의해야 할 점이 있다. 특히 여러 국가의 자료를 수집할 경우에는 각 국가의 수집 방법이나 개념 정의가 다를 수 있음을 기억해야 한다. 가령, 실업률의 시계열적 변화에 대한 자료를 구하는 것은 특히 어렵다. 국가의 통계 자료를 활용하더라도 말이다. 왜냐하면 '실업'에 대한 정의와 그 측정 방식은 정치적인 이유에 따라 상당히 가변적이기 때문이다. 따라서 질적 자료를 사용할 때와 마찬가지로 양적 자료를 사용할 때에도, 반드시 그 자료의 원출처와 목적에 대해 질문을 던져야 한다.

국가 수준의 자료와 기록을 찾을 수 있는 두 번째 제공처로는 중앙정부를 들 수 있다. 그러나 각 국가마다 정부 조직의 형태가 다르기 때문에, 여러분은 (자신의 연구 주제와 가장 적합하다고 확신할 수 있는) 올바른 부처와 기관을 찾아내는 데 많은 시간을 필요로 할지 모른다. 인터넷은 많은 양의 자료와 정책 문헌들에 쉽게 접근할 수 있게 해 주지만, 연구자가 해당 국가의 언어를 사용할 수 없다면 (물론 많은 국가들이 영어로 정보를 제공하기는 하지만) 언어 장벽에 부딪힐 수 있다. 또한 정부 자료는 그 내용과 인터넷에 게시되는 기간이 정치적이라는 본질 때문에 시간특수적일 수 있다는 점을 기억해야 한다. 최신의 문서에만 접근할 수 있는 경우가 많고, 정부가 바뀌면 웹사이트가 변하거나 그 내용이 사라질 수도 있다. 또한 정치적 텍스트의 목적은 독자를 설득하는 데 있기 때문에, (이를 전문적으로 해석할 필요까지는 없더라도) 이런 자료를 해석할 때에는 항상 신중을 기해야 한다. 특히 해당 국가의 역사적 배경이나 최근의 정치적 상황을 알지 못한다면 이는 어려울 수도 있다.

국제연합(United Nations)과 그 하위 조직을 포함한 국제기구들도 통계 자료와 각종 정책 문서 및 발간물을 웹사이트에 게시한다. 여기에는 경제협력개발기구(OECD, www.oecd.org), 유니세프(UNICEF, www.unicef.org), 국제노동기구(ILO, www.ilo.org) 등이 포함된다. 가령, 유럽연합(European Union) 가입국과 가입 예정국의 자료를 제공하는 유럽연합통계청(Eurostat, http://ec.europa.eu/eurostat)의 자료는 여러 국가들로부터 취득된 자료나 2차적인 조정을 거친 자료를 모아둔 것이기 때문에 이를 사용할 때에는 신중할 필요가 있다. 이러한 정보는 국가 수준의 자료를 보다 넓은 맥락에서 파악할 때 이용된다. 각 국가의 정부처럼 이러한 조직들도 정치적으로 중립적이지만은 않다. 각 기구는 자신만의 의제를 가지고 있기 때문에, 정책 문서와 발간물에 대한 분석에서도 정치적으로 주의할 필요가 있다. 옥스팸(Oxfam)과 같은 국제 비정부기구와 구호단체 또한 각종 자료를 수집, 출판하고 있고, 많은 부분을 인터넷을 통해 공개하고 있다.

어디에서나 접근할 수 있고, '공식적인' 자료 제공처로 잠재적인 가치가 있는 자료는 국가 센서스이다. 여러 '선진국들'은 연구자들에게 자료를 제공할 뿐만 아니라, 국가 상황을 모니터링하고, 정책 개발의 도구로서 활용하기 위해 정기적으로 센서스를 실시한다. 영국은 1801년부터 매 10년마다 센서스를 진행하고 있고, 조사 가능한 모든 개인을 대상으로 데이터를 수집하여 이를 종합해 공개한다. 이러한 모든 통계 자료 또한 사회적으로 구성된 것이므로, 연구자는 자신이 이용하려는 자료에 심도 있는 질문을 던지며 이용해야 한다. 폴 클라크 등(Paul Clark et al. 2004: 54)은 다음과 같은 질문을 던져야 한다고 제시했다.

- 해당 정보가 구성된 이유는 무엇인가?
- 그 정보는 정부의 어떤 정책과 관련이 있는가?
- 정부의 정책 방향은 해당 자료의 구성에 영향을 미쳤는가? 만일 그렇다면, 어떤 식으로 영향을 미쳤는가?

연구 주제가 무엇인지에 달려 있긴 하지만, 관련 자료를 제공하는 출처가 기업이 될 수도 있다. 인터넷은 많은 기업과 규제 기관(예: 미국의 증권거래위원회, Security and Exchange Commission, www.sec.gov)의 웹사이트에 회사의 연례 보고서나 산업 분석 보고서와 같은 자료를 올림으로써, 연구자의 자료 접근 능력을 혁신적으로 변화시켰다. 얼마 전까지만 하더라도 기업의 재정이나 운영 상태에 관한 정보는 요청할 경우에만 열람이 가능했기 때문에, 자료를 받는 데에만도 오랜 시간이 소요됐다. 그러나 오늘날 많은 대기업들은 연례 보고서나 보도자료 파일을 웹사이트에 게시하고 있으며, 심지어 오래된 자료까지도 찾아볼 수 있다. 이제 우리는 2009년 기업의 총매출액에 관한 연구를 진행할 때 단순한 데이터만 제시하는 것이 아니라, 기업의 연간 보고서와 관련 자료를 포함한 질적·양적 자료로 구성된 좀 더 세련된 자료에 접근할 수 있게 됐다. 그러나 이러한 보고서는 회사의 경영, 전략, 미래의 투자에 대한 내용을 제공하지만, 기업의 관점에서 제공한 자료임을 기억해야 한다.

온라인 아카이브

인터넷을 통해 기록물(documentary) 자료뿐만 아니라, 점차 문서보관소의 아카이브 자료에까지 접근하는 것이 가능해지고 있다. 현재 영국의 경우에는 1841~1901년 센서스 자료까지 인터넷에서 열람할 수 있다. 마일스 오그번(Miles Ogborn 2010: 97-98)은 영국에서 접근할 수 있는 온라인 아카이브의 목록을 제시한 바 있는데, 여기에는 영국 역사의 1, 2차 자료를 제공하는 디지털도서관(www.british-history.ac.uk), 1801~2001년의 영국의 사회, 경제, 인구 데이터를 GIS를 통해 지도화한 '대영역사GIS프로젝트'(www.visionofbritain.org.uk), 그리고 영국해양박물관에서 모았던 자료(www.nmm.ac.uk/collections) 등이 포함된다. 연구자에게 있어 (또는 이러한 자료를 인터넷으로 접근할 수 있는 이들에게) 이러한 자료에 접근할 수 있는 것은 긍정적인 발전이며, 전자 검색 시스템 또한 다양한 자료를 간편하게 검색할 수 있도록 진화하고 있다.

가상공간에서의 아카이브 구축과 이용이 점차 발전함에 따라, 여러 기록물 자료를 수집, 저장, 재현하는 데 있어서 혁신적이고 흥미로운 방식들이 등장하여 연구자들의 연구 의욕을 고취시키고 있다. 게리 매컬러(Gary McCulloch 2004: 35)는 문헌 연구에 대한 기존의 가정을 무너뜨린 두 개의 프로젝트를 소개한다. 하나는 센트로파프로젝트(www.centropa.org)인데, 이는 구술사(oral history)와 가족사진을 결합시켜 '홀로코스트에서 살아남은 동유럽 유대인의 마지막 목소리를 제공하는 가상 박물관'을 구축하려는 시도이다(*Guardian* 2003a: 17). 이 프로젝트는 유대인 고령자들을 대상으로 1,300여 개의 면담 결과물과 25,000개 이상의 디지털 이미지를 결합해서 생애사 연구와 사진을 기록으로 남겼다. 매컬러는 이러한 시도가 수많은 동유럽 유대인들의 홀로코스트라는 공공의 비극을 밀접하게 연결시킨 점에서 급진적인 시도라고 이야기한다.

두 번째 프로젝트는 www.movinghere.org.uk라는 웹사이트인데, 이는 영국으로 이주해 온 카리브인, 아일랜드인, 유대인, 남아시아인의 200년 동안의 삶을 기록해 둔 곳이다. 이 사이트는 30개의 문서보관소, 도서관, 박물관에서 수집한 영화, 사진, 글 등 약 20만 개의 디지털 자료를 보여 준다. 이 프로젝트의 책임자였던 세라 타이악(Sarah Tyacke)은 "(이러한 작업이) 마우스 클릭 한 번으로 자료에 접근할 수 있게 함으로써 '먼지가 수북이 쌓인, 곰팡이 냄새 나는' 문서보관소(아카이브)의 이미지를 바꾸었다."(*Guardian* 2003b: 7)라는 점에서 이 프로젝트가 큰 의의가 있다고 말한다. 답사를 준비, 실행하는 과정에서 아카이브를 이용하는 방식에 대해서는 6장에서 보다 세부적으로 논의할 것이다.

여러분이 (앞서 제시한 바와 같이, 적절한 개인과 조직을 찾아내고 접촉하거나 온라인 아카이브에 접근하는 등 여러 방법을 활용함으로써) 자신의 답사 현장에 대해 더 많이 알게 될수록, 여러분의 연구 계획은 더욱 발전되고 현실화될 것이다. 접근 가능한 원자료의 출처와 이용 가능한 여러 연구 방법을 알아 가면서, 아마 연구 주제나 초점이 달라질 수도 있을 것이다. 답사를 떠나기 전에 사전 조사를 더욱 철저하

엽서 3.2 르완다의 현장 연구 프로젝트 보내는 사람: 조지프 아산

학생들이 개발도상국을 대상으로 답사 및 연구 프로젝트를 계획하고 실천에 옮기는 것은 매우 흥미로운 경험이지만, 한편으로는 벅찬 여정이기도 하다. 이 엽서는 르완다에서 진행했던 연구 프로젝트의 경험을 이야기하고자 한다. 니암(Niamh)과 멜레인(Melaine)은 생태공원 주변의 생태계 관리와 지속가능한 삶이라는 주제로 연구 프로젝트를 수행하고자 했고, 앤디(Andy)는 국제 조직범죄와 (인신매매, 마약, 돈세탁 등의) 불법 행위의 영향력을 정치경제학과 개발도상국 사회라는 맥락에서 살펴보고자 했다. 이는 학생들에게 다양한 도전을 하게 만들었다. 니암과 멜레인은 안전과 교통상의 이유로 같이 지내고 싶어 했기 때문에, 둘을 모두 받아줄 수 있는 생태공원을 찾아야 했다. 반면, 앤디는 자신의 (민감한) 연구 주제에 대해 정보를 제공해 줄 수 있는 사람이나 조직을 만나고자 했다.

학생들은 각각 3개의 연구 문제를 정한 후 프로포절로 발전시키려고 했다. 학생들은 현지에 대해 아는 바가 거의 없었으므로 이는 도전적인 과제였다. 학생들은 르완다와 주변 국가 정부가 발간한 자료를 수집해서, 국가 및 지역 개발계획 보고서와 환경, 개발, 경제와 관련된 연구 결과물을 검토했다. 이런 자료의 대부분은 학교 도서관과 인터넷에서 찾을 수 있었다.

이러한 과정은 세 학생 모두에게 도전 의식을 불러일으켰고, 연구와 관련된 지역의 문제를 알게 했으며, 연구의 한계점이나 윤리적 문제 등에 대해 생각해 보게 했다. 또한 학생들은 최근의 연구 자료를 제공받기 위해 아프리카와 유럽에 있는 여러 기관과 국제단체에 편지를 썼다. 앤디의 경우에는 인터폴과 CIA에 연락하여 필요한 자문이나 자료를 받고자 했는데, 상당한 유익한 결과를 얻기도 했다.

학생들은 또한 르완다국립대학교에 재직 중인 교수의 연락처를 얻어 내서 접촉을 시도했다. 교수에게 보낸 첫 번째 이메일에 대해서는 아무 답신을 받지 못했다. 그러나 그 교수와 면식이 있는 에티오피아 출신의 대학원생을 통해서 접촉을 시도한 결과, 교수의 도움과 협조를 얻어 낼 수 있었다. 그 교수는 세 학생들이 공원관리팀과 접촉할 수 있게 도와주었고, (아프리카에서 유일하게 남아 있는 Black Mountain

Forest인) 뉴웨국립공원(Nyungwe National Park) 보호 프로그램을 감독하고 있는 르완다개발위원회 직원과도 연결시켜 주었다.

연구 주제가 민감했기 때문에, 학생들은 자신의 연구를 위해 안전 허가와 같은 일련의 행정 절차를 거쳐야 했다. 가령, 학생들은 연구 승인을 받기 위해 르완다개발위원회에 연구 프로포절을 제출해야 했다.

르완다에서 온 이 엽서는 연구를 위한 사전 접촉의 중요성, 현장에 가기 전에 사전에 계획해야 할 것, 그리고 답사를 도와줄 수 있는 사람과 접촉하는 방법 등을 보여 준다.

■ 그림 3.6 르완다 북부의 촌락인 비사테(Bisate)에서 '핵심 정보원과의 면담'을 진행 중인 트리니티대학교(더블린)의 학생들. 주민들은 학생들을 쳐다보고 있다. (사진: Joseph Assan)

고 상상력 있게 진행할수록, 연구 계획은 훨씬 더 예리해질 것이다. 조지프 아산(Joseph Assan)은 학생들이 르완다의 촌락 연구 프로젝트를 사전에 계획할 때, 어떤 과정을 통해서 연구의 초점을 좁히게 되었는지를 설명하고 있다. 연구 현장은 낯설고 도전적인 환경이었지만, 이들의 경험은 답사 계획 단계에서 무엇에 유의해야 하는지를 잘 보여 주고 있다.

답사의 실제와 위험 평가

답사 현장에서 지내는 것은 흥분되고 재미난 경험이기도 하지만, 위험하고 불편할 수도 있다. 다음의 상황을 상상해 보자. 세 가지 모두 실제 상황이었다.

- 학생들과 함께 보츠와나 답사를 하고 있다. 시골의 비포장도로 위를 운전 중이다. 도중에 차량이 먼지투성이의 길에서 전복되었다. 가장 가까운 병원은 6시간이나 떨어져 있다.
- 인솔 교수를 포함한 답사 일행 전체가 심각한 급성 위장염에 걸렸다. 현재 외국에 있는 상태인데, 언어가 달라서 의사에게 상황을 설명할 수 없는 상태이다.
- 막 해외 답사 현장에 도착했다. 그러나 종교적인 이유로 모든 상점과 은행이 문을 닫았고, 현금이 없을 뿐만 아니라 배가 고프다!

언제든 이러한 상황에 봉착할 수 있기 때문에 이에 적절하게 대처할 수 있는 방법을 생각해 보아야 한다. 이 절에서는 이에 대한 준비와 대처법에 대해 살펴보고자 한다.

교육기관과 학생 모두가 머리를 맞대고 답사에서 발생할 수 있는 위험과 재난을 최소화할 수 있는 방법을 생각하는 것은 다른 무엇보다 중요하다. 자연지리학자가 산을 오르거나 극한의 날씨 상황을 경험하는 것에 비해, 인문지리학자가 접하는 재난은 별것 아닌 것처럼 보일 수 있다. 그러나 도시 환경에서도 홀로 연구나 여행을 다니거나 익숙하지 않은 거주지에서 면담할 때 잠재적인 위험에 노출될 수 있다(Lee 1995). 이 절에서는 여러분의 안전뿐만 아니라 연구 진행에 도움이 될 만한 몇 가지 사항을 제시한다. 답사가 위험을 동반한 활동이지만 현장과 답사 기간이 매우 상이하기 때문에, 실제로 사고나 재난이 빈번히 발생하는 것은 아니다.

답사 중 안전의 책임은 누구에게 있는가?

답사의 유형(가령, 답사를 인솔하는 교직원의 관리 수준)도 다양하고 답사의 맥락적 범위(답사 현장의 환경, 개별 또는 그룹별 답사의 여부)도 상이하기 때문에, 답사에서 건강과 안전을 위해서 고려해야 하는 사항은 매 답사마다 차이가 있다. 따라서 학생과 인솔 교직원의 역할과 책임도 매 답사마다 다르다(Bullard 2010). 안전에 대한 책임의 수준은 그야말로 다중스케일적(multi-scalar)이어서, 중앙정부에서 자기 자신에 이르기까지 여러 스케일에 걸쳐 있다. 일반적으로 국가는 개인의 건강과 안전에 관한 법률 체계를 가지고 있고, 일부 국가는 답사에 대해서 구체적인 지침을 제공하기도 한다. 이러한 규제는 교육기관이 위험을 관리할 책임과 돌봄의 의무를 갖게 할 뿐만 아니라, 답사가 건강하고 안전하게 진행될 수 있도록 한다(Herrick 2010). 그러나 답사 현장에서 안전이 전적으로 교육기관과 인솔 교직원의 책임이 아니라는 것을 명심하라! 교육기관은 여러분이 답사에 대한 위험을 철저하게 관리할 것을 기대하며, 이를 위해 표준화된 매뉴얼이나 지침(규정)을 제시할 것이다(Flowerdew and Martin 2005). 덧붙여 답사 참가자들은 잠재적 위험과 이를 방지하기 위한 '적절한 행동' 의무에 대해서 안내를 받았다는 '확인서'에 서명해야 한다. 로빈 플라워듀와 데이비드 마틴(Robin Flowerdew and David Martin)은 "위험 평가(risk assessment)의 목적은 잠재적인 위험을 완전히 인지하고 이를 줄이기 위한 적절한 행동이 무엇인지를 이해하는 것이다. 위험 평가를 마친 후에는 이러한 적절한 행동에 대해 의무감을 가져야 한다!" (2005: 3)라고 이야기한다. 답사 중 위험을 최소화하기 위해서는 제도적인 규정을 따르면서도 현장에서 자신의 행동을 성찰하는 것이 중요하다. 더불어 연구 계획을 수립할 때에도 위험 요인을 반드시 고려해야 한다. 여기에는 신체적 위험뿐만 아니라 (다른 이들과의 개인적 상호작용을 해야 하는 연구에서는) 감정적, 심리적 위험도 포함된다. 이에 대해 플라워듀와 마틴은 어느 누구도 "연구 프로젝트를 위한 영웅이 되어서는" 안 된다고 말한다(2005: 3). 모든 연구 방법은 (낯선 이와 낯선 장소에서 면담을 해야 하는 것처럼) 위험한 측면을 지니고 있다. 따라서 사전의 철저한 위험 평가를 통해 자신의 연구에서 발생 가능한 잠재적 위험에 대비해야 한다.

위험 평가는 어떻게 할 수 있을까?

앞에서 언급한 것처럼, 여러분의 교육기관에는 예측되는 위험에 대비하기 위한 절차가 마련되어 있을 것이다. 여러분은 답사를 떠나기에 앞서, 답사 인솔자 및 관리자와 다음의 내용에 대해 충분하게 논의해야 한다.

- **위해(危害, hazard) 확인**: 잠재적으로 해를 끼칠 만한 것들에는 무엇이 있는가?
- **위해의 잠재적 대상자는 누구인가?**: 답사 참여자들이 위해를 입을 수 있는가, 아니면 그들이 다른 사람들에게 위해를 입힐 수 있는가? 어떻게 위해를 겪을 수 있는가?
- **위험(危險, risk) 검토**: 어떤 경우에 위해가 발생할지, 그리고 그 위해의 정도가

어떠할지에 대해 생각해 보자. 현재의 관리 방식은 이런 위해를 최소화하는 데 충분한가?

- **평가 결과 기록하기**
- **위험 평가에 대한 정기적인 검토**

위의 내용 중 1~3단계는 실질적으로 답사에서 연구를 준비하고 수행하는 단계에서 고려해야 할 가장 중요한 측면이다. 연구 아이디어를 제시하는 단계에서 위험 평가라는 절차는 답사 현장을 방문해 본 적이 없다면 매우 어려울 수 있다. 이는 또한 익숙한 장소에도 적용될 수 있는데, 여러분이 그곳에서 연구를 하는 것이 위험하다고 생각해 보지 않았기 때문이다. 교육기관에서 여러분에게 공식적인 서면으로 위험 평가를 요구하느냐와 관계없이, 여러분은 예측하기 어려운 위험들을 포함해서 자기 나름대로의 위험 평가를 해야만 하며(5단계), 어떻게 하면 위험을 최소화할 수 있는가에 대해 생각해 보아야 할 것이다. 위험 평가는 독립적인 연구를 수행할 때 더욱 중요하며, 상황이 변했을 경우에는 인솔자에게 알려야 한다.

어떤 준비물을 가져갈 것인가?

각종 측정 장비들을 들고 답사를 떠나는 자연지리학자와는 달리, 인문지리학자는 단지 메모장만 가지고 답사 현장에 뛰어든다고 생각한다. 하지만 이는 오해다! 다음은 답사를 떠날 때 갖추어야 할 중요한 준비물의 일부를 적은 것이다.

- **답사에 적절한 복장**: 때로는 답사 중 오랜 시간 걸어야 하기 때문에 적절한 운동화와 복장을 갖춰야 한다. 도시 답사를 계획했다고 할지라도 촌락 지역을 방문할 수도 있다. 날씨 변화를 대비할 수 있는 복장(예: 방수가 되는 겉옷 등)

과 연구에 어울리는 옷(예: 기업과 같은 공적인 장소에서 면담을 할 경우 깔끔한 복장이 필요할 것이다)을 챙겨라. 이는 너무 당연한 내용일 수 있지만, 어느 답사에서든지 적절한 복장을 갖추지 못한 학생은 언제나 있기 마련이다!

- **필기도구**: 답사 중에 발견한 내용이나 연구 결과물을 기록할 도구를 갖추는 것은 필수적이다. 노트와 펜은 최소한의 준비물이다.
- **답사 현장 지도**: 답사 현장 지도는 도착한 후 훨씬 쉽게 얻을 수 있지만, 도착하기 전에 그곳의 지도를 갖고 있다면 답사/연구 계획을 세우는 데 많은 도움을 받을 수 있다(그리고 지도에 장소를 표시할 수도 있다).
- **답사자료집이나 유인물**
- **세부적인 답사 일정표, 숙박 정보, 비상시 연락처**

표 3.1 답사 때 챙겨야 할 준비물 및 장비 체크리스트

	답사 준비물	참고 사항	체크 여부
건강 관련 사항	예방접종	예방접종이 필요한 곳인지 사전에 확인해야 한다. 개발도상국이나 열대 지역을 답사할 경우 예방접종을 해야 할 확률이 높다. 인터넷을 통해 여러분이 속한 국가기관에서 제공하는 안내 서비스를 확인하라(한국의 경우 해외여행질병정보센터나 질병관리본부 웹사이트를 통해 기초 정보를 확인할 수 있다).	
	복용 중인 약	현재 약을 복용 중이라면, 여행이 지연될 가능성을 고려하여 충분한 양의 약을 처방받아 준비하는 것이 좋다. 타 지역에서 약을 구하는 것이 쉽지 않을 수 있기 때문이다. 또한 주치의가 작성한 의학적 소견서를 준비하는 것도 좋은 방법이다.	
	구급상자	작은 구급상자를 준비하라. 이는 비교적 병원에 접근하기 쉬운 도시 지역을 답사할 때에도 필요하다.	
	건강보험	머무는 곳의 여건을 파악하라. 일반적으로 타 지역에서는 건강보험증을 필요로 한다.	
	음식과 음료수	물갈이나 음식 부적응에 대비해야 한다. 현지에서 물갈이를 하는지 확인하고, 안전한 물을 마실 수 있는 대용품을 준비해야 한다. 과도한 음주도 가급적 피해야 한다.	

	답사 준비물	참고 사항	체크 여부
안전 및 보험 관련 사항	여행자 보험	답사 비용에 여행자 보험이 포함되어 있는지 확인해야 한다. 만약 포함되어 있지 않다면 여행자 보험에 가입하고, 약관 사본과 비상 연락처를 챙겨 두어야 한다.	
	지역 치안 상태 및 개인 안전	특히 답사를 떠나는 곳의 치안 문제에 대해 알아봐야 한다(소매치기가 빈번한 곳이나 도로 여행이 위험한 지역 등). 이러한 상황에 대비하여 필요한 경우 (경찰과 같은) 도움을 요청할 수 있는 곳에 대한 정보를 가지고 있어야 한다.	
	귀중품	불필요하게 비싼 물건은 가지고 가지 않는 편이 좋다. 여권과 같은 귀중품을 보관할 안전한 장소(호텔 금고나 호스텔의 물품 보관함 등)를 찾아 둘 필요도 있다.	
수화물	크기	짐을 비워라! 답사 중에는 짐을 가지고 상당한 거리를 이동해야 한다.	
	적절한 의복	현지의 기후와 문화에 적절한 의복을 준비해야 한다. 튀지 않는 복장을 갖추어라(어깨가 드러나는 옷이나 맨다리를 내놓는 옷은 지양하라). 또한 공식적인 면담 일정을 고려해서 단정한 옷 등 연구에 적절한 복장을 준비할 필요가 있다.	
	위생 용품	상대적으로 저개발국가에 방문할 경우, 개인적인 위생 용품(콘택트렌즈 세척액, 탐폰, 선크림 등)을 충분히 구비해야 한다. 구하기 어려울 뿐 아니라 값도 비싸다.	
	컴퓨터	답사 현장에서 컴퓨터를 이용할 수 있는 곳을 미리 조사해 둘 필요가 있다. 손쉽게 인터넷을 사용할 수 있거나 인터넷 카페에 쉽게 접근할 수 있는지, 비용은 어느 정도인지, 숙박하는 곳에서 이러한 서비스를 제공하는지, 랩톱컴퓨터와 이를 충전하기 위한 변압기를 챙겨 가야 하는지 등을 확인할 필요가 있다.	
	카메라/휴대전화	카메라와 휴대전화는 연구를 좀 더 손쉽게 수행할 수 있도록 도와준다. 휴대전화는 인솔자나 그룹 구성원, 연구 참여자와 쉽게 연락할 수 있게 하고, 사진을 찍어 답사에서 발견한 것들을 기록할 수도 있다(6장 참조). 현지에서 로밍이 가능한지 확인하고, 비용은 어느 정도인지 확인하라. 많은 나라에서 저렴한 가격의 임대폰이나 휴대전화를 판매하고 있다.	
	녹음기	연구를 계획하고 방법론을 선택했다면, 이를 수행하는 데 필요한 도구를 결정해야 한다. 면담을 하고자 한다면, 면담 내용을 녹음할 장비가 필요하다. 여분의 배터리와 메모리 카드를 챙겨야 한다.	
	선물	연구에 도움을 준 현지의 연구 참여자들에게 선사할 (여러분의 나라를 표현할 수 있는) 작은 기념품을 준비하는 것도 좋다. 여러분의 지역이나 대학교 엽서 등 비싸지는 않지만 의미 있는 기념품을 준비한다면, 이는 여러분을 사려 깊고 배려 있는 사람으로 보이게 할 것이다.	

(출처: Robson et al. 1997에서 발췌)

이외의 준비물은 답사 현장의 위치나 자료 수집 방법에 따라 다를 것이다. 표 3.1은 답사 준비 체크리스트이다. 여러분은 이를 고려하여 답사 준비물을 챙기면 된다.

요약

이 장에서는 답사 준비에 필요한 단계, 곧 연구 아이디어를 발전시키고, 연구 전략을 구상하며, 답사에 필요한 준비물을 확인하고, 위험 평가를 하는 등 실제적 차원에서의 답사 계획 수립 과정을 설명했다. 이 장의 주요 내용은 다음과 같다.

- 답사를 계획하는 데 있어 충분한 시간을 투자하는 것은 매우 중요하다.
- 만약 여러분 혼자 연구 주제를 잡아야 한다면, 이는 상당히 벅찰 것이다. 이 장에서는 연구 주제를 선정하는 데 영감을 줄 수 있고, 필요한 정보를 제공할 수 있는 자료를 소개했다. 이 단계에서 자신의 연구 주제에 대한 풍부한 독서는 매우 중요하다.
- 연구 전략을 수립하고 계획하는 데 있어 쉽게 빠지는 함정들이 있다. 자신의 학습과 계획 과정을 충분히 성찰함으로써, 여러분은 잠재적인 위험을 사전에 인지하고 이를 극복할 수 있는 실마리를 발견할 수 있다.
- 많은 대학들은 답사 현장에서 직면할 수 있는 안전과 건강상의 위험에 대비할 수 있는 장치를 마련해 두고 있다. 이 장에서는 위험 평가에 대해서 중점적으로 다루었으며, 다음의 4장에서는 윤리적 위험에 대해 중점적으로 다룰 것이다.

결론

철저한 준비만이 최선의 방안이다. 답사를 준비함에 있어 충분한 시간과 깊은 사색은 기본이다. 조사에 소요된 시간과 추후에 얻게 될 보상은 비례한다는 것을 잊지 말라!

더 읽을거리와 핵심문헌

- Silverman, D. (2000) *Doing Qualitative Research: A Practical Handbook*. London: SAGE. 이 책은 사례 연구와 실제 학생들의 답사 경험, 질적 연구를 계획하는 데 유용하고 실질적인 조언을 제공한다. 4장은 핵심 주제를 정하는 데 도움을 줄 것이다. 5장은 주제 선정을 위한 세부 방법을 제시하며, 동시에 이 과정에서 빠질 수 있는 함정을 피하기 위한 실버먼의 조언이 들어 있다.
- 답사 지역에 관한 *Rough Guide*, *Lonely Planet* 등 여러분에게 익숙한 여행 가이드 책자를 구입하여 이용하는 것도 좋은 방법이다. 이러한 정보는 인터넷 상에서도 쉽게 얻을 수 있다.

제4장

답사 윤리: 자신의 위치 짓기와 타인과의 어울림

개 요

이 장에서 논의할 주요 내용은 다음과 같다.

- 자기 자신에게 해야 할 윤리적 질문은 무엇이며, 여기에 어떻게 대답할 것인가?
- 공식적 윤리 절차를 밟아야 하는가? 이는 어떻게 하는 것이며, 왜 해야 하는 것일까?
- 연구 참여자들과 어떻게 의사소통해야 할까?
- 답사 현장에 대한 자신의 접근 방식에 대해 어떻게 생각하며, 이를 어떻게 체계화해야 할까? 그리고 다른 이들과는 어떻게 상호작용 해야 할까?

이 장은 다른 사람들이 답사 현장과 어떻게 관계하고 있는지에 대한 여러 관점을 제시한다. 아울러 연구를 한다는 것은 무엇을 의미하는지, 우리의 행동이 다른 이들에게 어떤 영향을 미칠 수 있는지에 대해 도전적인 질문을 제기한다. 여러분의 역할은 이를 자신의 연구 맥락에 적용해 보는 것이다.

답사는 "다른 사람들과의 건방지고, 어색하고, 일시적인 만남"으로 묘사되어 왔다(Kumar 1992: 1). 여러분의 답사가 이 중의 어느 것에도 해당되지 않도록 하는 것, 바로 그것이 여러분의 역할임을 명심하자! 이를 위해서는 답사를 떠나기 전에 자신의 연구 윤리를 진지하게 따져 보아야 한다. 답사와 관련된 윤리적 문제를 이해하기 위해 다음 시나리오를 생각해 보자.

- 오스트레일리아를 방문 중이며, 애버리지니(Aborigine) 커뮤니티에 관심을 두고 있다. 그리고 이들의 '정착지'는 박탈(deprivation)의 정도가 심각하다는 사실, 애버리지니와 외부 연구자들 사이에 있었던 긴장의 역사를 이미 문헌을 통해서 알고 있다. 여러분은 애버리지니 정착지 중 한 군데를 찾아간 후 현지 주민과 접촉해서 면담을 수행하는 것이 과연 옳은 일인지 고민하고 있다.
- 중앙아메리카에서 답사를 진행 중이다. 현지 주민 몇 명이 여러분에게 호감을 갖고 있다. 여러분과 사귀고 싶어 하는 이들의 태도에 우쭐한 기분이 든다. 이와 동시에 이들의 태도를 이용해서 면담을 하려는 마을과 주민들에게 접근하면, 연구에 도움이 될 것 같기도 하다. 자, 어떻게 할 것인가?
- 유럽에서 중소기업의 사장들과 면담을 하려고 한다. 하지만 이들이 얼마나 바쁜지 알고 있으며, 이들의 시간을 빼앗는 대가로 줄 수 있는 보답이 적어서 걱정하고 있다. 또한 그들이 사업상 민감하게 생각하는 정보를 어떻게 요청해야 할지도 고민 중이다. 여러분은 이들에게 어떻게 접근해야 하며, 수집한 자료를 어떻게 다루어야 할까?
- 서아프리카를 답사하고 있다. 애초에 이곳을 답사하기로 결정한 것은 학술적, 전문적인 이유에서였다. 그런데 현지 주민들이 여러분보다 해당 주제와 관련해서 더 아는 것이 없다고 판단되자 불안해지기 시작한다. 비슷한 상황에 처한 자연지리학자들 또한 자책하고 있다. "도대체 우리가 이 연구를 왜 하고 있는 거지? 우리가 정말 도우려고 하는 사람들은 누구야? 우리는 그저 '열대의 잔치'를 맛보러 온 연구관광객인가?" (Mistry et al. 2009: 86)

이런 딜레마를 헤쳐 나가기 위해서는 답사와 관련된 주요 윤리적 이슈를 이해하고, 자신의 답사가 직면할 윤리적 딜레마를 미리 생각해 보아야 한다. 앞으로 여러분은 이런 과정을 보다 공식적으로 밟아야 할 것이다. 왜냐하면 대학윤리

위원회는 여러분의 연구와 답사를 승인하기 전에, 여러분의 프로젝트를 면밀하게 조사할 것이기 때문이다. 이 조사는 여러분의 연구가 '연구되는' 사람들, 곧 연구 참여자나 정보원에게 어떤 영향을 미치는지를 중점으로 이루어진다. 따라서 공식적 윤리 절차를 이해하는 것은 매우 중요하다. 이런 윤리적 이해가 선행되어야, 연구가 현지 주민이나 커뮤니티에 해(害)를 입히지 않고 이로움을 줄 수 있으며, 답사에서 만나는 사람들과 그들의 지식을 보다 잘 이해할 수 있게 될 것이다.

공식적 윤리 절차를 탐색하고 자신의 윤리적 딜레마를 해결하기 위해서는 답사에서 발생할 수 있는 윤리적 이슈를 뚜렷하게 이해해야 한다. 이는 모든 현장 조사자들이 고려하는 질문이다. 다음 절에서는 지리학 분야에서 제기된 일련의 윤리적 문제를 살펴볼 것이다. 이들의 상당 부분은 여러분의 답사 연구에도 해당될 것이다. 그다음 절에서는 이를 바탕으로 답사 연구 프로젝트를 어떻게 하면 윤리적으로 건강하게 만들 수 있는지, 그리고 어떻게 공식적으로 윤리 승인을 받을 수 있는지에 대해 설명할 것이다.

윤리적 질문

여러분의 답사는 관련된 사람들이나 집단 또는 조직에 일정한 변화를 야기한다. 이들은 여러분이 현장에서 마주칠 사람들로서, 어떤 사람들은 기꺼이 시간을 내서 여러분이 궁금해하는 사항을 대답해 주거나 도움을 줄 것이다. 반면 또 어떤 사람들은 여러분이 자기 주위를 이상하게 기웃거린다고 생각하면서 무엇을 하러 왔는지 궁금해하고 심지어 불안해할 수도 있다. 여러분의 답사가 미칠 영향을 예측하기 위한 첫 번째 단계는 답사로 인해 영향을 받을 사람이 누구일지를 파악하는 것이다. 아마 가장 직접적인 사람은 여러분의 정보원

(informants)일 것이다. 그다음 단계에서는 자신의 연구가 미칠 의도적, 비의도적 결과를 현지 주민의 '존엄성, 프라이버시, 기본권'의 입장에서 가늠해 보아야 한다(Momsen 2006: 47). 여러분이 생각해야 할 가장 중요한 윤리적 질문들은 다음과 같다.

답사는 정보원을 해롭게 할 위험이 있는가? 이러한 위험을 줄이거나 예방하려면 어떤 조치를 취해야 하는가?

이런 질문은 특히 여러분의 연구가 사회적 약자를 포함할 때 첨예하게 나타나므로, 기업 리더나 공무원보다는 가출 청소년, 반체제자, 노숙자 등과 관련된 연구에서 주의 깊게 고려되어야 한다. 가령, 여러분이 미등록 외국인 노동자들을 관찰, 면담하는 데 관심이 있다고 상상해 보자. 이들은 여러분이 출입국 관리 당국이나 경찰을 위해서 일하는 것은 아닐지 불안해하지 않을까? 또는 이들의 고용주들이 여러분에게 협조하고 있다는 이유로 이들을 위험에 처하게 하지는 않을까? 더 나아가 그들 개인의 안전뿐만 아니라 그들의 가족과 커뮤니티 전체의 안전을 위협할 수 있는지는 않을까? 여러분은 정보원에게 해를 입히지 않기 위해서 자료 수집 방법이나 조사할 연구 내용을 바꾸거나, 심지어 연구 프로젝트 수행 자체를 재고해야 할 수도 있을 것이다. 킴 잉글랜드(Kim England)는 토론토에 있는 레즈비언 소유의 한 기업에 대해 연구했다. 그런데 그녀는 이 연구가 사람들에게 잘못 이해될 경우, 기업 구성원들에게 해가 될 수도 있다고 우려했다. 결국 그녀는 자신의 연구 결과를 출판하지 않기로 결정했다(Nast 1994; Staeheli and Lawson 1994). 다른 경우에는 가명을 사용하거나 (나이, 성별, 직업 등) 포괄적인 정체성으로 표현함으로써 정보원의 익명성을 충분히 보장할 수 있다. 시각적 이미지에 개인의 얼굴이 뚜렷하게 나타날 경우에는 얼굴을 모자이크로 처리해서 식별하기 힘들게 하거나 자료의 일부를 삭제해야 한다(Johnsen et al. 2008).

일반적으로, 연구에서 정보원을 비롯한 다른 개인들을 언급하거나 묘사할 때에는 그들이 동의하지 않는 이상 익명으로 처리해야 한다. 이에 대한 보다 자세한 사항은 두 번째 절에서 설명할 것이다.

자신의 연구가 이기적이지는 않는가? 누구를(무엇을) 위한 연구인가?

2장에서 '어떻게 답사를 정당화하는가?'라는 질문을 다루면서, 연구자가 답사에서 얻을 수 있는 것이 무엇인지 살펴보았다. 이제는 여러분의 연구가 다른 사람들에게 어떤 영향을 끼칠 것인지에 대해서 살펴보기로 하자. 디나 애벗(Dina Abbott 2006)은 답사의 정치성과 적합성을 진지하게 생각하게 함으로써 '왜'라는 질문을 제기할 것을 촉구한 바 있다. 타리크 자질과 콜린 맥팔레인(Tariq Jazeel and Colin McFarlane)은 "우리가 어떤 집단, 장소, 주제를 연구하고, 발표하고, 글로 쓸 때 과연 어떤 것들이 위험에 처할 수 있는가?"라고 질문하면서, 이에 대한 대답은 결국 책임의 문제라고 말한다(2007: 782). 이런 질문에 접근하는 가장 쉬운 방법은 여러분의 답사가 자신의 개인적 이익에 부합하도록 설계되었는지, 아니면 참여자의 이익과 균형을 이루는지를 따져 보는 것이다. 2장에서도 논의했지만 답사에서 얻을 수 있는 이점으로는 학술 및 취업 역량을 배우는 것, 호기심을 충족하는 것, 그리고 (어느 정도 상업적 가치가 있는) 지식 결과물을 창출하는 것 등이 포함된다. 신디 캐츠(Cindi Katz)는 (수단과 뉴욕에서 수행했던) 자신의 답사에 대한 동기와 이익에 대해 성찰하면서, 연구 및 출판 작업 과정에는 경력상의 이익에 대한 추구가 개입되어 있었다고 인정한 바 있다. 또한 그녀는 "아마 자신의 답사가 전반적으로 연구 참여자들보다는 자신에게 보다 유익했을 것"이라고 인정했다(Katz 1994: 71–72).

자신의 답사는 이해 당사자들에게 어떤 영향을 주고자 하는가?

답사에 관한 (특히 개발도상국이나 취약한 커뮤니티를 대상으로 한) 많은 문헌들에 따르면, 점차 많은 연구자들이 정보원이나 이해 당사자들에게 해를 입히지 않을 뿐만 아니라 오히려 적극적으로 혜택을 제공하려고 노력하고 있다. 이는 답사의 여러 측면을 꼼꼼히 따져볼 때, 우리가 단지 연구자와 연구 참여자와의 관계뿐만 아니라 답사 현장에서 여행을 도와주고, 식사를 제공하며, 운전을 하는 사람들과의 관계까지도 고려해야 함을 의미한다(Powell 2008; 엽서 4.1 참조). 가령, 신디 캐츠는 새로운 농경 방식과 개발 계획에 대한 정보를 현지인들에게 제공함으로써, 정보원들과 그 가족 및 커뮤니티의 이익이 자신의 이익과 균형을 이룰 수 있도록 노력했다(Katz 1994; Brydon 2006).

여러분은 작은 답사 프로젝트를 수행하는 대학생으로서, 과연 정보원들에게 무엇을 보답해 줄 수 있을지에 대해 회의적일 것이다. 그러나 8장의 '행동 연구'에 대한 논의에서도 살펴보겠지만, 과도한 의욕을 부리기보다는 현실적인 차원에서 생각해야 한다. 여러분만 그런 것은 아니다. 다른 사람들 또한 이미 '되돌려주는 것'이 어렵다는 점을 인정한 바 있다. 스테파니 스콧, 피오나 밀러, 케이트 로이드(Steffanie Scott, Fiona Miller and Kate Lloyd)는 베트남에 관한 연구에서 "우리 모두는 대가로 줄 수 있는 구체적인 보답이 없는 상태에서 주민들에게 면담을 요청하는 것이 매우 부담스러웠다."라고 밝혔다. 그들은 또한 참여자들에게 무언가를 되돌려주는 것을 윤리적으로 바람직하게 생각하고 있었을 뿐만 아니라, 보답하겠다고 약속하는 것 또한 상대방으로 하여금 자신들의 연구에 시간과 에너지를 투자하게 하므로 값어치가 있다고 보았다. 따라서 현지 주민들은 사회과학 연구자에 비해 비즈니스 단체, 투자자, 해외원조기구 및 공동사업자 등을 보다 따뜻하게 맞이하기도 한다(Scott et al. 2006: 35).

결국 호혜성(reciprocity, 互惠性)은 윤리적으로뿐만 아니라 실제적으로도 바람직한 것이다. 이런 점은 연구 참여자들이 연구 프로젝트에 보다 장기적으로 참여하기를 원한다는 사실에서도 나타난다. 네팔에서 현지 주민들과 함께 수년 동안 답사 연구를 수행해 온 스탠 스티븐스(Stan Stevens) 교수는 다음과 같이 주장한다. "단기 연구자들은 호혜성이나 책임감 등은 거의 고려하지 않은 채, 훔쳐 달아나는 듯이 연구를 재빨리 수행하고 빠져나갈 것이다. 반면 장기간 답사는 보다 책임감 있는 연구가 될 개연성이 높다. 이는 필연적으로 현지 반응에 민감한 연구가 될 수밖에 없다. 왜냐하면 현지 주민들이 생각하는 것을 주의 깊게 듣고 응답하는 것이 중요하며, 그들의 관심과 이익에 부합하도록 작업할 수밖에 없기 때문이다."(2001: 72) 스티븐스가 말한 '책임감 있는 연구'란, 답사 과정에서 연구 대상 커뮤니티와 함께 어울리고 응답자들이 연구 의제 수립에 함께 참여하는 것을 의미한다. 또한 자신의 연구 결과를 이용 가능하고 유의미한 형식으로 구성해서 현지 주민들에게 다시 되돌려주는 것까지도 포괄한다. 이는 연구의 규모와 상관없이, 부담 없이 할 수 있는 보답의 행위이다. 가령, 연구를 도와준 마을 주민에게 자신의 연구 보고서를 보내 준다면, 이전 경험에 비추어 보건데 이는 분명 환영받을 만한 일이다. 만약 연구 보고서가 너무 전문적이거나 내용이 방대하다면, 현지 주민들에게 적합한 용어를 사용한 요약본을 보낼 수도 있다. 한편, 보다 기발한 방식으로 보답해서 호혜성을 형성할 수 있는 사례도 있다. 엘리자베스 착코(Elizabeth Chacko)는 인도의 어떤 농촌 마을에서 면담을 수행하면서, 마을 주민들이 카메라를 거의 접해 본 적이 없다는 것을 알고 답사 사진들을 선물로 주었고 주민들은 이를 '소중하게' 간직했다고 밝힌 바 있다(2004: 60).

이보다 훨씬 더 근본적인 방식으로도 답사에서 호혜성을 구현할 수 있다. 착코는 면담의 일방향성을 줄일 수 있는 방법을 찾았다. "연구에 참여한 여성들은 면담 도중 나에게 연구에 대해 자주 물었는데, 나는 호혜성의 정신과 권력 관계의 균형을 위해 응답자들이 면담 조사자의 역할을 하도록 그대로 놔두곤 했다." (2004: 60) 어떤 학자들은 이상적인 답사란 호혜적 학습 과정이어야 한다고 주장한다. 이때 호혜적 학습 과정이란 "공유된 학습, 의견 교환, 지식의 발전 측면에서 서로에게 도움이 될 수 있는 연구 파트너십을 지칭한다."(Scott et al. 2006: 31) 다음의 엽서 4.1에서 빌 굴드(Bill Gould)는 이런 지식 교환이 어떻게 가능한지를 보여 주기 위해, 탄자니아로 답사를 떠난 영국 학생들과 현지 학생들과의 상호작용에 대해 자세히 기술하고 있다.

엽서 4.1 탄자니아의 지속가능한 개발 　　　　보내는 사람: 빌 굴드

리버풀대학교 지리학과 학생들은 '탄자니아의 지속가능한 개발'이라는 제목의 7주간의 답사 과목을 수강하게 되었다. 학생들은 자신의 답사 비용에 탄자니아 학생의 참여 비용을 합쳐서 총 1,500파운드(2000년 기준)나 마련해야 했지만, 이 과목의 수강 정원은 금세 차 버렸다.

사실, 이 답사 과목은 탄자니아의 다르에스살람대학교(Universitu of Dar es Salaam) 지리학과의 전공 선택과목이었다. 하지만 이 답사는 해당 대학의 재정 부족으로 개설되지 못하고 있었는데, 영국 학생들이 파트너십 프로그램을 통해 탄자니아 학생들이 답사를 할 수 있게 직접적으로 후원한 것이었다. 이 답사 과목은 다르에스살람대학교 지리학과가 개설하고 평가하는 것이었지만, 리버풀대학교 교수진과 대학원생들이 도움을 주었다. 또한 여행 준비, 기반 시설, 사회 프로그램 등은 [갭이어(gap-year)를 보내는 청년들의 NGO인] 세계학생파트너십(SPW, Students Partnership Worldwide)이 후원했다.

이 답사 과목의 주요 학술적 목적은 영국 학생들로 하여금 '어떻게 현지 농민 커뮤니티들이 지속가능한 생계를 유지하는지(또는 유지하는 데 실패하는지)'를 현장에서 직접 경험하게 하는 데 있었다. 답사를 통해 학생들은 식수 관리(특히 킬리만자로 산에서 시작되는 관개 수로 체계), 위험 최소화를 위한 작물 관리(가령, 좁은

들판에서 채소, 과일, 과실수를 혼합 경작하는 방식), 혁신적인 적정기술 활용(가령, 풍력, 에너지 절감형 화덕, 재생 가능한 바이오에너지) 등 여러 사안들을 현장에서 직접 경험할 수 있었다. 학생들은 이러한 현장 경험을 통해 '개발'에 대한 이해를 크게 넓힐 수 있었다.

그러나 (평가에는 충분히 반영되기 어렵지만) 이런 학습 사항들보다 훨씬 더 근본적이고 중요한 것은 학생들이 세계에서 가장 빈곤한 나라 중 하나인 이곳 탄자니아에서 일상적인 노동과 생계를 직접적으로 경험하는 것이었다. 이런 일상 경험은 SPW에 소속된 현장 전문가였던 (그리고 영국 학생들과 동갑내기였던) 앤드루 카링가(Andrew Kalinga)가 답사 기간 내내 현장에 상주하면서 도움을 주었기 때문에 가능했다. 앤드루의 공식 역할은 (버스가 제 시간에 제 장소에 도착했는지, 숙소는 잘 준비되어 있는지 등을 관리하는) 기초 행정 담당자였다. 그러나 보다 중요한 측면에서, 앤드루는 사회적인 역할도 수행했다. 그는 학생들이 새롭고 낯선 환경에서 머무르는 동안 자신감을 갖도록 하는 데 중요한 역할을 했다. 그는 학생들에게 간단하면서도 유용한 스와힐리어를 가르쳐 주었을 뿐만 아니라, (탄자니아에서 택시로 이용되는 미니버스인) 달라-달라(dala-dala)를 타고 이동할 때 유의할 점, 길거리의 허름한 가판대에서 맥주나 간식을 구입하는 법, 현지 식당에서 음식을 주문하고 먹는 법, 전통 화장실을 이용하는 법, 다르에스살람에 있는 해변에 가는 법 등 일상에 꼭 필요한 활동을 학생들에게 직접 하나하나 소개해 주었다. 이처럼 학생들이 답사 기간 초반에 얻은 자신감은 추후 탄자니아 학생들과 만나서 함께 활동하고 공감대를 형성하는 데 결정적인 기여를 했다.

이 파트너십의 또 다른 장점은 리버풀 학생들이 탄자니아 학생들과 거의 1:1 비율로 함께 가르치고 여행하고 답사하면서 6주간 같이 일하고 생활했다는 점이다. 이 강의는 답사 현장으로 나가기 전에 다르에스살람대학교의 기숙사(당시는 방학기간이었다)에 사는 학생들과 함께 서로에 대해 알아 가는 사전 프로그램부터 시작했다. 왜냐하면 일부 탄자니아 학생들은 현장 경험이 매우 부족했고 부유하거나 도시적 환경에 대해 선입견을 가지고 있었던 반면, 리버풀 학생들은 촌락의 열악한 생활환경에 대해서 잘 모르고 있었기 때문이다. 리버풀 학생들과 탄자니아 학생들의 관계가 항상 편한 것만은 아니었으나(탄자니아 학생들은 남자가 압도적으로 많았고, 나이도 더 많았고 다소 소극적이었다), 그럼에도 불구하고 함께 그룹을 이루어 일하면서 서로 많이 배우고 도와주었다. 이러한 협력 파트너십은 강의실 밖으로 확대되어, 답사 현장에서의 활동뿐만 아니라 모시(Moshi)에 있는 커피협동대학(Coffee Co-operative College) 등 다른 교육기관의 활동에서도 잘 이루어졌다. 특히 양쪽 학생들이 고르게 섞인 그룹별 활동 덕분에 학생들은 함께 연구하고, 발표하고, 글을 쓰게 되었을 뿐만 아니라 함께 먹고 생활하면서 서로를 친숙하게 알게 되었다.

학생들은 이 답사 과목의 학술적 이점뿐만 아니라 답사의 사회적, 개인적 경험이 얼마나 중요한지를 깨닫게 되었다고 말한다. 앤드루 카렁가는 학생들 사이에서 우상적 존재가 되었으며, 그가 2000년 리버풀에 방문했을 때에는 탄자니아 답사 때 함께 생활했던 학생들이 깊은 애정으로 반겨 주었다. 학생들은 외부적 관점에서 오직 빈곤을 어떻게 줄일 것인가에만 집중하는 기술적인 개발 실행가의 입장이 아니라, 내부적 관점에서 현지의 동료들이 자신들의 문화를 지키고 즐기면서도 생존을 위해 매일매일 투쟁하고 있다는 것을 알게 되었다. 이런 학습은 직접적인 현장 경험을 통하지 않고서는 결코 얻을 수 없을 것이다.

연구 참여자들과 어떤 관계를 구축하고자 하는가? 이 관계에서 무엇을 배울 수 있는가?

만약 호혜성이 연구의 이상(理想)이라고 한다면, 연구원과 정보원(informants) 간의 불균등한 권력 관계 또한 윤리적 고려 사항이 되어야 한다. 서양 학계의 연구자들은 답사 현장을 우월한 권력의 위치에서 접근하려는 경향이 있다. 세라 맥라퍼티(Sarah McLafferty)는 "예외적인 경우를 제외하면, 연구자들은 '특권적' 위치를 갖는다. 무엇을 질문할지를 결정하고, 대화의 흐름을 주도하고, 면담 및 관찰 결과를 해석하며, 어디에서 어떤 형식으로 그 결과를 발표할지를 결정하는 것은 연구자 자신이다."(Rose 1997: 307 재인용)라고 말한다. 이러한 특권은 연구자가 가진 상대적 부(富), 권력과 복합되어 있다. 타리크 자질과 콜린 맥팔레인(2009: 110)은 개발도상국에 대한 자신들의 연구에 '식민지배적 특권'이 개입되어 있는지를 비판적으로 고찰했으며, 어떤 학자들은 이런 특권이 전문가적 지위, 계급과 관련되어 있다고 이해한다(Dowling 2005). 특히 아직 어리고, 직업도 없으며, 답사 비용을 부모 등으로부터 빌려야 하는 학부생들의 입장에서는 이러한 특권을 인식하기 힘들다. 아마 위에서 묘사한 특권은 전문적인 학자들이나 연구비를 지원받는 대학원생들에게 더 많이 적용될 것이다. 그럼에도 불구하고, 심지어 학부생들도 어느 정도 '불균등한 현장'의 맥락하에서 답사를 수행하고 있다는 점을 인식할 필요가 있다. 가령, 여러분은 답사 현장에서 조사 대상자들보다 더 우월한 위치를 가질 수 있다. 왜냐하면 여러분은 질문을 구성하는 사람이자 연구 의제를 설정하는 사람으로서, 연구에 생산되고 투입되는 지식을 결정하기 때문이다. 물론 그 반대의 경우도 존재한다. 가령, 엘리트층을 면담할 수도 있고, 여학생으로서 남성을 면담할 수도 있으며, 해당 주제에 대해 면담 대상자보다 무지하기 때문에 위축될 수도 있기 때문이다.

로빈 다울링(Robyn Dowling 2005: 27)은 현장에서 "자기 자신과 정보원 사이에 어떠한 역학 관계가 펼쳐질 것인지"를 질문함으로써, 답사에서 권력의 리얼리티를 인식하는 것에서부터 출발해야 한다고 주장한다. 경우에 따라 이런 역학 관계는 상당히 도전적일 수 있다. 만약 답사 연구에서 권력 격차가 너무 클 경우, 어떤 학자들은 그런 답사는 지양되어야 한다고 주장한다. 가령, 애벗은 영국의 한 대학에서 서아프리카의 작은 국가 감비아를 답사한 것에 상당히 비판적이었다. 그녀는 이러한 행위가 과거의 인종주의적 식민 관계의 재연일 따름이라고 주장했다. 그녀는 다음과 같이 질문한다. "유색인으로서 나 자신과 (대부분적으로 백인들인) 나의 학생들이 '노예제도의 역사'라는 뒤틀린 권력 관계의 재연을 경험하는 것이, 과연 지리학의 답사 전통을 어떻게 강화할 수 있다는 말인가?"(Abbott 2006: 331) 질리언 로즈(Gillian Rose) 역시 답사에 대해 부정적인데, 그녀는 이러한 지리적 전통이 남성우월주의 및 제국주의적 실천과 매우 밀접하게 연관되어 있다고 주장하며, 유럽의 백인 남성들은 세계를 활개치고 다니면서 다른 이들 위에 군림하고 항상 "이국적이고, 극적이며, 멀리 있는" 것을 찾아 헤맨다고 하였다(Rose 1993: 70; Stoddart 1986: 55 재인용).

그러나 이따금 우리는 이런 권력 차를 윤리적 측면에서 조정해야만 할 때도 있다. 중앙아메리카에서 답사를 했던 줄리 커플스(Julie Cupples)의 사례를 통해 이를 살펴보자. 그녀는 "(답사 현장에서) 인식과 자극이 한껏 고양된 상태"를 설명하면서, 이는 "지적인 자극뿐만 아니라 성적 욕망"까지도 포함한다고 말했다(2002: 385). 커플스는 이 경우 도덕적, 윤리적 결론을 섣불리 예단하기보다는 우선 자신의 감정을 충분히 이해하고 이를 권력 관계 내에 위치시켜 바라봐야 한다고 말한다. 왜냐하면 이런 이해와 위치 짓기가 선행한 다음에서야, 비로소 이를 (곧 자신의 느낌을) 어떻게 조정할지를 판단할 수 있기 때문이다. 그녀는 이런 판단을 통해 그녀와 연구 참여자 사이에 성적 차원이 개입되어도 괜찮은지, 그리고 만일 괜찮다면 어떤 식으로 개입될 수 있는지를 결정한다는 것이다. 이는 복잡한 윤리적 문제를 제기한다. 왜냐하면 인류학자들이 일컫는 소위 '현지인들과의 섹스'는 대개 비윤리적이라고 간주되지만(2002: 382; Whitehead and Conway 1986), 그럼에도 불구하고 어떤 연구자들은 이런 만남이 정당하다는 것을 설명하려고 했기 때문이다(Rubinstein 2004). 어떤 곳에서의 답사든지 간에 성(性)은 잠재적으로 위험하다. "현지 조사자들은 성적 친밀함에서 오는 기쁨과 성적 위협에서 오는 폭력 모두에 노출되어 있다."(Coffey 2005: 425) 또 다른 한편으로 현장 조사자들은 자신의 섹슈얼리티를 집에 놔두고 답사를 떠나려고 해도, 결코 그렇게 할 수 없다. 왜냐하면 우리가 좋든 싫든 간에, 우리는 "우리가 연구하는 대상에 의해 위치 지어지기 때문이다."(Cupples 2002: 383) 커플스는 참여자들과의 관계와 관련해서 자신의 답사를 사례로 제시했다. "나와 시간을 함께 보내려고 내 연구 프로젝트에 관심 있는 척하는 남자들이 이따금씩 있었다. 그러나 나는 때때로 이러한 관심을 이용해서 그들을 내 연구에 활용했고, 이를 통해 현지 및 현지인들과 관계를 형성할 수 있었다."(2002: 386) 어떤 섹슈얼리티를 의도적으로 드러내는 것은 답사에서 비윤리적일 수도 있지만, 어맨다 코피(Amanda Coffey)는 우리가 섹슈얼리티를 통해 답사 현장에 존재하는 넓은 사회적 권력 관계에 대해 더 많이 배워야 한다고 주장했다. 이런 권력 관계에는 "현지 조사자들 사이의 관계(현지 조사자들 간의 관계는 나이, 젠더, 인종, 섹슈얼리티 등의 여러 정체성을 반영한다), 연구 과정의 관계적 성격(현지에서의 역할, 관계, 범위를 정하고 교섭하는 과정), 답사에서 느끼는 감정(사랑, 증오, 흥분, 위험, 권력, 소속감, 소외감)" 등이 모두 포함된다(Coffey 2005: 410).

답사를 이런 식으로 이해함으로써, 곧 답사란 외부인으로서 연구자와 (여러 사람들과 장소들로 이루어진) 답사 현장과의 일련의 만남이라고 이해함으로써 우리는 답사 현장에서의 우리 자신에 대해 보다 분명하고 비판적으로 생각하게 된다. 맥다월(McDowell)은 "우리는 연구 참여자들의 위치와 더불어 우리 자신의 위치도 고려하고 인식해야 하며, 우리의 연구 실천 속에 이를 새겨 두어야 한다."(1992: 409)라고 말한 바 있다. 모든 지리 연구에서 그렇듯, 답사에서도 우리를 둘러싼 환경은 우리가 무엇을 발견하고 알 수 있는지를 한정한다. 우리의 '위치성(positionality)'을 인정해야만 우리가 아는 것의 한계를 뚜렷이 인식할 수 있다. 왜냐하면 "모든 지식은 특정 환경에서 생산되고, 특정 환경은 지식을 특정한 방식으로 구성하기" 때문이다(Rose 1997: 305). 결국 '위치성'은 지식의 엄밀성(곧 우리 지식의 한계를 이해하는 것)의 문제이면서 윤리의 문제이기도 하다. 왜냐하면 위치성이라는 개념은 우리로 하여금 지식 생산의 기반인 불균등한 권력 관계를 추궁하도록 만들기 때문이다.

윤리적 답사: 윤리 조사 절차의 준수

이 절에서는 보다 실제적인 차원에서 지리 전공자들이 답사에 참여할 때 고려해야 할 주요 윤리적 사항을 제시하고자 한다. 특히 점차 많은 대학들이 연구 및 답사 프로젝트가 준수해야 할 윤리 기준을 제시하고 있기 때문에, 우리는 이런 공식적 윤리 검토 절차를 어떻게 충족시킬 수 있는지를 안내하고자 한다. 이런 공식적 정책은 연구자(학생)가 자신의 연구 프로젝트를 윤리적 차원에서 검토한 후 최소한의 윤리적 기준을 충족시킬 것을 의무화하고 있다. 곧 연구와 관련된 사람이나 장소에 해를 끼치지 말라는 것이다. 그러나 앞서 살펴본 바와 같이, 이런 형식화된 윤리 절차는 아주 최소한의 기준만을 충족하는 것이므로, 윤리적 이슈와 논의는 이러한 절차나 제도 그 이상의 문제이다. 연구 윤리는 (연구를 통제하고 제한하려는 것이 아니라) 연구 의제를 보다 창의적이고 긍정적인 방식으로 열어젖힌다.

윤리적 연구에 대한 아이디어를 공식화하고 발전시켜 온 것은 연구 기관, 연구 후원 단체, 그리고 학술단체 및 대학이었다. 따라서 윤리 기준을 정의하고 있는 공식적 실천 규정들은 학부생들로부터 교수들에게 이르기까지 모든 수준의 연구자들이 의무적으로 준수해야 하는 것이 일반적이다(Brydon 2006). 인문사회과학의 경우, 이런 절차는 특히 답사에 중점을 두고 있는 학위논문 연구나 프로젝트에 훨씬 직접적이고 구체적으로 적용된다. 반면에 어떤 인솔자가 이끄는 학생들의 현장 견학이나 과제 수행에 해당하는 답사에는 이 규정이 직접 적용되는 않는다. 왜냐하면 이런 경우에는 답사 윤리와 관련된 모든 사항을 고려할 책임이 (공식적으로는) 인솔자에게 있기 때문이다. 그러나 이런 경우에도 학생들은 앞서 논의했던 윤리적 사항들을 적용해서 생각해 보아야 한다. 그리고 이를 통해 자신이 다른 사람들과 만나는 것이 정말 윤리적으로 건전하며 방어 가능한지 판단할 수 있어야 한다.

윤리 절차는 국가들 사이에서뿐만 아니라 조직 및 제도에 따라서도 다양하지만, 몇 가지 공통점이 있다. 오스트레일리아의 지리학자인 힐러리 윈체스터(Hilary Winchester)는 "이는 결코 사소한 작업이 아니다. 내가 소속된 대학에서는 신청서를 작성할 뿐만 아니라 연구계획서, 동의서, 조사 도구까지 제출해야 한다."라고 말한다(1966:117). 영국 왕립지리학회가 사용하는 (특히 왕립지리학회로부터 연구비를 지원받는 프로젝트에 대한) '윤리 정책'은 대부분의 윤리 규정 형식과 내용을 포함하고 있다. 왕립지리학회의 윤리 규정은 학부 답사에 적절한 주제들도 포함하고 있는데, 다음은 이를 세부적으로 설명한 것이다(특히 볼드체로 쓴 부분을 보라).

왕립지리학회-영국지리학자협회(RGS-IBG)는 윤리적인 방법으로 연구할 것을 전제로 하여 자금을 후원합니다. 따라서 RGS-IBG로부터 연구비를 지원받는 모든 연구들은 다음의 사항을 반드시 준수해야 합니다. 여기에는 직접 재정 지원을 받는 연구, RGS-IBG에서의 발표를 통해 간접 지원을 받는 연구, 연구 그룹의 학술회의 및 기타 RGS-IBG 행사, RGS-IBG의 저널에 실린 논문이 모두 해당됩니다.

- 연구 결과를 정확하게 보고해야 하며, 연구 결과에 대한 타인의 사용을 허락해야 함
- 다른 연구자들과 그들의 지적재산권을 존중하고 공정하게 다루어야 함
- **연구 대상자가 제공한 정보의 기밀성과 응답자의 익명성이 보장되어야 함(그렇지 않을 경우에는 연구 대상자 및 응답자로부터 별도의 동의를 받아야 함)**

또한 연구계획서는 다음의 사항 중 하나 이상과 관련될 경우 검토 절차를 거쳐야 합니다.

- **인간 참여자가 관련되어 있음**
- 자연환경이나 역사적으로 중요한 유물 및 유적을 손상시킬 수 있는 연구
- 사회적, 경제적, 정치적으로 민감한 자료의 사용

검토 과정은 위험의 정도와 비례합니다(가령, 취약하거나 위험에 처한 집단에 대한 연구는 다른 유형의 연구보다 세밀한 검토가 필요합니다). 언제라도 필요한 경우에는 연구 참여자나 연구에 영향을 받는 모든 사람 또는 그 대리인으로부터 동의서를 받아야 합니다. (http: //www.rgs.org 2010년 7월 17일, 저자 강조)

왕립지리학회의 규정은 지리학에서 고려하는 윤리적 사항을 확인하고 있으므로, 학생들의 입장에서는 이 규정을 읽어 보는 것이 유익하다. 그러나 답사 연구를 수행할 학부생들은 아마도 대학 등 개별 기관이 규정하는 윤리 정책을 의무적으로 준수해야 할 것이다. 다음 단락에서는 학생들에게 보다 적합한 규정과 기준에 대해 설명할 것이다. 이런 규정과 표준에서 윤리적 접근은 대개 인간 참여자와 관련된 연구를 대상으로 한 것이다. 그러나 이 문제에 대해서 살펴보기 전에, 우선 왕립지리학회의 윤리 강령이 제기하고 있는 두 가지 사안을 간략하게 짚어 보자. 첫째, 윤리적 문제는 인간 주체와 직접적으로 관련된 연구에만 국한되는 것이 아니라, 2차 자료를 수집, 분석하는 연구와도 관련되어 있다는 점이다. 어떤 경우에는 여러분이 따를 수밖에 없도록 엄격한 규정으로 강제하기까지 한다. 가령, 여러분이 아카이브를 활용한다면, 수집한 자료로 무엇을 하려는지에 대해 구체적으로 적시해야 할 수도 있고, 여러분이 발견한 것을 인

용하거나 복사하는 것을 금지할 수도 있다. 또한 만약 센서스 자료를 사용하더라도 연구 결과에서 개별 가구들이 확인될 수 있는 가능성이 있다면, 이런 자료의 사용 또한 금지될 수 있다. 두 번째, 왕립지리학회 웹사이트는 환경 유물(유적)에 대한 잠재적 훼손에 대해 언급한다. 자연지리학 분야의 일부 연구들은 환경 침해적인 (가령, 토양층에 구멍을 뚫거나 자연환경으로부터 표본을 채취하는 등의) 특성을 띠기 때문에, 연구가 환경에 미치는 즉각적 결과에 대한 우려는 인문지리학에서보다는 자연지리학에서 훨씬 크다(Maskall and Stokes 2008: 28-29). 그렇다고 하더라도, 인문지리학자들 또한 현장에서 자신의 활동이 잠재적으로 야기할 수 있는 환경적 영향에 대해 알고 있어야 한다. 우리가 이미 1장에서 살펴본 현장 연구자들의 탄소 발자국의 문제도 그중 하나이다. 그뿐만 아니라, 다수의 학생들이 작은 커뮤니티에 몰려들거나 답사 중 동일한 장소를 반복적으로 방문하는 행위 또한 인간 환경에 부정적인 영향을 끼칠 수 있다(Livingstone et al. 1998). 이는 현지인들의 일상생활을 방해할 뿐만 아니라 (잠재적 응답자들이 연구에 참여하거나 응답하는 것을 망설이게 하는 등) 해당 연구 환경의 포화를 가져올 수도 있다.

특정한 곳에서 취해야 하는 품행에 대한 규정은 공식화된 법률이나 규제에 의해 강제되기도 하지만, 비공식적이며 문서화되지 않은 문화적 규약의 형태를 띠기도 한다. 가령, 이는 옷차림이나 예절과 관련될 수 있다. 지리학자 데니스 코스그로브(Denis Cosgrove)는 텔아비브의 벤구리온 국제공항에서 너무 짧은 반바지를 입었다가 한바탕 소동을 일으켰던 일화에 대해서 이야기하곤 했었다! 그리고 우리와 함께 밴쿠버의 (허름한 도심부인) 다운타운이스트사이드(Downtown Eastside)를 도보로 답사했던 학생들은 현지인들의 생활을 무단으로 침입해서 비윤리적으로 엿보는 듯한 느낌이 들었다고 말했다(그림 1.2 참조). 사실 학생들의 불안에 근거가 없었던 것은 아니었다. 어떤 현지 남성은 답사노트와 카메라를 들고 다니는 답사팀을 향해 소리를 치면서, '팔에 마약 주사를 놓는 것이라도 구경하고 싶으냐'고 비아냥거리기도 했다. 이들 사례에서 보듯이 윤리적 품행이란, 단순히 타인이 정해 놓은 규칙을 준수하는 차원의 문제가 아니다. 이는 윤리적 사안들에 대해 민감하게 주의를 기울임으로써, 답사에서 어떻게 행동할지에 대한 도덕적 판단에 책임을 지는 것을 의미한다.

인간 참여자

왕립지리학회의 윤리 강령은 '인간 참여자가 개입된' 연구는 윤리적 조사를 받아야 한다고 규정한다. 기관들의 윤리 통과 절차는 보통 아래의 질문을 제시함으로써 이를 보다 상세화하고 있다. 다음의 항목에 대해 한 가지라도 '예'라는 응답이 나올 경우, 이는 보다 상세한 조사를 받아야 하며 심지어 연구 계획을 변경하거나 포기해야 할 수도 있다.

- 이 연구의 참여자 중에는 연구 내용을 확인하고 동의할 능력이 약하거나 없는 사람들이 있는가? (예: 어린이, 학습 장애자 또는 의사소통 장애자, 수감자, 마약 투여 등의 불법 행위와 관련된 사람, 연구자가 가르치고 있는 재학생 등)
- 이 연구가 모집하려는 개인 또는 집단과 접촉하기 위해서는 우선 해당 관리자(게이트키퍼)의 협력을 필요로 하는가? (예: 학교의 학생, 자활단체 구성원, 요양원 환자 등)
- 이 연구에서는 참여자들이 (비록 연구 참여에 동의했다고 할지라도) 자신의 역할을 인식하지 못한 상태에서 연구에 참여하는 것이 반드시 필요한가? (예: 은밀한 사진 촬영이나 비디오 녹화를 통한 관찰)
- 이 연구는 의도적으로 연구 참여자를 속이고 있는가?
- 이 연구에서는 연구 참여자를 곤란하게 하거나 걱정을 끼칠 수 있는 민감한 주제를 논의해야 하는가? 또는 연구 참여자가 범죄 행위 또는 아동보호와 관

련된 사항을 연구자에게 털어놓아야 하는가? (예: 성생활, 범죄 행위 등)

- 이 연구는 정상적인 생활에서 경험할 수 있는 정도를 넘어선 심리적 스트레스, 불안, 해악 등의 부정적 결과를 유발할 수 있는가?

의사소통

인간 참여자와 관련된 윤리적 연구의 핵심은 명확한 의사소통이다. "윤리적인 연구자는 자신의 연구 관심에 있어서, 그리고 자신과 연구 (대상) 커뮤니티의 관계에 있어서 맥락을 잘 읽어야 하고, 솔직해야 하며, 숨김없이 드러내야 한다."(Brydon 2006: 28) 훌륭한 의사소통이라면 프로젝트를 말이나 글로 명확하게 설명할 것이다. 이는 연구 참여가 자발적이며, 참여자들은 본인이 희망하면 언제라도 그만둘 수 있다는 내용을 명시적으로 진술하고, 참여자들이 연구에서 무엇을 할지를 충분히 설명하고, 개인이나 커뮤니티의 사전 동의가 필요한 경우에는 반드시 이를 준수한다는 것을 밝히며, 연구가 완료된 후에는 연구 결과와 피드백을 제공할 것이라는 내용 등을 뚜렷하게 반영해야 한다. 그러나 이런 원칙을 엄격하게 적용해서는 안 된다. 왜냐하면 어떤 맥락에서는 이런 원칙이 아주 적절하고 실현 가능하겠지만, 그렇지 않은 경우도 있기 때문이다. 그림 4.1은 연구 설계와 연구의 윤리적 영향을 순차적으로 생각할 수 있게 만든 흐름도이다. 이 그림에서도 알 수 있듯이, 연구 아이디어는 발생 가능한 윤리적 갈등 상황에 대응하기 위해 재조정의 과정을 거칠 수 있음을 명심하자.

윤리적 기준은 기계적으로 만들어진 단순한 체크리스트가 아니라, 연구자들이 섬세하게 주의를 기울여야 하고 맥락적으로 생각해야 하는 일련의 사항들이다. 가령, 문화기술지(ethnography) 연구는 연구에 참여하는 개인들의 사전 동의를 얻는 것이 적절하지 않다. 왜냐하면 이런 방법의 경우, 표본 집단이 사전에 정의되지 않을 뿐만 아니라, 관찰의 대상이 개인이라기보다는 집단 전체이

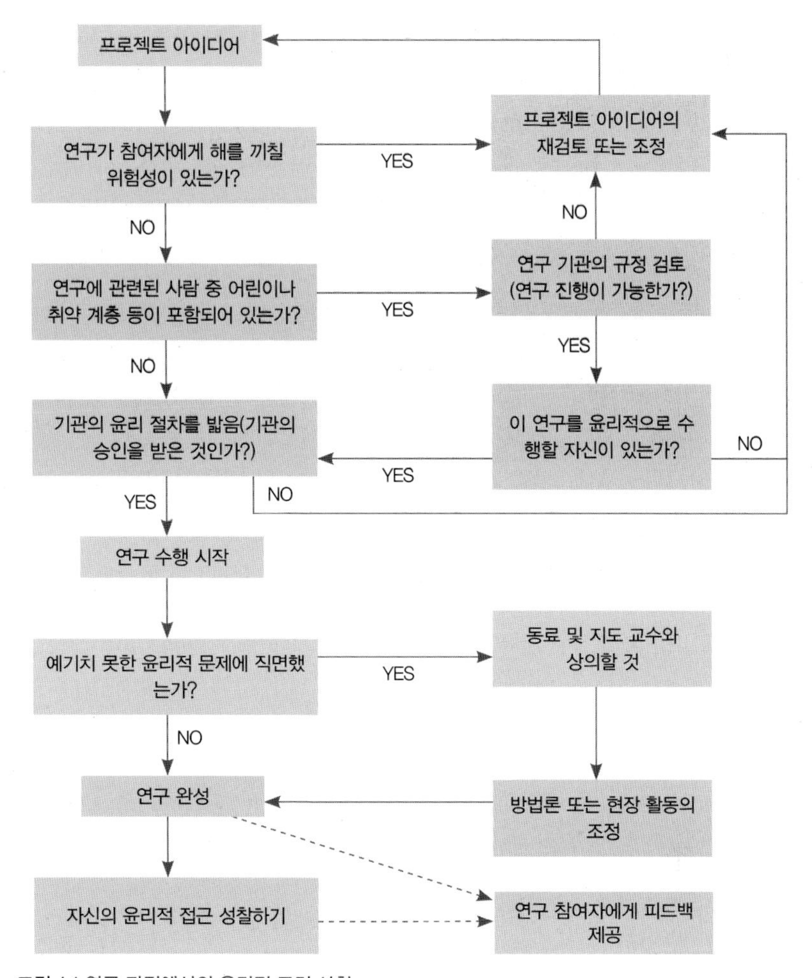

■ 그림 4.1 연구 과정에서의 윤리적 고려 사항.

기 때문이다(8장은 이에 대해 보다 상세하게 설명하고 있다). 뮤직 페스티벌이나 거리 시위를 연구하고 있는데, 만나는 사람들에게 일일이 프로젝트에 대해 짧게라도 설명하려고 한다고 상상해 보자. "만약 그들이 여러분의 연구에서 무언가 빠진 부분을 발견하지 않는 한, 그들은 분명 여러분이 떠벌리는 설명을 지루해하거나 번거로워 할 것이다."(Hoggart et al. 2002: 271) 마찬가지로 연구의 투명성 또한 대개 바람직하고 안전하다고 여겨지지만, 비밀리에 착수하는 연구들이 정당화 될 수 있는 경우도 많다. 이런 연구들은 연구의 목적과 본질을 설명하지 않거나 의도적으로 감추기까지 한다(McDowell 1997).

그렇다면 자신의 프로젝트를 어떻게 설명해서 연구 참여자를 모집할 것인가? 아마, 여러분은 연구에 대한 짤막한 설명문을 만들어서 숙지한 다음, 전화나 면담 시에 적절히 사용하는 것만으로도 충분할 것이다. 가령, 이따금 윤리위원회는 추후의 증거로 삼기 위해 면담 내용을 녹음하기까지도 한다(Scheyvens et al. 2003: 144). 이런 경우를 제외하고는 구두 허가 과정을 녹음하는 것은 지나치게 형식적이라고 볼 수 있다. 엘리자베스 채플린(Elizabeth Chaplin)은 연구에서 참여자들의 인물 사진이 필요했는데, 그녀는 사람들에게 사진을 찍어도 되는지 물어본 다음 추후 그 사진을 출판물에 사용할 때 서면 동의서를 받는 것으로도 충분했다고 말한다(2004:45). 답사 연구에서는 서면 형태의 설명문을 사용하는 것이 일반적이다. 이는 몇 개의 간략한 문장으로 작성되기도 하지만, 때로는 보다 길고 공식적인 형식을 취하기도 한다. 어떤 경우에는 (특히 현지 언어를 사용해야 하는 경우) 서면 설명과 더불어 구두 설명이 동시에 필요할 때가 있다. 구두이든 서면이든 여러분은 상대방의 나이나 문해력 등에 맞추어서 설명해야만 '사전 동의(informed consent)'를 요청할 수 있다. 사전 동의는 다음과 같이 정의된다.

> 사전 동의란, 잠재적 연구 참여자가 연구를 충분히 이해한 후 자유로운 상태에서 연구 프로젝트의 일부가 되는 것에 동의하는 것을 일컫는다. 이는 연구 프로젝트의 과정과 목적, 연구 결과의 사용처(가령, 정책 수립에 쓰일 것인지, 출판에 사용될 것인지 등), 수집된 자료에 누가 접근할 수 있는지 등의 사항에 대한 완벽한 이해를 전제로 한다. 연구에 대한 지식은 연구자가 충분하고 솔직하게 그 연구가 무엇에 관한

것인지 설명하고, 연구 참여자가 언제라도 그 연구에 대해 질의할 수 있도록 보장할 때에 비로소 가능한 것이다. (Scheyvens et al. 2003: 142).

이 모두는 명료하고 간략한 언어로 설명되어야 한다. 왜냐하면 이는 연구 참여자뿐만 아니라 필요한 경우에는 (선생님, 부모님, 간병인 등의) 후견인도 이해할 수 있어야 하기 때문이다. 그림 4.2는 어느 대학의 윤리 정책에서 발췌한 것으로, 여러분이 참여자안내문(Participant Information Sheet, PIS)을 준비하는 데 유익하게 활용할 수 있을 것이다. 여기에 포함된 사항들은 학부생의 답사 연구에서 요구되는 것보다 훨씬 많은 정보를 포함하고 있음을 염두에 두자. 우리가 이를 상세하게 제시한 이유는 여러분이 자신의 프로젝트와 관련된 부분을 선택적으로 발췌해서 사용하되 가급적 모든 사항을 고려해 보라는 의도에서다. 이 사항들은 연구 기술을 익히는 데 도움이 될 것이다. 졸업 후에 여러분이 전문적인 연구를 수행하거나 어떤 연구팀에 고용되어 PIS를 준비해야 할 때, 그림 4.2를 충분히 활용할 수 있을 것이다.

PIS의 핵심 내용 중 하나는 기밀성(confidentiality)이다. 이는 '연구자에게 개인정보가 위탁되었음을 인식'하고, 이 정보를 미리 계획된 용도로만 사용한다는 것을 분명하게 밝히는 것을 의미한다(Scheyvens et al. 2003: 146). 왕립지리학회는 '연구 대상자가 제공한 정보의 기밀성과 응답자의 익명성 보장'을 (연구 대상자와 응답자가 별도로 동의하지 않는 한) 필수적으로 요구한다. 답사를 수행할 때에는, 반드시 연구 참여자의 익명성과 프라이버시가 (당사자가 이에 대한 자신의 권리를 뚜렷하게 포기하거나 자신이 이름이 밝혀지기를 요청하는 경우를 제외하고는) 어떤 상황에서도 보장되어야 한다는 전제하에서 출발해야 한다. 한편, 익명성이 항상 보장될 수 있는 것은 아님을 유의해야 한다. 왜냐하면 어떤 경우에는 응답자가 누구인지 유추하는 것이 가능하기 때문이다. 가령, 연구 대상 집단이 너무 작을 경우에

1. **연구 제목**

연구 제목은 연구를 간단하게 설명해야 하며, 연구와 관련된 모든 서류상의 연구 제목은 동일해야 한다.

2. **참여를 제안하는 문단 쓰기**

연구 참여를 제안하는 내용의 단락을 작성한다. 이때 상대방이 강요받는다는 느낌을 받을 정도로 강한 어조로 작성해서는 안 된다.
(예: 당신이 이 연구에 참여해 줄 것을 정중하게 제안 드립니다. 당신이 참여 여부를 결정하기 전에, 우선 이 연구가 왜 필요하고 무엇을 연구하는지를 이해하는 것이 중요합니다. 이를 위해 우선 아래에 제시된 정보를 주의 깊게 읽어 주십시오. 그리고 만일 추가적인 정보를 알고 싶으시거나 이해가 되지 않는 내용이 있을 경우, 부담 없이 저희에게 연락을 주시기 바랍니다. 우리는 당신이 이 제안을 수락하도록 결코 강요하지 않으며, 오직 당신이 참여를 원하는 경우에만 참여가 가능합니다.)

3. **연구 목적은 무엇인가?**

연구의 필요성, 배경, 목적 및 목표를 설명하되, 전문적인 용어나 약어는 상대방이 쉽게 이해할 수 있도록 풀어서 제시해야 한다.

4. **왜 참여자로 선택했는가?**

연구 참여자로 왜 그리고 어떻게 상대방을 선택하게 되었는지 설명한다. 아울러 얼마나 많은 사람들이 참여할지도 제시해야 한다.

5. **참여는 의무 사항인가?**

연구 참여는 자발적인 것인지, 그리고 연구 참여자는 언제라도 아무런 설명 없이, 어떤 불이익도 받지 않고 참여를 그만둘 수 있는지를 뚜렷하게 설명해야 한다.

6. **참여한다면 무엇을 하는가?**

참여자에게 어떤 질문을 할 것인지, 연구 중 무엇을 하게 되는지에 대해 정확하게 설명해야 한다. 가령, 다음 사항들이 포함될 수 있다.

- 어떤 연구 방법을 사용하는가?
- 연구자는 누구인가?
- 실험 담당자는 누구인가?
- 실험은 얼마나 오래, 몇 번이나(기간 및 빈도) 할 것인가?
- 참여자의 책임은 무엇인가?

이 단락을 작성할 때에는 자신이 외부인으로서 연구에 참여하게 된다면 무엇을 알고 싶을지를 생각해 보아야 한다. 또한 참여자들은 연구 과정이 녹음 또는 녹화되는지의 여부에 민감할 수 있으므로, 이런 사항이 있다면 PIS에 충분히 설명하고 동의서도 준비해야 한다.

7. **참여에 따른 위험성은 무엇인가?**

연구에 참여할 때 겪을 수 있는 불이익이나 위험이 무엇인지를 설명한다. 또한 만일 참여자가 연구 중 어떤 불안이나 불편함을 경험할 경우에는 즉시 연구자에게 이를 알려야 한다는 내용도 포함해야 한다.

8. **참여에 따른 이점은 무엇인가?**

연구에 참여해서 얻을 수 있는 이점이 무엇인지를 설명한다. 만일 그런 이점이 없다면, 이점이 없다는 내용도 서술해야 한다.

9. **연구 참여의 비밀은 보장되는가?**
자료를 어떻게 수집할지, 자료가 어떻게 안전하게 보관되는지, 참여자의 익명성은 보장되는지, 자료는 어디에 사용되는지, 누가 자료에 접근할 수 있는지, 자료는 얼마 동안 보관할 것인지, 자료는 어떻게 폐기될 것인지 등을 설명해야 한다.

10. **연구 결과는 어떻게 활용되는가?**
참여자가 연구 결과를 알 수 있는지, 연구 결과는 문헌으로 출간되는지에 대해 설명한다. 만약 출간된다면, 언제 그리고 어디서 구할 수 있는지에 대해서도 상세히 설명한다. 또한 참여자가 동의하지 않는 한, 연구 결과에서 참여자가 누구인지를 알 수 없다는 점도 말해야 한다.

11. **중간에 연구 참여를 포기하면 어떻게 되는가?**
참여자는 자신이 원할 때에는 (아무 해명도 필요 없이) 언제라도 그만둘 수 있다는 것을 알고 있어야 한다. 참여 중단 시점 이전까지의 연구 자료에 대해서는 참여자가 동의할 경우에만 연구에 사용될 수 있다. 그러나 만약 참여자가 동의하지 않는다면, 자료는 즉각 폐기되어 사용 불능 처리된다는 점을 설명해야 한다.

12. **추가 문의 사항이 있을 경우에는 누구와 접촉해야 하는가?**
연구 수행과 관련된 담당자(학생)의 이름, 소속 대학, 이메일 주소를 알려 주어야 한다.

■ **그림** 4.2 참여자안내문(PIS)의 기본 양식. (출처: www.liv.ac.uk/researchethics 재인용, 2010년 7월 17일 접속)

는 응답자에 대한 배경 정보를 통해 그 사람이 누구인지를 짐작할 수 있다. 이런 경우에는 응답자에게 익명성이 완벽하게 보장되지 않을 수도 있다는 위험성을 사전에 알려 주어야 한다.

이와 마찬가지로, 만약 어떤 자료의 사용이 정보원에게 해를 끼칠 가능성이 있다면, 설령 연구 계획상에서 이미 승인된 사항이라고 할지라도 해당 자료를 사용하지 않는 것이 좋다. 앞에서도 언급한 사례이지만, 킴 잉글랜드는 토론토에서 레즈비언에 관해 수집한 자료가 당사자들에게 해가 될 것이라고 판단해서 그 자료를 사용하지 않기로 결정했다. 기밀성에 대한 결정, 곧 보고서에 무엇을 포함시키고 무엇을 제외할 것인가에 대한 결정은 윤리위원회가 판단하도록 내버려 둘 문제가 아니라 자기 자신이 판단해야 하는 문제이다. 동아프리카에서 문화기술지 연구를 했던 가스 마이어스(Garth Myers)는 글쓰기를 할 때 '누구에게도 해당되지 않는 사항'과 '모두에게 해당되는 사항'을 구별하는 것은 정말 미묘한 것이었다고 말한 바 있다(2001: 198). 그는 민감하거나 개인적인 정보가 포함된 사항일수록 (연구자 자신보다는) 연구 참여자들 스스로가 이를 판단하고 처리할 수 있게 하는 것이 좋다고 제안한다.

한편, 전문 학자들이 연구한 문헌들은 학생들의 연구에 중요한 교훈을 주지만, 양자에는 큰 차이가 있음을 잊지 말자. 어떤 전문적인 연구가 이상적이라고 하더라도, 여러분이 그 연구를 그대로 따라할 수 있는 경험이나 자원을 갖고 있지는 않을 것이다. 따라서 이런 경우에는 전문적인 연구자들의 윤리 절차를 그대로 따르기보다는, 그림 4.3에서 제시하는 동의서 샘플 서식을 사용하는 것을 고려해도 좋다. 만일 이 샘플 서식이 여러분의 대학에서 요구하는 윤리 사항들을 모두 또는 일부 포함하고 있다면, 이를 수정하고 세부화함으로써 자신의 연구에 맞게 활용할 수 있을 것이다. 이 서식은 기밀성에 관한 내용과 응답자가 익명성을 요구할 것인지의 여부에 관한 내용을 포함하고 있다.

요약

이 장에서는 답사 현장에서 발생할 수 있는 윤리적 문제를 몇몇 연구자들의 경험을 통해서 살펴보았다. 윤리에 대한 접근 방법은 상이하지만, 연구가 타인에게 미치는 영향을 진지하게 고려한다는 점은 공통적이었다. 이 장의 요점은 다음과 같다.

- 답사에서는 언제나 딜레마가 발생한다. 이런 딜레마를 경험하기 위해 멀리 개발도상국에까지 갈 필요도 없다. 어디를 답사하든지 간에 윤리적 딜레마는 항상 발생하므로, 윤리는 필수적으로 고려되어야 한다.

<table>
<tr><td colspan="3">(소속 대학 로고의 위치)
동의서</td></tr>
<tr><td colspan="3">연구 프로젝트 제목:
연구자 이름:</td></tr>
<tr><td colspan="2"></td><td>동의할 경우
체크(v)해 주십시오.</td></tr>
<tr><td>1</td><td>본인은 위 연구에 관한 내용을 읽고 이해했음을 확인합니다. 또한 위 연구에 대해 생각하면서 질문할 기회를 얻었으며, 질문에 대한 답변이 만족스러웠음을 확인합니다.</td><td>☐</td></tr>
<tr><td>2</td><td>본인은 이 연구에 자발적으로 참여했으며, 본인이 희망할 때에는 이유와 상관없이 언제라도 연구 참여를 그만둘 수 있음을 알고 있습니다.</td><td>☐</td></tr>
<tr><td>3</td><td>본인은 정보보호법에 의거하여 본인이 제공한 정보 열람을 언제라도 요청할 수 있으며, 본인이 원할 경우에는 언제라도 해당 정보의 파기를 요구할 수 있음을 알고 있습니다.</td><td>☐</td></tr>
<tr><td>4</td><td>본인은 위 연구에 참여하는 것을 동의합니다.</td><td>☐</td></tr>
<tr><td>5</td><td>본인은 본인의 면담 녹취록이 오직 연구 목적에 한해서만 사용되는 것을 허락합니다(논문 및 보고서 포함).</td><td>☐</td></tr>
<tr><td>6</td><td>본인은 위 정보의 기밀성이 엄격하게 보장되며, 익명성에 대한 본인의 권리도 보장된다는 것을 알고 있습니다. 본인은 본인의 면담 녹취록에 대한 저작권을 ________(연구자의 이름)에게 양도하며, ① 본인의 익명성이 완전하게 보장되는 것, 또는 ② 본인의 이름이 그대로 사용되는 것에 동의합니다(①과 ② 중에 택일하여 사용할 것).</td><td>☐</td></tr>
<tr><td>________
참여자 이름</td><td>________
날짜</td><td>________
서명</td></tr>
<tr><td>________
연구자 이름</td><td>________
날짜</td><td>________
서명</td></tr>
<tr><td colspan="3">연구자의 세부 연락처:</td></tr>
</table>

■ **그림 4.3** 동의서 샘플 서식. (출처: www.liv.ac.uk/researchethics, 2010년 7월 17일 접속)

- 자신의 연구가 다른 사람들에게 해를 입힐 가능성이 있는지(이 경우, 진지하게 재검토해야 한다), 연구가 다른 사람을 이용해서 이익만 추구하는 것은 아닌지(재고의 여지가 있다), 연구가 이해 당사자들에게 어떤 혜택을 줄 수 있는지, 연구 참여자들과 어떤 관계를 형성해야 하는지를 고려해야 한다.
- 윤리 승인 절차는 기관에 따라 다르기 때문에, 이 장에서는 연구 윤리에 대한 포괄적인 안내와 고려해야 할 사항을 개괄했다. 공식적 윤리 절차를 위해 서류를 채워 나가는 과정이 어쩌면 연구자에게는 번거로운 일이 될 수도 있지만, 이는 연구 계획에 있어서 가장 중요한 부분 중 하나이다. 또한 연구 윤리는 제도적으로 승인을 받았다고 해서 끝나는 것이 아니다. 연구 윤리는 전체 연구가 끝나는 시점까지 계속되는 사안이며, 여러분이 먼 훗날 경험할 여러 윤리적 딜레마를 미리 생각해 보는 과정이기도 하다.

결론

이 장에서는 몇 가지 윤리적 딜레마를 제시한 후, 이에 접근하는 인식 틀을 소개했다. 이를 위해 우리는 대개의 연구자들이 공통적으로 경험하는 윤리적 문제를 소개했고, 각 연구자들이 어떤 윤리적 사고를 통해 판단을 내렸지를 알아보았다. 서두에서 제시했던 딜레마로 되돌아가 보자. 오스트레일리아 원주민 정착지에 살고 있는 원주민과의 접촉을 시도할 것인가? 자신과 사귀고 싶어 하는 참여자에 맞장구를 칠 것인가? 비즈니스 리더들과의 만남을 좋은 기회로 삼을 것인가? '열대의 잔치'처럼 보일 수 있는 곳에 갈 것인가? 이런 딜레마에 대해 정해진 답이란 없다. 가령, 앞서 살펴 본 바와 같이 어떤 연구자들은 참여자들과의 성적 만남을 정당화하지만, 그렇지 않은 연구자들도 있다. 또한 어떤 사람들은 백인의, 영웅적인, 식민주의적인 여행가들과 탐험가들의 발자국을 극도로 불편해하는 반면, 다른 사람들은 자신의 위치를 새롭게 설정한 후 답사를 수행하기도 한다. 대개의 경우 윤리적 이슈는 스스로 해결해야 할 판단의 문제이다. 여러분은 이를 위해 무엇이 문제인지를 정확하게 인식한 후, 다른 동료나 현장의 인솔자와 논의함으로써 이를 해결해 나가야 한다. 어떤 경우에는 (특히 취약 계층이나 위험에 처한 집단과 관련된 경우에는) 대학윤리위원회가 연구 자체를 재검토할 것을 강제하기 때문에 여러분의 손을 떠난 문제일 수도 있지만, 이는 상당히 예외적인 경우에 해당된다.

따라서 책임은 여러분에게 있다. 우리는 여러분에게 윤리 조사 체계를 안내하고 윤리 기준을 설명해 줄 수는 있지만, 결국 윤리적 문제는 최종적으로 여러분의 판단과 가치의 문제로 귀결된다. 린다 맥다월(Linda McDowell)은 "여러분은 윤리적 행동과 예절에 대한 자신의 기준을 준수해야 하며, (마치 연구자와 참여자의 관계가 뒤바뀐 것과 같이) 남에게 대접을 받고자 하는 대로 남을 대접하라."고 명쾌하게 결론짓고 있다(McDowell 1997: 393).

윤리적인 프로젝트로 발전시키는 것은 그 자체로 가치 있는 일이다. 하지만 더 나아가 윤리적 문제에 대한 이해를 통해, 우리는 지리적 지식의 구성과 한계라는 보다 넓은 주제에 대해 깊이 생각해 볼 수 있다. 윤리적 성찰은 우리를 '책임성'의 문제, 곧 애초에 우리가 답사를 하는 이유는 무엇인지, 그리고 우리가 답사에서 자신과 다른 사람을 위해 무엇을 얻으려 하는지의 문제로 되돌아가게 한다.

더 읽을거리와 핵심문헌

- Dowling, R.(2005) 'Power, subjectivity and ethics in qualitative research'. In I. Hay(ed.) *Qulitative Research Methods in Human Geography*.

Melbourne: Oxford University Press, 19-29. 이 장은 '연구에서 어떻게 비판적으로 성찰할 수 있는가'라는 주제를 학생들이 쉽게 이해할 수 있도록 개관한다.

- Scheyvens, R., Nowak, B. and Scheyvens, H. (2003) *'Ethical issues'. In R. Scheyvens and D. Storey (eds), Development Fieldwork: A Practical Guide*. London: SAGE, 139-166. 비록 개발 지리학과 관련된 책이지만 답사에 참고할 수 있는 일반적인 연구 윤리를 훌륭하게 설명하고 있다.

제5장

그룹 활동과 단체 여행

개 요

이 장에서 논의할 주요 내용은 다음과 같다.

- 그룹 활동은 왜 필요할까?
- 어떻게 하면 그룹 구성원들과 효율적으로 활동할 수 있을까?
- 그룹 활동에서 발생할 수 있는 문제는 무엇이고, 이는 어떻게 극복할 수 있을까?
- 가능한 한 포용적인 답사를 위해서는 무엇이 필요할까?
- 다른 사람들과 함께 여행하고 연구함으로써 배울 수 있는 것은 무엇일까?

이 장은 그룹 활동 중 발생할 수 있는 공통적인 어려움과 이를 해결하기 위한 팁을 제시한다. 그다음 절에서는 답사를 사회적 경험이라는 관점에서 살펴본다. 앞 장에서 강조했듯이, 비판적 성찰은 답사 현장에서 다른 사람들과의 관계를 유지하는 데 꼭 필요하다.

답사는 그룹의 일원으로서 함께 연구하고 여행하는 것, 아주 가까이에서 함께 먹고 자는 것, 자투리 시간에 서로 어울려 교제하는 것을 포함한다. 이런 상호작용에는 크게 두 가지 형태가 있다. 첫째는 답사 인솔자의 관리나 안내하에 그룹별로 활동하는 구조화된 시간이고, 둘째는 답사 인솔자의 지도나 답사 일정표에 구애받지 않는 비공식적 교제 시간이다. 2장에서 강조한 바와 같이, 답사는 자신의 팀워크와 의사소통 능력을 향상시킬 수 있는 좋은 기회이지만, 이와 동시에 그룹으로 활동해야 하는 특수한 (그리고 종종 도전적인) 환경으로 인해 여러

■ 그림 5.1 함께 활동하기: 영화산업을 조사하고 있는 두 학생들이 (사진 배경에 보이는) 업체에 어떻게 접근할 것이며, 면담 시 어떻게 역할을 분담할지에 대해 논의하고 있다. (사진: Jennifer Johns)

난관 또한 도사리고 있다. 따라서 이 장에서는 여러분이 어떻게 그룹 내에서 살아남고 성공할 수 있는지에 대해 안내하고자 한다. 답사에서의 사회적 역동성은 연구자와 연구 참여자 관계를 넘어선 윤리적 이슈와 도전을 일으킨다. 이 장에서는 우선 여러분이 그룹 구성원으로서 어떻게 하면 효율적이면서도 재미있게 활동할 수 있을지를 살펴본 후, 답사에서 다른 사람들과 상호작용함에 있어서 가져야 할 윤리를 보다 넓은 시각에서 논의하고자 한다.

왜 그룹으로 연구해야 할까?

오늘날 대부분의 답사는 그룹 활동 요소를 포함하며, 그룹별 결과물(그룹별 발표 또는 보고서 등)을 제출받아 평가한다. 점차 소규모 그룹 활동이 학생들의 답사 경험에서 일반화되고 있으며, 그룹 활동에 참여함으로써 다양한 학술적, 기술적 역량을 배울 수 있다는 사고가 보편화되고 있다. 데이비드 자크와 질리 새먼(David Jacque and Gilly Salmon)은 "그룹별 상호작용은 학생들로 하여금 상이한 견해들을 조정하게 하고, 자신의 생각을 학술적 언어로 표현하게 하며, 교수진과 훨씬 더 친숙하고 변증법적인 관계를 형성할 수 있게 한다."(2007: 1)라고 말했다. 답사에서 협동학습이 장려되는 이유는 무수히 많다. 여기에는 (연구 자료를 안전하게 수집할 수 있는 등) 실용적인 이유도 있고, (보다 종합적인 프로젝트 결과를 도출할 수 있는 등) 심층학습을 촉진한다는 이유도 있으며, 학생들은 동료 간에도 배울 수 있을 뿐만 아니라 교수진으로부터도 훨씬 더 진전된 피드백을 받을 수 있는 이유도 있다. 또한 2장에서 살펴본 바와 같이, 답사에는 분명 동료들과의 그룹 활동을 통해 얻을 수 있는 평생학습의 기회가 있다. 영국 정부가 발간한 한 연구보고서에 따르면, 오늘날 많은 기업 고용주들은 팀워크, 의사소통 능력, 관리 역량 등을 강조하고 있기 때문에 그룹 답사를 통해서 이런 역량을 개발해야 한다고 지적한 바 있다(DfES 1999). 여러분들이 졸업 후 입사 면접 등에서 이런 역량을 가지고 있음을 보여 주는 것은, 고용 시장에 있어서 다른 사람들로부터 자신을 차별화시킬 수 있는 좋은 방법이 될 것이다.

이런 역량은 결코 그룹에 한 구성원으로서 참여한다고 해서 자동적으로 길러지는 것은 아니다! 진정성 있는 학술적 경험과 역량 개발은 오직 그룹에 적극적으로 참여할 때에만 길러진다. 그리고 여러분이 그룹 활동에서 부딪힐 여러 지식과 실천에 관한 도전은 이런 과정의 일환으로서 반드시 극복되어야 한다. 여러분이 이전에 다양한 그룹 활동의 경험이 있다고 하더라도, 답사에서는 오랜 시간 동안 숙식과 연구를 함께 해야 하기 때문에 그 경험의 강도가 훨씬 더 강렬할 것이다. 여러분은 아마 답사 중 어떤 난관에 직면했을 때, 본인이 이를 해결할 수 있다고 생각할 것이다. 이는 대부분의 학생들이 공통적으로 느끼는 감정으로서, 기존의 제도교육 체계가 만들어 놓은 개인주의적 성취 문화에 기인한 것이다. 또한 학생들은 미래 고용 시장에서 우위를 확보하기 위해 좋은 성적을 받고자 한다. 따라서 일부 학생들이 그룹 활동을 피하는 대신, 다른 사람들과의 협동이 필요 없는 독자적 개별 활동을 선호하는 것은 어느 정도 이해할 수 있다. 그러나 답사에서만큼은 다른 사람들과 함께 협력하지 않을 수 없다. 따라서 다른 사람들과 함께 공부하고 생활하는 경험을 껴안아야 하며, 그룹 활동의 어려움보다는 이점을 찾아내려고 노력해야 할 것이다.

엽서5.1 그룹 활동하기 보내는 사람: 에릭 포슨(문제기반학습의 달인)

그룹 활동은 힘든 만큼 보답이 있다. 최근 (그룹 답사를 마친) 어떤 학생이 다음과 같이 말했다. "저의 기본적인 능력이 한 단계 높아진 것 같아요. 지금은 사고의 폭이 훨씬 넓어졌고, 다른 사람들의 의견을 수용할 줄도 알아요." 또 다른 학생은 다음처럼 말했다. "그동안 저는 개인적으로는 괜찮은 학생이었다고 생각해요. 그런데 이번에 그룹 활동을 경험하면서, 사회생활에서 요구되는 공동 작업과 협력에 필요한 자질을 키우게 된 것 같아요." 이처럼 그룹 활동은 인생의 방향을 바꿀 수 있는 신나는 발견의 과정이다.

그룹 활동을 통한 공동 연구는 대부분의 연구 방법론 책들이 외면했던 주제이다. 그룹 구성원끼리 서로에 대해 잘 모르는 것은 그리 드문 일이 아니며, 심지어 그룹 활동 초기에는 서로를 그다지 좋아하지도 않는다. 어쩌면 여러분이 수강하는 과목의 담당 교수는 그룹을 구성할 때 여러분들의 관계 교섭 과정을 드러내기 위해 의도적으로 친한 사람들을 갈라놓기도 한다. 따라서 그룹 구성원들의 배경은 각기 천차만별일 것이다. 나는 최근 어떤 그룹의 봉사학습(service-learning) 과목을 지도하게 되었다. 그룹 구성원들의 나이는 20대 초반부터 30대 중반까지였고, 태평양 섬 출신의 여성, 세르비아 이민자인 남성, 미국인 학생, 최근에 임용된 교사, 젊은 뉴질랜드인으로 구성되었다. 이 그룹은 (자기 소개에서) 두어 명이 빵 만들기를 좋아한다는 것을 알게 되었고, 그 후 이 그룹의 미팅에서는 매번 누가 빵과 비스킷을 잘 만드는지를 두고 가벼운 경쟁이 벌어졌다. 이 덕분에 그룹 구성원들은 모두 좋은 친구들이 될 수 있었다.

그러나 어떤 경우에는 이와 같이 단순하지는 않다. 시간에 따른 집단 관계의 발달과 관련해서 매우 빈번하게 언급되는 모델이 있는데, 흥미롭게도 이는 1950년대 미국의 어떤 정신질환자 집단을 대상으로 한 연구에서 유래한다(Tuckman 1965). 이 모델은 '형성기(forming)-격동기(storming)-규범기(norming)-수행기(performing)'의 네 단계로 알려져 있다. 이 네 단계가 반드시 순차적이지는 않지만. 우리는 이 모델을 통해 그룹 내에서의 논쟁이나 불화는 상당히 공통적인 현상임을 알 수 있다. 오히려 이런 논쟁과 불화는 좋은 계기라고 할 수도 있다. 왜냐하면 그룹 구성원들은 격동기를 통해 서로를 알아가는 데 시간과 에너지를 쏟음으로써, 하나의 기능적 단위로서 그룹에 '규범'을 수립하고 실제로 어떤 기능을 '수행'하게 되기 때문이다. 만약 격동기가 없다면, 그룹은 무엇에 초점을 둘지 결정하지 못할 것이다. 아마 인터넷이나 문헌 등을 검색해 보면, 그룹의 '격동기'와 '규범기'를 진단하고 풀어나가는 데 필요한 많은 자료를 찾을 수 있을 것이다.

여러 측면에서 그룹 활동은 관계적이다. 왜냐하면 더 많이 투입할수록, 더 많이 얻기 때문이다. 더 많이 준비할수록, 더 많은 수확을 거둘 것이다. 그룹 동료들을 더욱 존중할수록 그리고 타협의 위험과 이점을 더욱 많이 배울수록, 자아 발견의 보상도 더욱 크고 이의 즐거움 또한 더욱 크다. 이런 말이 형식적인 과장처럼 들릴 수도 있겠지만, 그룹 활동은 자신이 어떤 일을 혼자 수행하는 것과는 차원이 다른 만만찮은 도전임을 염두에 두자. 아마 여러분은 이런 현장 경험을 통해 평생 동안 지속될 수 있는 역량을 배우게 될 것이며, 이는 졸업 후 직장 생활을 할 때에 그 진가를 발휘할 것이다.

그룹 구성과 팀으로의 진화

답사 그룹은 인솔 교수가 정할 수도 있고, 아니면 학생이 자유롭게 구성할 수도 있다. 만일 후자의 경우라면 그룹 구성을 기존의 우정 관계를 토대로 할 것인지, 아니면 학술적 흥미를 바탕으로 할 것인지를 (물론, 이 두 가지가 겹칠 수도 있겠지만) 우선적으로 결정해야 한다. 그룹 활동이 간단하지는 않으므로, 대개는 자신이 잘 알고 있는 사람을 일단 먼저 선택하려는 경향이 있다. 반면에 인솔 교수는 기존의 학생들의 관계를 깨뜨려서 다양한 학생들로 그룹을 구성하려고 할 것이다. 이렇게 그룹을 이질적으로 구성하면, 구성원의 능력이나 배경에 균형을 형성해서 학생들이 개별적으로 고립되는 상황을 예방할 수 있을 뿐만 아니라, 이른바 '팀빌딩(teambuilding, 팀원들의 작업 및 의사소통 능력, 문제 해결 능력을 향상시켜 조직의 효율을 높이려는 조직 개발 기술)'을 위한 의사소통 역량을 신장하는 데 큰 도움이 된다. 대체로 구성원들의 능력이 적절히 섞인 그룹은 친밀함에 기반을 둔 그룹보다 훨씬 생산적이고 성공적인 결과를 도출한다. 여러분의 답사 그룹은 영구적이지 않다. 오직 주어진 임무를 완성할 때까지만 함께 활동할 따름이다. 그러나 이러한 조직적 일시성이 그룹의 약점이 되는 것만은 아니다. 오히려 그룹 구성이 일시적이기 때문에 보다 신뢰성 높고, 실험적이고, 참신하며, 생산적인 환경이 조성될 수 있다. 실제로 단기 프로젝트를 수행하는 그룹은 보다 오랜 기간 활동하는 그룹에 비해 훨씬 더 모험적이고 여러 불편함을 잘 참는 경향이 있다(Miles 1964). 또한 일시적으로 조직된 그룹이 훨씬 더 열심히 활동하는 경향이 있다(Ephross and Vassit 2005). 따라서 답사에서의 그룹 프로젝트 활동은 학생들이 흥미로운 아이디어를 개발하고, 이를 연구할 수 있는 환경을 창출해야 한다. 우리는 이전에는 알지 못했던 새로운 사람들과 함께 작업함으로써 자유로움을 얻을 수 있을 뿐만 아니라, 새로운 방식으로 일할 수 있는 기회를 접할 수 있다. 나아가 이런 공동 프로젝트의 경험은 졸업 후 직장을 구할 때에 매우 귀중한 경험으로 평가받을 것이다.

앞서 살펴본 바와 같이, 다른 사람들과 함께 효과적으로 일하기 위해서 (기존의) 자기 자신에게 도전하는 것은 정말로 큰 보상이 주어질 뿐만 아니라 재미있는 경험이 될 것이다. 따라서 우리는 그룹 활동을 하기 전에 (그리고 그룹 활동을 하는 동안에) 다른 사람을 함부로 판단해서는 결코 안 된다. 학생들은 이따금 다른 사람들을 자신이 인지한 능력 수준에 따라 범주화하는 잘못을 저지르곤 한다. 결과적으로, 자신의 IQ가 높다고 생각하는 학생들은 자기보다 IQ가 낮다고 인지한 학생들과 함께 작업하는 것을 불편해하며, 그 반대의 경우 또한 마찬가지이다. 실제로 경영학 이론에 따르면, 정신 역량 테스트에서 높은 점수를 받은 학생들로 구성된 팀이 그렇지 않은 팀보다 성공할 확률이 더 높지는 않다. 이는 성공적인 팀을 만들기 위해서는 단순히 똑똑한 학생들로 구성하는 방법 그 이상의 요소들이 필요하다는 것을 말해 준다.

그룹에서 팀으로 업그레이드하기

다른 사람들과의 의사소통은 답사 초기에 이루어져야 한다. 그룹 활동의 체계를 세우기 위해서는 우선 다음과 같은 '기본적인 규칙'을 준수해야 한다.

- 자신이 성취하려는 바를 깨달아야 한다. 그룹 공통의 목표는 무엇인가?
- 그룹 '공감대(ethos)'의 발전은 프로젝트 성공에 결정적이다. 답사를 떠나기 전에 그룹별로 준비할 시간은 각기 다르겠지만, (설령 준비할 시간도 없이 곧장 답사를 떠난다고 할지라도) 그룹 프로젝트는 무엇이고 최종 목표는 무엇인지에 대해 그룹이 토론할 시간을 반드시 별도로 두어야 한다.

- 서로 어떻게 의사소통할 것인지를(가령, 전화, 이메일, 미팅) 결정해야 하며, 얼마나 자주, 언제 만날지에 대해서도 합의해야 한다.
- 현장이 복잡할 경우에는 구성원들에 대한 조정이 필요하다. 그룹 구성원 모두가 동일한 시간에 같은 임무를 수행해서는 안 된다. 따라서 효율적인 의사소통과 계획이 필수적이다. 모든 구성원은 전체 진행 상황을 인지하고 있어야 하고, 자신이 무엇을 해야 하는지를 정확하게 파악하고 있어야 한다. 회의를 할 때에는 반드시 모든 구성원들이 회의에 무엇을 준비해야 하는지, 회의에서 무엇을 할지를 사전에 확실히 알고 있어야 한다. 회의 시간과 장소는 전체 일정표에 미리 못 박아 두어야 한다(각자의 연구 활동이 바쁠 것이므로, 새로 회의 시간을 잡는 것보다는 이미 잡혀진 회의를 취소하는 것이 훨씬 쉬울 것이다!). 기본적인 의사소통 방식에 대해서도 미리 합의해 두어야 한다. 모든 구성원들이 휴대전화로 연락할 수 있으리라고 가정해서는 안 된다. 최근 어떤 해외 답사에서 한 학생이 그룹 프로젝트와 회의에 참여하지 못한 사례가 있었다. 그 학생은 휴대전화 로밍 비용이 너무 비싸서, 아예 휴대전화 자체를 답사에 갖고 오지 않았던 것이다. 그룹 동료들은 그 학생에게 여러 번 문자를 보냈지만, 당사자는 이를 전혀 알지 못했다.
- 그룹 회의를 자주 하는 것은 좋지만, 항상 쉽게 결론에 도달할 것이라고 가정해서는 안 된다. 현장 연구는 어렵기 때문에 그룹에서 결정을 내리기 어려울 때도 있고, 타협이 필요할 때도 있다. 갈등 상황에 봉착했을 때, 그룹은 어떻게 결정을 내릴 것인가? 그룹 공감대에서는 합의 절차에 관한 사항을 포함하고 있는가? 그룹에서 어떤 결정을 내리고 행동을 하기 전에, 우선 모든 구성원들이 그 결정에 만족하는 것이 전제되어야 하는가? 이런 질문에는 정답과 오답이 딱히 정해진 것이 아니다. 또한 개인별 또는 소그룹별로 자료를 수집할 때 독립적인 의사 결정의 자율성을 어느 정도 보장할지에 대해서도 사전에

결정해야 한다. 만약, 여러분이 사전에 합의된 현장에서 참여관찰을 하던 중 보다 적절한 현장을 발견함에 따라 위치를 옮겨서 참여관찰을 수행했다면, 과연 그룹의 다른 구성원들은 여러분의 결정에 대해 어떻게 반응할 것인가? 그룹 내에서 구성원들은 어느 정도의 유연성을 가질 것인가?

달성하려는 목표에 대한 생각, 그 목표를 달성하는 방법, 그리고 그 방법을 언제 실행할지에 대한 생각이 구성원들 간에 다를 경우, 해당 그룹은 큰 어려움에 봉착하게 된다. 우리가 관찰한 어떤 그룹을 사례로 들면, 해당 그룹의 다섯 명 중 두 명은 저녁에 자료를 수집하는 것이 어려울 것 같다고 말했다. 두 학생은 스포츠 경기 입장권을 구입했는데, 미처 연구 프로젝트 일정하고 부딪히리라고는 생각하지 못했던 것이다. 나머지 구성원들에게 이 학생들은 자신의 사회활동을 보다 우선시하고 답사를 마치 휴가처럼 놀러 온 것으로 보였다. 결국 타협이 이루어졌다. 두 학생은 저녁에 스포츠 경기를 관람하는 대신, 휴일에 자료를 수집해서 연구 프로젝트를 충실히 수행하기로 약속했다. 또한 잦은 의사소통을 통해 프로젝트의 목적을 반복적으로 확인하는 것도 중요하다. 가령, 어떤 학생 그룹이 세 명씩 두 팀으로 나누어 도시 양쪽 편에서 면담 조사를 실시하기로 했다. 여섯 명의 학생들은 그룹 프로젝트의 연구 목표와 계획에 대해 사전에 충분히 합의했기 때문에 자료 수집을 마친 후 3일 뒤에 모이면 될 것이라고 생각했다. 그렇지만 막상 두 팀이 모여서 확인한 결과, 면담 일정에 서로 큰 차이가 있었고 어떤 팀은 면담 중 별도의 기록 없이 녹음만 했음을 알게 되었다. 결과적으로 두 팀이 수집한 자료는 내용과 형식에서 큰 차이가 있어 비교, 분석하기에 쓸모없는 것이 되어 버렸다. 이 그룹의 학생들은 매일 미팅을 통해 진행 상황을 검토하고, 비교 및 분석이 가능하도록 면담 자료를 수집할 구체적 계획에 합의했었어야 했다는 사실을 깨달았다.

피터 러빈(Peter Levin 2005)은 프로젝트가 진척되다 보면 그룹에서 처음에 정했던 기본 규칙을 바꾸어야 할 때도 있다는 점을 지적한다. 이는 특히 답사 프로젝트에 적절한 지적이다. 왜냐하면 답사에서는 실제 현장 활동에서의 시간적 압박이 클 뿐만 아니라, 현장 조사에서 소요되는 시간을 사전에 정확히 예측하는 것이 어렵기 때문이다. 또한 현장 미팅을 좀 더 자주 가져야 한다고 생각하거나 좀 더 효과적으로 조사하기 위해 역할 분담을 바꾸려고 할 경우에도, 연구 초기에 정했던 기본 합의 사항을 수정할 필요가 있다. 모든 구성원들이 필요한 경우 기본 규칙을 조정할 수 있다는 것을 알고 있다면, 실제 현장에서 예기치 못한 상황에 직면했을 때 보다 유연하게 대처할 수 있을 것이다.

팀 역할의 이해와 그룹 문제의 극복

그룹 구성은 중요하지만, 그룹 내에서 실질적으로 벌어지는 일을 결정하지는 않는다. 결국, 이는 각 구성원들이 어떻게 행동하느냐에 달려 있다. 따라서 그룹 구성원 각각의 강점과 약점을 잘 파악하고 있으면, 그룹이 보다 효율적으로 활동하는 데 도움이 된다. 개인을 평가하고 범주화하는 데에는 수많은 방법들이 있는데, 대부분은 경영학 분야의 인사 관리 및 계획 분야에서 활용하는 것으로서 각 개인의 심리 프로파일에 토대를 두고 있다. 이 절에서는 벨빈(Belbin 1981)의 연구 결과를 토대로 학생에게 적용한 유형 분류를 사용한다. 이는 그룹 구성원들이 긴 설문 조사를 힘들게 채워야 할 필요도 없다! 대신, 짧은 시간 동안 자신에 대한 성찰과 이에 대한 그룹 논의를 바탕으로 하여, 팀 역할의 측면에서 그룹을 구성한다. 표 5.1은 8개의 팀 역할들과 각각의 강점과 잠재적 약점을 보여준다.

표 5.1에서 보는 바와 같이, 각자의 팀 역할은 그룹의 임무를 완수하는 데 기

표 5.1 프로젝트에서의 팀 역할

팀 역할	강점	잠재적 약점
혁신가	아이디어를 생산하고, 타성이나 무사안일주의에 도전한다. 그룹의 연구 아이디어 발전에 핵심적이다. 또한 현장에서 자료를 수집할 때 발생할 문제 해결에 도움을 준다.	세부적인 것들을 간과하고, 인내심이 부족하며, 지나치게 예민하다. 어디에서, 어떻게 자료를 수집해야 하는지에 대한 계획 수립을 어려워할 수 있다.
자원 탐색가	팀에 필요한 새로운 사람이나 정보를 찾아서 가져온다. 도전적이고 열정적이다. 자료 수집을 계획하고, 연구 참여자를 섭외하며, 1, 2차 자료를 수집하는 데 핵심적이다.	너무 낙관적이고, 처음에 흥미가 없으면 두 번 다시 관심을 갖지 않는다. 현장에서 자원 탐색가의 집중력을 유지시키기 위해서는 팀의 지원이 필요할 수 있다. 현장에 차질이 생기면 포기할 수 있다.
의장 (조정자)	자신감이 있으며, 긍정적이고, 팀을 잘 안내한다. 팀의 의사 결정을 이끈다.	권위주의적이거나 사람을 이용하려 하며, 유연성이 부족할 수 있다.
실행가 (형성가)	일을 실행으로 옮기고, 아이디어를 계획으로 구체화하며, 신중하고 효율적이다. '할 수 있다'는 태도를 갖는다.	일이 '좋은 방향으로' 진행되지 않으면 인내심을 잃는다. 이는 특히 답사 현장에서 두드러지게 나타난다.
감시자 (평가자)	신중하며, 모든 대안을 검토하고,아이디어를 테스트하며, 전략적으로 생각한다.	거리감을 가질 수 있고, 과도하게 비판적이며, 다른 이들에게 의욕을 주지 못할 수 있다.
팀워크 조성자	다른 사람의 아이디어에 관심을 가지고, 주의깊게 경청하며, 사회적 상호작용에 관심이 많다. 개인적인 것보다 팀을 우선시한다. 팀의 행복과 좋은 분위기 형성에 초점을 두고 이를 달성하기 위해 활동한다.	결정적인 순간에 우유부단할 수 있다 (예: 긴급한 조치가 필요한 경우).
창조자	창조적이고 상상력이 풍부하며, 기존의 전통에 얽매이지 않는다. 연구에 문제가 발생할 경우 신선한 해결 방법을 제공할 수 있다.	세부 사항을 간과함으로써 실제 현장에서 문제가 될 수도 있다. 아이디어가 실행 불가능하다는 것을 주변 사람이 말해 주어야 할 때도 있다.
완결자	지구력이 강하고, 성실하며, 일을 잘 매듭짓기 위해 최선을 다한다. 지치지 않는 열정을 소유하고 있으므로, 마지막 글쓰기 작업에 핵심적이다.	세부적인 것을 지나치게 걱정하거나 완벽주의자일 수 있다. 위임하는 것을 싫어하므로, 위임이 필수적인 현장에서는 어려움에 봉착할 수도 있다.

(출처: Jacques and Salmon 2007: 표 6.1 참조; Belbin 1981을 토대로 작성)

여하는 역량과 측면이 서로 다르다. 여기에서 어떤 역할이 다른 역할보다 더 중요하지 않으며, 그룹 내에서 8개의 역할이 모두 충족되어야 하는 것도 아니라는 점을 알아 두자. 분명한 점은 각 개인이 그룹 내의 역할을 수행함으로써 각자 독특한 방식으로 그룹에 기여할 수 있다는 사실이다. 예를 들어, '혁신가'와 '창조자'는 연구 아이디어를 생각할 때 브레인스토밍 역할을 할 것이다. 마찬가지로 '완결자'는 답사 현장에서 되돌아온 후 진가를 발휘하여 프로젝트 보고서의 작성을 책임질 것이다. 따라서 각 개인은 프로젝트에 특정한 기여를 할 뿐만 아니라, 전체 답사 과정 중 특정한 단계에서 필요한 결정적인 역할을 맡아 진가를 발휘하게 된다. 자기 자신과 동료 구성원들을 이해함으로써, 프로젝트를 보다 효율적으로 계획할 수 있다. 또한 각 팀 역할의 잠재적 약점을 초기에 빨리 인정함으로써 그룹 활동 중 발생할 수 있는 문제를 피하거나 완화시킬 수 있다. 다음의 엽서 5.2는 각 구성원의 강점을 잘 파악해서 그룹을 구성하는 것이 얼마나 중요한지에 대해 기술하고 있다. 레이철 스프론켄-스미스(Rachel Spronken-Smith)는 학생들이 역할을 정하는 과정에서 각자의 부족한 점을 서로 보완할 수 있다는 점을 어떻게 깨닫게 되었는지를 보여 준다.

그룹 구성원이 팀에서 어떻게 행동하는지를 이해하는 것도 중요하지만, 그룹 구성원 간의 상호작용에는 보다 넓은 사회적, 문화적 요인도 영향을 미친다. 앞서 살펴본 바와 같이, 문화적 다양성을 지닌 집단은 동질적인 집단에 비해 훨씬 혁신적이고 보다 나은 결과를 낼 수 있다. 그러나 국적이나 민족적 배경이 다른

엽서 5.2 구성원의 역량 및 장점 파악과 역할 분담

보내는 사람: 레이철 스프론켄-스미스(루스 패널리(Ruth Panelli)가 고안한 설문지와 함께)

뉴질랜드의 오타고대학교(University of Otago) 지리학과 학생들은 정기적으로 튜터와 함께 그룹 활동을 한다. 각 그룹은 연구 문제를 정하고, 문제 해결에 적합한 방법을 결정하며, 답사를 수행하고 자료를 분석한 다음, 최종적인 연구 결과를 발표해야 한다. 어떤 학생은 자기 그룹이 어떻게 활동했는지에 대해 아래와 같이 말했다.

"저희 그룹(학생 6명과 튜터 1명으로 구성)은 첫 미팅에서 각자 자신을 소개한 다음, 각자의 개성과 역량, 그룹 역할, 실무적 기술과 연구 능력 등이 어떤지를 보여주는 역량 조사표(skill matrix)를 작성했습니다. 저희는 이 표를 바탕으로 해서 각자의 강점과 약점이 무엇인지를 알기 위해 프로필을 비교, 분석했습니다. 또한 저희 그룹의 튜터는 각자 그룹 활동을 통해 개발하고 싶은 역량이 무엇인지도 물어보았습니다. 저희는 이런 사항을 바탕으로 어떻게 그룹을 운영할지를 결정했습니다. 저희는 의장과 총무(회의록을 작성하고 이메일을 보내는 역할 담당)의 두 역할은 돌아가면서 맡기로 했습니다. 이를 통해 저희 구성원 모두는 그룹 회의를 주선하고 기록하는 방법을 익힐 수 있었습니다. 또한 튜터는 자신의 팀 역할에 대해서도 생각해 볼 것을 제안했습니다. 몇몇 학생들은 튜터가 자신들이 모르는 사항에 대해 대답해 주는 역할을 맡기를 희망했지만, 튜터는 안내자의 역할만 맡기로 했습니다. 결국, 책임은 우리들에게 있었던 거죠! 이후 여러번 그룹 미팅을 하는 동안 우리는 잘 모르는 사항이 있을 때 튜터에게 물어보곤 했지만, 튜터를 향한 애절한 눈빛은 매번 결국 우리 자신에게 되돌아오곤 했습니다! 당시에는 정말 여러번 짜증이 났죠. 그렇지만 나중에 그룹 활동을 모두 마치고 난 다음에는, 우리가 문제를 해결하기 위해 방법을 찾아야 했던 경험이 우리 자신에게 정말 유익했다는 것을 깨닫게 되었습니다. 그렇다고 우리가 길을 잃고 헤맨 것은 아닙니다. 우리가 가야할 길에서 잠시 벗어나면, 튜터가 어김없이 팔꿈치로 옆구리를 슬쩍 찔러 주었기 때문이죠!"

역량 조사표는 설문지 형식으로 구성되어 있고, 그룹 구성원 각자는 이 표를 작성한 다음 전체 결과를 공유했다. 다음의 질의 사항들은 루스 패널리가 고안한 것으로서 학생들에게 매우 유용하게 활용될 것이다.

[역량 조사표]

그룹 알아가기: 자기소개

프로젝트 팀은 구성원들이 서로의 배경과 활동 스타일에 대해서 잘 알고 있을 때 보다 활동적이다. 그룹의 구성원과 공유하면 좋을 내용을 바탕으로 다음 질문에 답해 보자. 다음으로 그룹 구성원이 인지하는 팀의 강점과 도전할 것(예: 그룹에서 당신이 연구 과정 동안 주시해야 하며, 강화할 필요가 있는 것)들에 대해서 논의해 보자.

1. 이름: ______________________________
2. 연락처
   - 전화번호(및 통화 가능 시간): ______________________________
   - E-mail: ______________________________
3. 배경
   - 출신 지역 ______________________________
   - 연구 주제와 관련된 기존 경험(무엇이든 쓰시오.) ______________________________

     ____
4. 이번 학기에 수강 신청한 과목: ______________________________
5. 활동 스타일 및 역량(각 항목에 해당되는 *에 체크할 것)

일 처리의 조직성	매우 체계적임	*	*	*	*	*	매우 무질서함
사전 계획	항상 미리 계획함	*	*	*	*	*	전혀 미리 계획하지 않음
시간 엄수	항상 미리 도착함	*	*	*	*	*	항상 늦음
글쓰기 능력	글쓰기가 우수함	*	*	*	*	*	글쓰기가 부족함
말하기 능력	자신감 있게 의견을 표현함	*	*	*	*	*	부끄러움이 많고, 조용함
공식적 구두 발표	대중 앞에서의 발표를 즐김	*	*	*	*	*	발표할 때 불안하고 초조함

6. 기술적 능력(각 항목에 해당되는 *에 체크할 것)

	매우 능숙	능숙	보통	못함	전혀 못함
계측기 및 데이터 로거	*	*	*	*	*
GPS 및 측량 장비	*	*	*	*	*
엑셀	*	*	*	*	*
통계	*	*	*	*	*
GIS 프로그램	*	*	*	*	*
지도 제작/포토샵/그래픽	*	*	*	*	*

7. 그룹 역할(과거의 경험을 토대로 각 항목에 해당되는 *에 체크할 것)

	항상	자주	가끔	드물게	없음
리더: 전체를 대변하는 것을 즐기며, 눈에 띄는 것을 좋아함	*	*	*	*	*
의사 결정자: 그룹의 임무를 도출하고 결정하는 것을 좋아함	*	*	*	*	*
조직자: 목표를 달성할 수 있도록 그룹을 조직하는 것을 즐김	*	*	*	*	*
실행자: 일이 매끄럽게 진행되도록 세세한 부분을 조정하는 것을 좋아함.	*	*	*	*	*
보호자: 구성원들이 서로 좋은 관계를 유지하도록 돌보고, 원만한 합의를 이끌어 내도록 격려함	*	*	*	*	*
외부자: 그룹 구성원들이 말하기 어려워하거나 거리끼거나 미루는 사항을 찾아내는 것을 잘함	*	*	*	*	*

8. 지금까지의 그룹 활동 경험

a. 그룹 활동에서 가장 좋았던 점은 무엇입니까?

b. 그룹 활동에서 가장 안 좋았던 점은 무엇입니까?

c. 그룹의 연구에 자신이 어떤 기여를 할 수 있다고 생각합니까?

사람들이 그룹을 구성할 때에는 오해가 발생할 수도 있음을 기억하자. 피터 러빈(2005)은 문화적 차이의 5가지 측면이 어떻게 오해를 야기할 수 있는지를 고찰한 바 있다.

1. **개인주의 대 집단주의**: 일반적으로 문화는 특정 집단이나 사회 내에서 각 개인의 위치를 바라보는 관점에 영향을 미친다.
   - 실천 사항: 모든 그룹 구성원은 자신의 생각과 견해를 밝힐 때 타협적 위치를 지향하되, 그룹 전체가 만족할 수 있는 합의를 도출해야 한다.
2. **불확실성에 대한 관용**: 이는 각 개인의 교육이 얼마나 기계적 암기 학습에 초점을 두었는지 또는 얼마나 비판적 사고에 초점을 두었는지의 정도를 가리킨다. 비판적 사고와 독자적 업무 수행에 대한 개인의 자신감은 사람마다 그 수준이 다르다.
   - 실천 사항: 그룹 구성원들은 프로젝트를 수행하기 위한 기본 체계(그룹이 성취할 목표, 기본적인 규칙 등)를 잘 갖춤으로써 불확실성을 최소화해야 한다.
3. **당황스러움과 '체면 손상'의 문제**: 사람들이 같은 상황을 각기 다르게 바라보고 인식하는 데에는 문화적 이유도 작용한다. 그룹 내에서도 예의 바른 행동, 유머 있는 행동, 당황스러운 행동 등을 바라보는 시각이 다르다. 가령, 일부 문화에서는 자신이 어떤 업무를 수행할 수 없다고 시인하는 것 자체가 매우 어려운 (심지어 불가능하기까지 한) 경우도 있다.
   - 실천 사항: 그룹이 이질적인 사람들로 구성되어 있다면, 어떤 말이나 행동을 하기 전에는 먼저 충분한 시간을 두고 생각을 해야 한다.
4. **젠더 문제**: 그룹 활동과 관련해서 나타나는 젠더 문제는 젠더에 대해 사람들이 기대하는 바가 서로 다르기 때문에 발생한다. 가령, 일부 여성은 남성과 같은 대우를 받기를 기대하기 때문에, 만약 어떤 미팅이나 업무에서 제외될 경

우에는 이를 부당한 처사로 받아들일 수 있다.

- 실천 사항: 젠더 문제와 관련된 그룹 활동에서의 갈등은 다른 사람들에게 주의 깊은 관심을 기울임으로써 피할 수 있다(4장의 논의를 함께 참고할 것).

5. **행위 규약**: 문화적 차이에 따라 용인될 수 있는 행동의 종류는 다르다. 답사에서는 현장에서 구성원들이 함께 시간을 보내야 하므로, 다른 사람의 행동을 받아들이지 못하는 경우 문제가 발생하게 된다.
   - 실천 사항: 다른 구성원들과 어떻게 소통할지 (특히 개인적 공간과 경계와 관련해서) 미리 생각해 보자. 사람들이 말할 때 끼어들거나, 짜증을 표현하거나, 다른 사람의 견해에 반대할 때 어떻게 행동할지 머릿속에 그려 보자.

이처럼 문화적 차이가 그룹 활동에 영향을 미치므로, 모든 구성원은 그룹 구성에 대해서 충분히 생각해야 하며 오해를 최소화하기 위해서 노력해야 한다. 그러나 그룹 활동에서 경험할 문화적 차이는 부정적 측면보다는 긍정적 측면이 강하므로, 앞으로 겪을 수 있는 어려움을 미리 예측해서 그룹 활동을 시작하지는 말라. 여러분은 그룹 활동 중 행동과 태도에서 나타나는 여러 문화적 차이를 경험함으로써 전체 답사 그룹과의 관계, 현장에서 만나는 다른 사람들과의 관계, 그리고 면담과 같은 특정한 연구 활동 등을 준비하는 데 큰 도움을 얻을 수 있을 것이다.

갈등 해결

이상적인 세계에서라면 그룹 활동이 신나고 재미있을 것이다. 그곳에서는 갈등도 없을 것이고, 나태함도 없을 것이며, 스케줄에 따라 일이 순조롭게 진행되도록 모두가 기여할 것이다. 그러나 현실 세계에서 이는 거의 일어날 수 없으므로, 어떤 문제가 발생해서 그룹의 임무를 완수하지 못하는 일이 없도록 모든 구성원들이 함께 노력해야 한다. 그룹에서 문제가 발생하게 되면 그룹 구성원들은 괴로움을 경험하며, 심지어 그룹 전체의 통일성이 무너지게 되어 더 이상 기능하지 못하게 되어 버린다. '무임승차자' ('팀'내 구성원들이 자비롭게 양보하거나 넘어갈 것을 기대하고, 자신이 맡은 임무 수행에 최선을 다하지 않는 사람)는 이런 문제 중 하나이다.

답사 인솔 교수는 무임승차자 사안을 반드시 파악할 것이며, 어떤 교육기관의 경우에는 이런 '사회적 게으름뱅이' 현상을 최소화하기 위한 조치들을 도입하고 있다. 가령, 어떤 기관에서는 그룹 구성원 각자가 수행한 역할을 확인할 수 있도록 특정 양식을 작성해서 제출하게 하고, 이에 대한 평가를 통해 보상과 불이익을 준다. 만약 이런 체계가 갖추어져 있지 않다면, 그룹 나름대로 특정한 전략을 사용해서 무임승차 현상을 예방할 수 있다.

첫째, 교수와 학생들은 무임승차자가 얻을 수 있는 이점을 줄일 수 있다. 교수는 그룹 활동의 어려움을 설명할 때, 개인주의적 관점이 갖는 결점과 그룹 활동의 잠재적 보상을 뚜렷하게 제시할 필요가 있다. 또한 그룹은 그룹 자체적으로 기본적인 규칙을 정함으로써 각 임무에 대한 구성원들의 기대 수준을 평준화하고, 다양한 문화적 배경과 차이가 용인되도록 하며, 모든 관점들이 고려되도록 강제할 수 있다. 각 구성원들이 자신의 기여도가 가치 있다고 생각할수록, 그룹 전체의 임무에 최선을 다하려는 동기는 더욱 강해진다(West 1994).

둘째, 피터 러빈(2003)이 강조한 바와 같이, 비의도적 무임승차자와 의도적 무임승차자 사이에는 차이가 있다. 전자는 학생이 어떤 학술 활동에서 과도한 부담에 압도됨에 따라 자기가 맡은 임무에 쏟을 시간을 새롭게 계획하려고 할 때에 발생한다. 따라서 그런 학생은 잠시 자기가 맡은 일에 서 물러나 있는 것처럼 보이지만, 그런 행동이 다른 학생들을 이용하려는 의도에서 비롯된 것은 아니다. 이와 유사하게 만약 어떤 학생이 자신에게 부여된 임무를 부담스러워 하면서도 (다른 구성원들의 우월함이나 문화적 이유 때문에) 거절하지 못하고 마지못해 받아들였을 경우, 그 학생은 임무를 완수할 준비가 되지 않았다고 느낄 수 있다. 따라서 만약 그 학생이 자신의 임무를 완수하지 못했다고 한다면, 이는 의도적인 무임승차에 따른 것이 아니라 개인적으로 힘겨웠기 때문이다. 만약 이런 상황이 발생한다면, 이 난관을 어떻게 극복할지를 다른 구성원들과 함께 공개적이고 건설적으로 논의하는 것 자체만으로도 그 학생은 힘을 얻고 임무를 완수하기 위해 전진해 나갈 것이다.

셋째, 의도적인 무임승차가 발생한다면, 아마 여러분 중 몇 명은 교수를 찾아가 상의하는 것이 당연하다고 생각할 것이다. 또 어떤 학생들은 이런 행동을 마치 '고자질'을 하는 것처럼 느낄 수도 있을 것이다. 그러나 만약 팀의 한 구성원이 태연하게 무임승차를 해서 다른 이들을 이용하는 것을 묵과하기 힘들다면, 더 늦기 전에 가능한 한 빨리 교수에게 이를 알리는 것이 좋다. 만약 의도적 무임승차 행위가 발생할 때 팀에서 이를 해결하려고 할 경우, 불행하게도 상황을 호전시키지 못하는 경우가 많다는 점을 염두에 두자. 아마 첫 단계에서는 다른 구성원들이 해당 학생을 만나서 그룹이 알지 못하는 어떤 이유가 있는지를 살펴볼 것이다. 어쩌면 정보나 자원이 불충분하기 때문에 임무를 완수하기 어려울 수도 있을 것이다(그렇지만 이에 대해 그룹은 해결책을 제시할 수 있는가?). 또한 어떤 개인적인 문제로 인해 자기가 가진 능력을 모두 발휘하지 못할 수도 있을 것이다(물론 그 학생의 상황을 공감하고 위로함으로써 어느 정도 힘을 불어넣을 수도 있지만, 사적인 문제에 개입하는 것은 근본적으로 그룹의 책임은 아니다). 그다음 단계에서는 아마 팀에서 그런 (가령, 어떤 학생이 자료 수집을 할 수 없는) 상황에 유연하게 대처할 수 있는 비상 대책을 강구해서 이를 실행하고자 할 것이다. 그렇지만 답사 프로젝트에 있어서 대개의 임무는 자료 수집처럼 실제적인 것들이기 때문에, 현지 상황에서 무임승차가 발생하는 경우는 드물다. 오히려 교수의 감독이 거의 없거나 서로 간에 접촉할 기회가 적은 연구 계획 단계 또는 보고서 작성 단계에서 무임승차가 발생할 확률이 높다.

마지막으로, 답사에서의 다른 어려움을 극복할 때와 마찬가지로, 무임승차의 문제를 경험하고 대처하는 것 또한 값진 학습 경험이 될 수 있다. 무임승차는 비단 대학 프로젝트에서만 나타나는 것이 아니다. 이는 세상의 모든 활동에서도 벌어지는 일이므로(사실, 대학에서보다 훨씬 더 빈번하게 생길 것이다.), 여러분이 졸업 후 입사 면접을 할 때 무임승차를 극복했던 경험은 큰 도움이 될 것이다. 또한 여러분은 보다 건설적으로 다른 사람들과 의사소통하는 능력을 키울 수 있고, 타인의 입장에서 생각하는 태도를 통해 문제 해결력을 높일 수 있을 것이다. '포용(inclusiveness)'은 아마 답사의 그룹 활동에서 가장 중요한 원칙일 것이다. 답사에서는 함께 여행하고, 생활공간을 공유하며, 다른 사람과 친교를 나누어야 하기 때문이다.

함께 여행하기

답사는 사회적 경험이기 때문에 그룹 내의 다양한 차이가 답사의 특징을 결정하곤 한다. 답사에 대한 윤리적 비판을 주도하는 페미니스트 지리학자들에 따르면, 답사는 특정 학생들을 희생으로 삼아 일부 학생들을 특권시한다. 답사는 (도보 이동에 대한 요구에서부터 술자리를 통한 친목 다지기에 이르는) 여러 전통과 실천을 통해 연령, 섹슈얼리티, 신체적 능력, 문화적 배경 등에 의해 구조화되었다. 특히 장애가 없는 건강한 젊은 남성을 전형으로 하는 일부 학생들은 이런 답사 활동의 핵심을 차지해 온 반면, 그렇지 않은 학생들을 주변화되거나 낙오자가 되었다. 이는 중요한 질문을 우리에게 남긴다. "우리는 답사 수업 내의 관계와 관련된 윤리적 사안을 면밀하게 인식하고 지리 답사의 배타적 전통을 비판함으로써 어떤 교훈을 얻을 수 있는가? 이런 비판은 우리의 학습 경험을 어떻게 향상시킬 수 있는가?"

기존의 지리학계를 비판한 질리언 로즈(Gillian Rose)의 기념비적 저작 『페미니즘과 지리학(Feminism and Geography)』에는 지리학계 일반과 아울러 지리학의 답사 전통에 대한 비판적 고찰을 포함하고 있다. 로즈는 지리학계가 측량 및 조사, 지도 제작, 강의, 답사 같은 수행과 담론을 통해 '활발한 지리적 남성성(geographical masculinities in action)'을 특징으로 해 왔다고 주장했다(1993: 65). 로즈의 주장에 따르면, "답사는 지리적 지식을 뒷받침하고 있는 남성중심주의적 가정을 제도적으로 구현하는 수행"이었다(1993: 65). 이러한 가정은 영국 대학교의 웹사이트와 학과 안내 책자에 표현된 답사의 모습을 통해서도 알 수 있다(그림 5.2). 1장에서 설명했듯이 답사는 지리학의 학술적 통과 의례처럼 여겨지곤 했는데, 로즈는 이것이 영웅적인 남성 지리학자들을 생산하고 그 나머지는 주변화시킨다고 주장했다. 이러한 통과의례에는 고난이도의 행군 등 여러 지구력 테스트가 포함되는데, 이들은 자연지리학 분야에서 특히 중시되지만 인문지리학에서도 똑같이 강조된 사항이다. 또한 남성성은 답사에서뿐만 아니라 동료 간의 친목 도모를 통해서도 수행되기 때문에, 학생들은 이런 수행에 사로잡혀 스스로 선택하거나 의무적으로 참여해야 할 필요성을 느낀다. 또한 로즈는 "답사에서는 답사 참여자가 얼마나 남성적인지를 증명하기 위해서 일정한 주량 이상의 술을 마실 수 있어야 한다."는 점도 지적했다(1993: 70). 이런 주장이 타당한 측면도 있지만, 분명한 허점이 있다는 것 또한 지적할 필요가 있다. 가령, 술 마시는 행위를 남성주의적이라거나 남성의 전유물이라고 간주하는 것은 현실을 지나치게 단순화한 주장이다. 엽서 5.3에서 마크 제인은 답사 중 음주의 역할을 보다 섬세하면서도 가벼운 마음으로 (그렇지만 그 중요성만큼은 결코 가볍지 않게) 설

■ **그림** 5.2 영웅적 답사: 지리 답사를 장애가 없는 젊은 남성들의 전유물로 재현하고 있는 영국 어떤 대학교의 안내 책자. (출처: Hall et al. 2004: 260, 그림 1 참고)

명하고 있음을 상기하자. 그림 5.3은 베를린에서 답사 중인 학생들이 술을 가운데 두고 친교를 하는 장면을 포착한 것이지만, 여기에 이른바 '사내다운' 행태나 술 취한 모습이 반드시 개입되어 있다고 할 수는 없다.

그럼에도 불구하고, 몇몇 연구들은 여전히 여학생들이 (그리고 일부 다른 학생들도) 답사에서 주변화되고 위축되어 있다는 점을 보고하고 있다. 여학생들은 동료 남학생들에 비해 답사에 잘 맞지 않는다고 생각하기 때문에 답사에서 뒤처

엽서 5.3 '뉴욕 이야기': 술과 답사 보내는 사람: 마크 제인

나는 지난 5년 동안 학생들의 뉴욕 답사를 인솔해 왔다. 덕분에 매년마다 보내는 뉴욕에서의 답사 기간은 '집에 머무르는 것'처럼 편안하게 느껴진다. 사실, 지금 나는 화창한 일요일 오후 아일랜드풍의 바에서 브루클린 맥주를 마시며 이 엽서를 쓰고 있는 중이다.

우선, 답사는 흥청망청 즐기는 휴가가 아니라는 점을 가장 먼저 염두에 두어야 한다. 답사 현장이 신나고 흥미 있는 곳일 경우, 나는 이따금 학생들이 자기가 해야 할 일의 우선순위에 대해 갈등을 겪는 것을 목격하곤 한다. 한편으로는 완수해야 할 임무가 있으므로 답사가 휴가가 아니라는 것을 끊임없이 상기하지만, 또 다른 한편으로는 쇼핑, 관광, 센트럴파크 산책하기, 더 많은 쇼핑, 음악, 스포츠 경기, 브로드웨이 쇼는 물론이거니와 음주를 포함해서(아, 내가 쇼핑을 언급했었던가?) 하고 싶은 '쿨'한 일들이 너무나도 많다.

답사를 주제로 교수들끼리 이야기할 때 가장 자주 오가는 말은 답사에서 학생과 교수와의 관계는 결코 학생과 부모와의 관계를 대신하지 않는다는 것이다. 곧 인솔 교수는 부모가 가지는 법적 책임이나 기능을 갖지 않는다는 것을 말한다. 18세 이상의 학생은 자신의 모든 행동에 대해 성인으로서 책임을 진다. 그러나 가장 문제가 되는 점은 미국의 경우에 술을 구매할 수 있는 법적 연령이 21세 이상이라는 것이다. 영국에서는 18세부터 법적으로 음주를 할 수 있기 때문에, 미국으로 답사를 온 영국 학생들은 술을 구매하거나 마시기 위해 전략들을 강구한다. 가짜 신분증 사용하기, 나이 들어보이게 꾸미기, 학생들의 출입을 눈감아 주는 술집 찾기 등의 방법이 있다. 이런 전략을 구사하는 데에는 적잖은 시간이 소모되기 때문에 답사 기간 중 많은 노력을 이를 준비하는 데 소모한다. 그리고 어떤 학생들은 끝내 실패하곤 한다. 비록 내가 학생들의 답사를 문화기술지 방법에 의해 조사하지 않더라도, 지난밤 숙소 복도가 소란스러웠다거나, 버스를 타는 도중 토하거나, 눈이 흐릿하게 풀려 있거나, 반응이 없거나, 포악하게 행동하는 등의 징후와 행태를 통해 학생들이 지난밤에 술을 마시며 놀았다는 것을 알 수 있다.

술을 입 근처에도 대지 않는 소수의 학생들은 간밤의 그 술자리에 참석할 것인지 또는 아닌지를 둘러싸고 협상을 벌여야 했을 것이다. (오, 이런! 테이블이 흔들리는 바람에 엽서에 맥주를 약간 쏟았다!) 여태까지 내가 인솔했던 답사에서 술과 관련된 큰 사건과 사고가 없었던 것은 (최소한 내가 알고 있는 선에서는) 정말 다행스러운 일이다. 이는 모든 학생들이 자기 자신뿐만 아니라 동료들, 함께 숙박 중인 관광객들, 현지 주민들에 대해 집단적인 책임 의식을 가진 결과라고 생각한다. 그러나 나는 가끔 다른 사람들과의 대화에서 답사와 관련된 여러 가지 일화를 듣고 한다. 전날 밤 옷차림과 화장 그대로 깨어난 학생, 술에 취해 넘어져서 상처가 난 학생에서부터 소지품을 잃어버리는 학생, 지하도에서 길을 잃은 학생, 성적 만남을 갖는 학생 등에 이르기까지 말이다. 물론 학생들 사이에서의 (그리고 교수들 사이에서의) 이런 경험이 답사에서만 벌어지는 일은 아닐 것이다. 다만 술을 마신 다음 상대방의 정말 멋진 모습을 (그리고 이따금 최악의 모습을) 보면서, 서로 친교를 나누고 호혜성을 배우며 우정을 쌓아 가는 과정의 한 단면인 것이다. 또한 술을 마신 후 다음 날 미처 깨어나기도 전에, 이미 SNS 사이트에는 간밤에 있었던 수많은 일화와 사진과 댓글이 올라와 있곤 하다.

또한 답사 기간 중에는 공식적, 학술적 미팅과는 별도로, 교수와 학생들이 서로 편안하게 어울리는 저녁 자리가 몇 차례 있다. 답사 중 서로의 경험과 삶을 나누며 중용(中庸)을 찾고, 감명을 받았거나 실망했던 일에 대해 토론하는 것은 답사의 중요한 부분 중 하나이다. 인솔 교수진은 펍이나 바, 레스토랑 등의 비공식적 환경에서 학생들과 어울림으로써, 많은 얼굴들이 넘쳐 나는 강의실 환경이나 논문 지도를 위한 제한된 미팅 환경을 넘어서서 학생들과 함께 중요한 순간을 공유할 수 있다. 또한 학생들의 입장에서는 선생님, 관리자, 평가자 등으로 멀게 느껴지던 사람을 개인적으로 보다 깊이 알 수 있는 계기가 된다.

그러나 답사 중에 인솔 교수진이 편하게 쉴 수 있는 '근무 외 시간'이 정확하게 언제부터 언제까지인지는 대답하기 어려운 문제이다. 도보 답사나 학생 지도를 한 피곤한 날에는 동료들과 술을 마시면서 긴장을 풀며 쉴 수도 있고, 시차를 극복하는 방법이 될 수도 있다. 대학은 공식적으로 인솔 교수진을 위해 저녁 식사와 술 한잔에 해당되는 비용을 대신 부담한다. 우리는 저녁 식사 자리를 자연스럽게 술자리로 이어 가면서 보다 진솔한 대화로 이어 나가곤 한다. 이런 자리는 '여러 이야기들이 넘쳐나는 곳(talking shop)'으로서 지리학계나 대학 상황에 대한 이야기, 동료들 사이의 소소한 가십, 그리고 (무엇보다도 가장 재미있는 소재인) 답사에서 학생들과 관련된 웃기고 재미있는 일화를 나눈다. 자기 자신과 동료의 술버릇이나 술자리에서의 따분함이나 언짢은 기분 등을 잘 대처해 나가는 것 또한 답사에서 팀빌딩을 이루어 나가는 과정의 중요한 부분 중 하나이다.

이제 나의 마지막 맥주잔이 거의 비어 가고 있다. 이 순간 지금까지의 뉴욕 답사 중에서 가장 기억에 남는 재미있는 순간을 떠올려 본다. 세계에서 아마 가장 거대한 도시인 이곳 뉴욕에서, 나에게는 술과 관련해서 잊지 못할 많은 기억들이 있다. 어떤 클럽에서 노던소울(Northern Soul) 음악에 맞춰 춤추던 것과 유명한 클럽 빌리지뱅가드(Village Vanguard)에서 재즈를 감상하던 것은 정말 잊지 못할 추억이다. 또한 성 패트릭의 날(St. Patrick's Day)에 센트럴파크에서 더포그스(The Pogues) 밴드의 공연을 관람하던 중 '페어리테일 오브 뉴욕(The Fairytale of New York)'을 따라 부르며, 춤을 추던 것 또한 잊지 못할 멋진 경험이었다. 그러나 나에게 가장 즐거운 기억으로 남아 있는 것은 2008년 식스네이션스(Six Nations)* 결승전에서 웨일스가 프랑스를 이기고 그랜드슬램 우승을 차지하던 것을 지켜보았을 때이다. '브레드 오브 헤븐(Bread of Heaven)'이라는 시끌벅적한 합창곡을 뉴욕 사람들이 어떻게 생각했을는지 잘 모르겠지만, 나는 아이리스풍의 술집에서 몇 명의 웨일스 사람들과 함께 스크린에 펼쳐지는 경기를 보며 이 노래를 소리 질러 불렀다. 우리의 노래는 잠깐이었지만 뉴욕에 울려퍼졌던 우리의 환호는 브로드웨이의 자동차 경적 소리보다 훨씬 크게 들렸던 것 같다.

* 역주: 잉글랜드, 스코틀랜드, 웨일스, 아일랜드, 이탈리아, 프랑스의 정기 럭비 유니온 국가 대항전(매년 2~3월에 개최됨)을 일컫는다. 뉴질랜드, 오스트레일리아, 남아프리카공화국이 리그전을 펼치는 '트라이내이션스'와 함께 세계 럭비 리그의 양대 산맥을 이룬다.

■ **그림** 5.3 베를린의 프리드리히자인(Friedrichsain)에 위치한 한 카페에 모인 학생들. (사진: Tinho DaCruz)

질 것이라고 우려한다. 비록 일반적으로 나타나는 것은 아니지만, 이런 우려로 인해 여학생들은 답사에 대한 흥미와 즐거움이 줄어들어 답사 과목 수강을 회피하기도 한다(Maguire 1998). 싱가포르를 사례로 한 어떤 연구는 여학생들이 교육과정에서 답사를 회피하는 이유를 추적했는데, 이는 말레이시아의 (논농사 지대의) 농촌에서 한 달간 체류하는 일정이 포함되어 있었기 때문이었다. 그리고 이 결과 졸업 시 지리학 분야의 우등 졸업생은 압도적으로 남학생들이 많았다는 점도 지적했다(Goh Kim Chuan and Wong Poh Poh 2000: 109).

답사가 남성우월적 활동이라는 주장은 답사가 일부 다른 학생들도 배제하고 주변화한다는 주장에 의해서도 뒷받침된다. 우리는 4장에서 살펴본 줄리 커플스(Julie Cupples 2002)의 니카라과 연구를 통해, 현지 조사자는 (자신이 원하든 원하지 않든 간에) 자신의 섹슈얼리티를 벗어 던지고 답사 현장으로 떠날 수는 없다는 것을 살펴보았다. 이는 연구자와 연구 대상자 간에도 중요하지만, 연구하는 학생들 간의 관계에서도 마찬가지로 중요하다. 섹슈얼리티는 학생들 간의 욕망의 흐름과 육체적 관계를 통해 직접적으로 표출되곤 한다. 그러나 적어도 우리가 그동안 답사를 관찰해 온 바에 따르면, 대부분의 학생들 사이에서는 이런 경우가 거의 나타나지 않는다. 오히려 섹슈얼리티는 보다 폭넓은 관계와 그룹의 역동성을 형성한다는 사실이 더욱 중요하다. 한편, 답사에서는 구성원들이 보다 밀착되어 지내는 것이 불가피하기 때문에 강의실에 있을 때나 세미나 모임을 할 때보다 섹슈얼리티가 더욱 부각된다. 침실과 화장실 등 숙박 시설을 공동으로 사용하는 것은 재미있는 경험이기도 하지만, 어떤 학생들은 이를 자신의 프라이버시를 침해할 수 있는 사안으로 받아들이기도 한다. 이렇게 받아들이는 이유는 어떤 학생의 종교적 또는 문화적 배경이 특정한 신체적 프라이버시를 규정하기 때문일 수도 있고, 남성-여성이라는 관습화된 젠더 구분을 불편해하기 때문일 수도 있다. 특히 후자의 경우 자신이 동성애자이기 때문일 수도 있지만, 동성애자와 가까이에서 생활한 적이 한 번도 없기 때문에 불편할 수도 있다. 캐런 네언(Karen Nairn 2003: 69)이 답사의 교수진과 학생들을 면담한 연구 결과에 따르면, 이 중 몇 사람은 답사로 인해 자신의 섹슈얼리티가 관심의 초점이 됨에 따라 상당한 불편함을 호소했다. 게이였던 어떤 직원은 "밤에 잠을 자는 것이 너무 불편"했었다고 말하면서, 만약 자신이 학생이었다면 "어떻게 해서라도 답사가 포함된 과목을 피하려고 했을 것"이라고 표현하기도 했다. 네언은 "다섯 가지의 답사 사례를 조사했는데 모든 사례에서 성(sex)을 기준으로 답사 참여자들의 숙박 공간을 분리했다. 우리는 이를 통해, 답사를 조직(통제)하는 사람들이 답사 참여자는 이성애자이며 숙박 분리를 통해 이성애적 욕망과 불편함을 억제할 수 있다는 가정을 암묵적으로 전제하고 있음을 알 수 있다."라고 주장했다(2003: 71). 그러나 질리언 로즈가 남성성과 음주와의 관계를 과도하게 일반화했던 것과 마찬가지로, "강의실에서는 섹슈얼리티가 인정받지 못하는 경향"(2003:

69)이 있기 때문에 동성애자 학생들이 주변화된다는 네언의 결론 또한 지나치게 단정적이다. 우리의 답사 경험을 토대로 볼 때, 실제로는 그렇게 단정적으로 말할 수 없다. 오히려 지리학은 "여성, 유색인, 게이, 레즈비언" 등의 모든 "복잡한 주변인들"(Kobayashi 1994: 73)에게 열려 있으므로, 답사에서도 이들은 충분히 자기 자신을 표현할 수 있고 이는 당연히 환영받을 것이다.

영웅적 답사의 이미지(그림 5.2 참조)는 답사자의 젠더뿐만 아니라 나이, 인종, 외모도 강조하는데, 장애가 없는 젊은 백인으로 묘사되는 것이 일반적이다. 기존 연구에 따르면, 답사에서는 모든 사람이 육체적으로 장애가 없다고 당연시하는 풍토가 있기 때문에 나이가 많거나 장애가 있는 학생들은 주변화된 느낌을 받거나 심지어 따돌림을 당하기도 한다. 잘 돌아다니고, 잘 볼 수 있으며, 답사 기간을 육체적·정신적으로 잘 감내할 수 있으며, 심지어 오랜 비행과 늦은 취침에도 지치지 않는 사람을 당연시한다(Nairn 1999: 274). 이런 당연한 가정은 장애를 가진 사람들을 자연스럽게 배제하는 결과를 낳는다. 이런 사람들 중에는 휠체어에 의지해야 하거나 시각이나 청각에 장애가 있는 사람들뿐만 아니라 난독증, 당뇨, 섭식 장애에서부터 간질, 천식, 알레르기 등에 이르는 다양한 질환이 있는 사람들까지도 포함한다(Hall et al. 2004: 266). 이런 방식을 통해, 답사는 장애인들이 사회와 교육 현장에서 다양한 차별과 박탈을 경험하는 데 공모해 왔다고 볼 수 있다.

나이가 많은 학생도 장애인과 유사한 경험을 답사에서 할 때가 있다. 이런 학생은 육체적 강도가 높은 답사를 견디지 못할 수도 있고, 나이가 어린 학생들과 사회적으로 함께 어울려야 하는 요구에 적절히 순응해야 할 때도 있다. 캐런 네언이 면담했던 어떤 나이 많은 남학생의 경우, 답사 기간 동안 육체적으로 힘겨워하고 있었을 뿐만 아니라 아웃사이더와 같은 느낌을 받았다고 털어 놓았다. 네언은 "그 학생의 나이는 다른 학생들과 함께 어울리는 방식 자체를 결정했다."라고 표현한다(Nairn 1999: 278-279). 사라 매과이어(Sarah Maguire)가 면담했던 어떤 학생은 "제가 볼 때 나이 많은 아줌마나 아저씨들은 답사를 가는 것 자체를 불안해하는 것 같아요. 하긴, 그런 중년의 나이에 우리처럼 젊은 학생들과 함께 여행을 한다는 것은 새로운 일이겠죠."라고 말했다(1998: 212). 결국, 장애가 있는 사람들과 마찬가지로 나이 많은 사람들도 답사를 육체적으로 힘겨워하고 나이에 따른 차별을 경험한다. 따라서 답사에서의 차별은 여러 차이들이 중층적으로 겹치는 지점에서 특히 부각될 수밖에 없다. 곧 장애가 없는 젊은 남성은 답사가의 궁극적인 전형으로서 환영받는 반면, 그렇지 않은 학생들은 젠더나 종교, 문화 등 여러 측면들이 복합됨에 따라 중층적인 차별을 겪을 수 있는 것이다. 가령, 답사에 참여한 여학생은 육체적 능력도 약하지만 술도 못 마신다는 이유에서 이중의 차별을 겪을 수 있다. 따라서 이런 학생의 경우 주변화는 훨씬 더 강하게 나타나며, 심지어 그 학생이 답사를 도중에 포기할 때까지 계속될 수도 있다(Nairn 20003).

이와 관련해서 무엇을 할 것인가?

그렇다면 이와 관련해서 학생으로서 여러분은 무엇을 할 수 있는가? 아마 여러분이 할 수 있는 일은 대학 당국이나 답사 인솔자들이 취할 수 있는 조치에 비해 훨씬 미약할 것이다. 많은 대학들은 교육 대상의 범위를 점차 넓혀 가도록 요구받고 있을 뿐만 아니라, 답사와 관련해서 앞서 소개했던 여러 비판을 수용함으로써 변화를 시도하고 있다. 가령, 영국의 경우 2001년에 제정된 특수교육장애법(Special Education Needs and Disability Act)은 교육 제공자들로 하여금 "장애로 인해 (장애가 없는 학생들과 비교할 때) 상당한 불이익을 받는 학생들을 위해서 교내의 건물 구조를 포함한 제반 시설을 납득할 수 있는 정도로 개조하는 것"을 의무화하고 있다(Department for Education and Employment; Hall et al. 2004: 256 재인용). 지금까지 장애 학생을 위한 실질적 조치를 제공하는 주요 주체는 정부, 교육기관, 답사 인솔자였다고 할 수 있다. 가령, 영국 고등교육평가원(QAA)은 "모든 대학은 장애 학생이 답사에 참여할 수 있는 여건을 갖추어야 한다."고 진술하고 있다(QAA 2000, 지리학 벤치마크 서술문 11번 조항; Hall et al. 2004: 255 재인용). 이와 더불어, 고등교육평가원 지리분과(Geography Discipline Group)에서는 「잠복된 장애와 난독증이 있는 학생들의 답사 관련 활동을 위한 학습 지원」(Chalkley and Waterfield 2001)에 대한 실용 안내서를 발간했는데, 전체 25쪽 중 '학생의 목소리'는 단 한 페이지였던 반면, 나머지 분량은 이런 학생들의 요구를 미리 예측하고 대비하는 것에 관한 내용이었다. 홀 등(Hall et al. 2004: 270)의 연구에 따르면, 대학 당국과 답사 인솔자들은 미리 '답사 장소를 손질해 두는 것'에서부터 특정 학생들에게 '오후에 쉬도록 하는 것'에 이르는 다양한 조치들을 시행해 왔다. 그러나 위와 같은 법적 의무나 하향식 조치로 인해, 답사에서 학생이 윤리적으로 행동해야 할 (그리고 비윤리적인 활동을 극복해야 할) 책임이 면제되는 것은 아니다. 질리언 로즈의 책을 읽은 일부 학생은 답사란 기껏해야 시대착오적이고 여성혐오적인 실천이므로 추방되어야 한다고 생각할지도 모르겠다. 그러나 어떤 학생들은 답사는 어떠해야 하고 훌륭한 답사가는 어떤 사람이어야 한다는 (기존의) 가정에 도전하고 넘어서기 위한 길을 찾으려고 노력할 것이다. 그러나 몇몇의 다른 이들은 답사가 반드시 수반해야 하는 것 및 훌륭한 현지 조사자가 갖추어야 할 조건에 대한 답을 찾기 위해 노력할 것이다.

답사에 관한 일부 연구에 따르면, 이따금 여학생들은 남성적이라고 생각하던 활동에 몸을 던짐으로써 기쁨을 느끼기도 한다. 이런 연구 결과는 "여성들이 바깥 활동을 꺼리고, 더러워지는 것을 싫어하며, 격렬한 활동을 즐기지 않는다"는 일반화를 뒤흔드는 것이다(Bracken and Mawdsley 2004: 281). 또한 어떤 연구자들은 새로운 답사 방법을 탐색함으로써 답사에 대한 기존의 관점에 변화를 일으키고 있다. 이런 연구는 답사가 반드시 "험한 활동, 고립적이고 위험한 환경에서의 장기 체류, 전문적인 의복과 장비, 과도한 음주와 형제애를 강조함으로써 여성을 (그리고 일부 남성을) 배제하는 남성 위주의 팀 구성" 등과 관련되어야 한다는 기존의 가정을 무너뜨리고 있다(2004: 282). 답사의 영웅적 이미지는 실제 경험하는 것과는 다르다. 실제 답사에서는 답사 참여자들이 서로 경쟁하기보다는 소규모 그룹을 구성함으로써 서로 우호적인 관계를 형성하기 때문이다(2004: 283). 이는 답사란 어떠해야 하고 어떻게 재현되어야 하는가는 선택의 문제라는 것을 말해 준다. 따라서 학생 여러분은 답사란 (답사 과목을 수강 신청하는 것에서부터 그 답사를 어떻게 참여할지에 이르는) 일련의 순차적 선택 과정이라고 생각하길 바란다.

따라서 학생 여러분은 일련의 순차적 선택 과정을 통해서, 앞에서 제기했던 문제와 긴장을 해결하는 데 중요한 역할을 할 수 있다. 가령, 우리는 어느 답사에서 학생들의 남녀 혼숙이 가능한 호스텔에서 머물게 되었는데, 우리는 어떻게 숙소를 배정할지를 학생들 스스로 결정하게 했다. 우리가 정한 유일한 규칙은 배정 방식과 결과에 대해서는 반드시 모든 학생들이 만족해야 한다는 사항이었다. 복합적인 결과가 나올 수도 있을 것이다. 어떤 학생들은 젠더에 따라서 완전히 분리되기를 원할 수도 있고, 어떤 학생들은 젠더에 상관없이 한 방을 쓰기를 원할 수도 있다. 어느 해에는 게이 남학생이 여학생 네 명과 한 방을 같이 쓰는 데 동의했는데, 다섯 명의 학생들 모두 이 결과에 만족했었다. 물론 이는 어느 누구의 강요에 따른 배정이 아니었다.

학생들은 다양한 방식을 통해, 답사에 암묵적으로 내재하는 배타적 행동과 태도를 (장애 학생들에 대한 차별을 포함하여) 해결하고 완화할 수 있다. 어떤 연구에 따르면, 답사 인솔자가 이와 관련해서 학생들을 강제할 수도 없고 큰 도움을 주기도 어려운 한 가지 사항이 있는데, 그것은 바로 장애 학생들과 장애가 없는 학생들 사이의 좋은 관계라는 것이다(Ash et al. 1997). 말할 필요도 없이, 현실에서는 이런 좋은 관계가 이루어지는 경우는 많지 않다. 일반적으로 장애 학생들과 비장애 학생들이 교실 밖에서 친구 관계를 형성하고 접촉하는 빈도는 상당히 낮은 경향이 있고, 심지어 일부 건강한 학생들은 장애 학생들을 주변화하는 데 앞장서기도 한다(Low 1996; Ash et al. 1997; Nairn 1999). 따라서 "답사 중의 사회적 실천에 대해 더욱 성찰적이고 비판적인 태도를 갖고"(Hall et al. 2004: 275) 차별이 존재하는지 확인한 후 윤리적으로 건전하고 더욱 포용적인 답사를 만드는 책임은 비단 교육기관과 인솔 교수진에게만 있는 것이 아니라 학생 자신에게도 있다.

답사가 어떻게 일부 학생들을 주변화하고 배제하는지를 이해함으로써, 그리고 답사가 어떻게 보다 포용적이고 자아성찰적인 실천의 기회로 탈바꿈되고 있는지를 파악함으로써, 우리는 기존의 답사를 특징지었던 여러 함정을 피할 수 있을 뿐만 아니라 지리적 지식의 창출과 관련하여 보다 긍정적인 교훈을 얻을 수 있다. 답사와 답사가 생산한 지식은 근본적으로 체현적(embodied)이다. 캐런 네언의 표현을 따르자면, "답사에서는 정신뿐만 아니라 육체가 함께 활동한다." (Nairn 1999: 272) 전통적으로 답사는 "(정신과 눈과 손을 우선시하는) 지리 활동"과 "(지리학자로서 먹고, 마시고, 걷고, 잠자는) 육체 활동"으로 구성된다는 생각이 지배적이었다(Nairn 1999: 272). 그러나 오늘날 이런 당연한 가정이 점차 무너짐에 따라, 우리는 답사에 있어서 육체적 다양성이 얼마나 중요한지를 알게 되었을 뿐만 아니라 답사와 답사를 통한 지식이 얼마나 체현적인지를 깨닫게 되었다.

만약 답사가 정말 체현적 실천이라는 것을 받아들인다면, 우리는 (답사에 있어서 우리의 육체와 육체적 능력에 대한 기존의 당연한 가정에 얽매이지 않고서) 새로운 형태의 답사를 탐구해 나갈 수 있을 것이다. 가령, 우리는 답사 현장에 접근할 때, 눈

이외의 감각기관을 활용함으로써 이른바 비시각적(non-visual) 답사 방법을 개발할 수 있다. 네언은 답사를 수행함에 있어서 학생들이 "답사에서 경험하는 후각과 미각에 대해 주목해야 한다."고 주장한다(1999: 281; 이런 방법론에 대한 설명은 6장과 9장에서 볼 수 있다). 또한 답사에 있어서 지리학자들의 육체적 능력은 서로 다르다는 점을 적극 수용해서, 여러 가지 유형의 체현적 답사를 개발할 수도 있을 것이다. 또한 우리는 육체와 장애와 지리 간의 관계에 보다 면밀히 주목함으로써, 장애와 공간의 관계 자체를 답사 프로젝트 주제로 설정해서 연구할 수도 있다(Glesson 1998). 결국, 어떻게 체현적 연구를 훌륭하게 해 낼 수 있는가의 문제는 (개인적 차원에 국한된 것이 아니라) 어떤 집단이 얼마나 다양한 육체적 조건과 능력을 포괄하고 있는가에 달려 있는 '집단적 차원'의 문제이다. 홀 등(Hall et al. 2004: 275)이 제안한 바와 같이, (신체와 관련해서) 보다 포용적인 답사를 설계하기 위해서는 "학생들의 다양한 '신체'를 통해 연구 프로젝트를 재고하고, 과연 그 프로젝트가 이런 신체적 다양성을 포용하면서도 목표를 달성할 수 있는지를 따져볼 필요가 있다."

그렇다면 이런 포용적 답사는 어떻게 이루어질 수 있을까? 우선, 신체나 학습상의 장애가 있는 많은 학생들은 능력의 차이가 반드시 답사에 차질을 주는 것은 아니라는 것을 증명해 왔다. 오히려 이런 능력의 차이로 인해 답사 현장에서의 연구는 훨씬 다양하고 생산적으로 변모할 수 있다는 것을 보여 주고 있다. 로버트(Robert)는 대학 마지막 학기에 재학 중인 지리학과 학생으로서 난독증이 있었다(Chalkley and Waterfield 2001: 18). 로버트는 장애 학생을 연구하는 어떤 연구자들과의 면담에서, 그룹 프로젝트에서는 (다른 구성원들을 보완할 수 있는 자기만의 역량을 통해) 구성원들과 동등한 입장에서 함께 작업할 수 있다면서, "저는 그룹에서 리더 역할은 잘 해내지만, 마지막 보고서를 깔끔하게 다듬는 데에는 젬병이죠. 하지만 그런 임무는 다른 구성원들이 잘 해낼 겁니다."라고 말했다. 이 연구자들은 로버트의 응답에 주목하면서, 다음과 같이 말했다.

> 난독증이 있는 학생들은 다른 영역에서의 자신의 강점을 통해 이를 보완하고 균형을 맞추려고 하는 경향이 있다. 따라서 이 학생들은 보고서에 초점을 둔 평가 방식으로 불이익을 받고 있다고 느낀다. 답사는 다른 영역에서의 강점(가령, 훌륭한 구두 발표력 등)을 인식할 수 있는 절호의 기회이기 때문에, 모든 학생들이 공평하게 평가받을 수 있는 경기장이 될 수 있다. (Chalkley and Waterfield 2001: 18)

뇌성마비 장애 학생인 제임스 로버트슨(James Robertson)은 교육의 맥락에서 자신의 장애를 돌이켜 보면서, 두 학생들이 능력과 필요의 상호보완성을 토대로 맺어지는 '단짝제'에 대해 설명했다. (가령, 요리는 잘 하지만 냄비를 들 수 없는 학생은 요리는 못하지만 냄비는 들 수 있는 학생과 단짝이 되는 것이다.) 제임스는 "저는 이런 단짝제가 장애 학생에게는 매우 귀중한 자원이라고 생각해요. 왜냐하면 단짝제를 통해서 장애 학생은 훨씬 더 독립적으로 생활할 수 있을 뿐만 아니라, 어려움에 처할 경우에는 비슷한 배경과 관심을 지닌 친구가 도와줄 수 있기 때문이죠."라고 말했다(Robertson 2002: 31). 제임스는 (장애 학생은 도움이 필요하며 교직원의 윤리적 배려가 필요하다는 기존의 통념에도 불구하고) 장애 학생이 혼자 힘으로 윤리적 문제를 찾아내고 해결할 수 있는 능력이 있다는 것을 보여 주고 있다. 그뿐만 아니라, 그는 이러한 과정을 통해 장애 학생들뿐만 아니라 다른 모든 학생들의 학습 경험이 한 단계 향상될 수 있다는 점도 보여 주고 있다.

요약

이 장에서는 함께 생활하고 일하면서 부딪힐 수 있는 어려움에 대해 살펴보았다. 그룹 활동과 윤리적 실천에는 어느 정도 일반적인 원칙이 있기는 하지만, 답사는 그 경험의 강도가 치열하기 때문에 답사 전, 답사 중, 답사 후에 이르는 모든 일련의 경험 과정에서 항상 구체적으로 성찰하는 것이 필요하다. 이 장의 주요 사항은 다음과 같다.

- 답사에서는 동료들과 함께 작업하고 어울리는 과정에서 어려움이 발생할 수 있다. 그렇지만 각 구성원은 자신의 행동이 그룹에 어떤 영향을 가져올지 잠시 생각해 보는 것만으로도, 잠재적인 갈등이나 문제의 소지를 상당히 줄일 수 있다.
- 모든 사람들이 그룹 활동을 즐기는 것은 아니지만, 답사에서는 그룹 활동이 반드시 동반된다. 이 장에서는 그룹 구성의 기본 원칙이 무엇인지, 팀의 다양성을 어떻게 이해할 것인지, 그리고 함께 일하는 과정에서 발생하는 어려움은 어떻게 극복할 것인지를 안내했다.
- 답사에서 각 개인은 소그룹에서뿐만 아니라 전체 답사 팀에서도 다른 동료들과 상호작용한다. 이 장에서는 답사가 어떻게 남성 이성애자들의 '영웅적' 활동으로 구성되어 왔는지를 살펴보았으며, 이러한 답사의 특성으로 인해 젠더, 섹슈얼리티, 인종, 기타 신체적·지적 능력의 측면에서 여러 사람들이 답사에서 배제되거나 주변화될 수 있다는 점을 강조했다. 그러나 답사의 이러한 함정은 인솔 교수의 (답사 과목의 설계를 통한) 노력과 학생들의 (구성원의 다양성을 존중하고 지켜 내려는) 노력에 의해 극복될 수 있다는 점을 몇 가지 사례를 통해서 살펴보았다. 또한 우리는 답사와 관련된 최근의 학술적 비판을 검토함으로써 답사란 무엇인지, 그리고 우리는 답사에서 타인과 어떻게 지내야 하는지에 대한 논의가 상당히 희망적이고 진보적인 방향으로 발전되고 있음을 살펴보았다. 최근 들어 학생들이 연구 주제를 선정하고 연구 계획을 수립하는 방향

으로 답사가 변모하고 있다는 사실은 많은 학생들이 답사를 (물론 어느 정도의 한계는 있겠지만) '자신이 원하는 답사'로 만들 수 있다는 것을 의미하지 않겠는가?

결론

많은 학생들의 경우, 답사 과목을 수강할지를 선택할 때에 주로 답사 지역이 어디인지, 평가 방식은 어떠한지에 초점을 둔다. 그러나 수강 신청을 끝낸 다음에는 어떤 학생들과 답사를 떠날지에 대해 근심하는 학생들이 있다. 다른 학생들을 잘 알지 못하는 경우에는 특히 그 정도가 심할 것이다. 아마 이는 모든 학생들이 공통적으로 느끼는 점일 터이다. 왜냐하면 답사는 일종의 사회적 경험이기 때문이다. 그룹 구성원들과 답사 중 오랫동안 함께 지내는 동안에는 어떻게 동료 구성원들을 존중하며 어울릴 수 있을지, 그리고 그룹 목표를 달성하기 위해서 어떻게 효율적으로 팀워크를 발휘할지에 대해서 많은 주의를 기울여야 한다. 이는 결코 만만하고 간단한 과정이 아니다. 그러나 여러분이 동료들과의 관계에 더 많은 시간과 노력을 투자할수록 답사 프로젝트의 완수와 아울러 좋은 친구 관계가 그 보상으로 주어진다는 사실에는 의심의 여지가 없다.

더 읽을거리와 핵심문헌

- Levin, P.(2005) Successful Teamwork. Maidenhead: Oxford University Press. 학생들이 읽을 만한 책으로서, 그룹 활동에서 발생할 수 있는 어려움을 소개하고 있다.
- Rose, G.(1993) Feminism and Geography: the Limits of Geographical

Knowledge. Cambridge: Polity. 페미니스트 지리학의 맥락에서 답사가 남성주의적 전통의 산물이라는 점을 날카롭고 강력하게 비판하는 기념비적 저작이다.

제2부

방법과 맥락

제6장

경관 읽기: 현장의 기술과 해석

개 요

이 장에서 논의할 주요 내용은 다음과 같다.

- '현장'을 (곧 답사 중 마주치는 장소와 경관을) 어떻게 기술(記述)해야 하는가?
- 현장을 기술하고 분석할 때, 답사노트, 카메라, 휴대전화 등의 장비는 왜 그리고 어떻게 사용하는 것일까?
- 시각적 답사란 무엇이고, 시각 이미지는 어떻게 해석, 조작될 수 있을까?
- 경관 기술과 해석에서 소리와 냄새 등 다른 감각도 중요할까?
- 어떻게 문헌 자료를 통해 현장을 연구할 수 있을까?

여러분이 답사를 떠날 때에는(특히 집에서 멀리 떨어진 곳으로 갈 때에는) 어김없이 답사노트와 카메라를 챙겨 갈 것이다. 아마 수많은 사진을 찍고 기록을 남김으로써, 이를 답사 보고서를 작성하는 데에도 활용하고, 친구나 가족들에게도 (어쩌면 인터넷을 통해서) 보여 줄 것이다. 그러나 이 새로운 지리적 경험의 소산으로부터 최대한 많은 것을 얻어 내기 위해서는 (그리고 어쩌면 여러분의 평가에도 대비하기 위해서는) 여러분의 관찰 결과와 현장에 대한 여러 재현물을 어떻게 구조화하고, 기록하며, 해석할 것인지에 대해 보다 깊이 생각해 볼 필요가 있다. 이를 위해서 우리는 이른바 '문화경관'이라고 불리는 장소를 다른 사람들이 어떻게 기술하고 해석해 왔는지를 살펴볼 필요가 있다. 그리고 우리는 이런 방법을 단순히 모방할 것이 아니라, 우리의 연구에 적합하도록 이를 비판적으로 평가하고 차용하며 적용시켜야 한다.

답사노트

여러분이 디지털카메라와 녹음기, 캠코더, 랩톱컴퓨터와 같은 최신 장비를 가지고 답사를 떠난다고 할지라도, 이들의 선조(先祖)라고 할 수 있는 답사노트를 잊어서는 안 된다. 9장에서 살펴보겠지만, 지리적 호기심을 키우려고 개설된 어떤 웹사이트에서는 다음과 같이 제안한다.

> [탐험을] 떠날 때에는 항상 노트를 챙겨라. 여러분이 놀라운 생각을 하게 되더라도, 그 즉시 잊어버리거나 갑자기 옆길로 샐 수도 있기 때문이다. 여러분이 노트에 적는 모든 기록은 그것이 사람들에 대한 것이든, 여러분이 살고 있는 도시의 이용 방식에 대한 아이디어든, 아니면 여행 중 발견한 놀라운 그라피티든지 간에, 그 어느 누구도 여러분에게 가르쳐 준 적이 없는 자기 자신만의 생각이다. 따라서 이런 기록은 소중하다. 노래 가사를 위한 기록이든, 미술 작품에 대한 기록이든, 그냥 자기만의 일기이든, 자아 여행의 한 단편이든 간에 … 어느 날 불현듯, 여러분은 이런 기록을 가지고 있다는 사실에 기뻐할 것이다. (http://www. mookychick.co.uk/spirit/psychogeography.php 최근 접속 2010년 6월 2일 확인)

여러분은 어떤 자료를 수집할지에 대한 구체적 목표를 갖고 현장에 뛰어들겠지만, 보다 자유롭게 관찰하고 기록할 수 있는 시간적, 공간적 여지를 남겨 두는 것이 좋다. 스케치, 기술(記述), 사진 등의 모든 기록은 관찰, 해석, 표현의 과정 중 첫 단계일 것이다. 답사 중 눈길을 끄는 모든 것을 메모하고 이런 관찰 중에 생긴 의문을 기록함으로써, 무엇에 집중할 것인지를 정하고 이를 기반으로 연구 문제를 찾아낼 수 있다. 레이철 실비(Rachel Silvey)는 인도네시아에서의 답사노트에 대해 다음과 같이 회상한다.

> 나는 참여관찰 동안 상당한 분량의 기록을 남겼다. 기록하던 당시에는 대수롭지 않게 보였지만, 나는 모든 것을 적으라는 예전의 조언을 따랐다. 그 조언은 정말 큰 도움이 되었다. 답사를 할 때에는 그리고 답사를 마친 후 몇 달이 지났을 때에도, 내 노트에 적힌 기록들이 특별히 유용한 것 같지는 않았다. 그렇지만 좀 더 시간이 지나고 나니, 그 기록들은 면담을 해석하는 데 필수적이었다. 또한 그 이후 연구 결과를 출판하려고 할 때에도 답사노트와 면담 자료를 여러 차례 다시 들여다볼 수밖에 없었다. (2003: 99)

다시 말해서, 우리는 답사노트를 통해 우리가 무엇에 관심이 있는지를 알 수 있다. 따라서 답사노트를 돌이켜 보는 것은 연구 문제를 정교하게 수립하고, 장소나 경관을 보다 분석적이고 세밀하게 기술하는 데 큰 도움이 된다. 또한 이는 우리가 답사를 수행하는 과정에서 우리의 아이디어나 생각 또는 경험이 어떻게 변천되어 왔는지를 되짚어 보는 데에도 큰 도움이 된다.

그렇다면 답사노트에는 무엇을 기록하는 것일까? 우리는 여러분에게 열린 마음을 가지라고 말해 주고 싶다. 자신에게 익숙한 여러 관찰을 포함해도 되고, 한 번도 시도한 적이 없는 실험적인 방식을 포함해도 된다. 우선, 오늘날에는 거의 사용되지 않지만 초창기 지리학자들이 많이 사용했던 기법인 '스케치'부터 시작할 수 있다. 데이비드 린턴(David Linton)은 지리를 전공하는 학생들을 위해 경관 스케치에 대한 책을 썼는데, 그는 이 책의 서문에서 다음과 같이 주장했다.

이 책을 읽는 사람이라면 분명히 깨닫게 될 것이다. 어떤 경관의 특징을 포착하는 최고의 방법은 오직 그곳에 앉아서 그림을 그리는 것 외에는 없다는 사실을 말이다. 그리기는 단순한 기록이 아니다. 그것은 지리학자로 하여금 대상을 자세하게 살펴보게끔 하는 하나의 수단이자, 자신이 관찰한 것을 이해하게끔 하는 하나의 단계이다. (1960: vii)

아마 여러분도 미술관에서 본 적이 있겠지만, 미술 전공 학생들이 조각 작품을 그냥 카메라로 찍는 것이 아니라 그 앞에 앉아서 세밀하게 스케치하는 것도 이런 맥락에서이다. 그 이유는 간단하다. 우리가 어떤 대상을 앞에 두고 그림을 그리거나 기술하려면, 좀 더 가까이 다가가서 주의 깊게 바라보아야 하기 때문이다.

레이먼드 윌리엄스(Raymond Williams 1961: 23)는 "대상을 기술할 줄 알아야 그것을 볼 줄 안다."고 말했다. 기술은 단순하게는 단어에서 시작해서 여러 형태를 취할 수 있다. 돈 마이닉(Don Meinig)은 기술이란 본질적으로 해석적, 창조적 행위라고 주장한 바 있다. 달리 말해, 우리가 지리를 기술할 때에는 "결코 우리가 이미 알고 있는 대상을 기술할 수는 없다. 오히려 우리는 그것을 발견하고 그것에 의미를 부여하는 중에 있는 것이다."(1983: 323)라고 말했다. 물론 이는 쉽지 않다. 현장으로 뛰어들기 전에 몇 가지를 안내해 줄 수는 있지만, 어떤 간단한 또는 일반적 원리란 없기 때문이다.

당연히 답사 기록을 반드시 노트에 작성할 필요는 없다. 디지털카메라와 휴대전화로 찍은 사진들도 일종의 답사 기록에 포함된다. 아프리카의 많은 도시들을 조사(그림 6.1)했던 건축가 데이비드 아드자예(David Adjaye 2010)는 디지털 사진을 일종의 전자 스케치라고 표현한다. 아드자예는 "디지털카메라는 스케치북이다. 다만, 장시간 작업할 필요가 없는 스케치북일 따름이다. 나는 일단 이미지

■ 그림 6.1 데이비드 아드자예의 '아프리카의 도시: 사진 조사', 디자인 뮤지엄(Design Museum), 런던, 2010. (사진: Richard Phillips)

들을 수집하고, 나중에 그 이미지들을 되돌아본다. 나에게는 디지털 사진이 도시 환경에 대한 그림일기인 셈이다."라고 말한다. 아드자예에게 있어서 디지털 사진은 새로운 환경을 접하는 순간의 첫 반응과도 같다.

> 나는 새로운 곳에 도착하면 택시에 올라탄 다음 도시 전체를 돌아다닌다. 이를 통해 도시의 크기와 주요 특징을 마스터하는 것이다. 좋아한다든지 흥미를 끄는 건물을 찾아다니는 것은 사실 내가 아니라 … 나의 디지털카메라이다. 그것은 있는 그대로를 내가 보는 그대로 담는다.

이 외에도 사람들은 (디지털 사진뿐만 아니라 기존의 필름 사진, 즉석 사진, 스틸 사진,

동영상 등 여러 형태의) 사진을 다양한 용도로 사용하고 있다. 한편, 사진은 지리 답사에서 특히 중요한 부분이므로, 이에 대해서는 이 장에서 별도로 살펴볼 것이다. 지리 사진을 찍는 사람들은 대개 카메라를 관찰 도구로 활용한다. 엘리자베스 채플린(Elizabeth Chaplin)은 사회연구자로서 매일 사진 일기를 쓰는데, 그녀의 설명에 따르면 "카메라는 우리가 세계를 능동적으로 바라보게 함으로써 당연시하며 지나치던 것들에 주목하게끔 한다."고 설명한다(2004: 47). 사람들은 대개 놀랍거나 흥미 있는 것을 촬영하지만, 그녀는 이와 정반대로 일상적이고 루틴한 것을 기록한다. 답사를 떠나는 학생들은 관광객이 아니라 연구자로서 여행을 하는 것이므로, 채플린의 사례에서 유익한 영감을 얻을 수 있을 것이다. 매일매일의 사진 일기는 자기 주변의 세계를 "보다 세밀하게 바라보게 하고", 특정 대상을 그 주변으로부터 두드러지게 해서 우리가 다시 한 번 쳐다보게끔 하며, "어떤 대상을 당연하게 여기지 않도록 만든다."(2004: 43)는 점을 기억해 두자.

한편, 답사노트에 기록할 내용을 눈에 보이는 것으로만 한정시킬 필요는 없다. 시각 이외의 다른 감각을 통한 관찰도 충분히 답사 기록으로 남길 수 있다. 다음 절과 9장에서 보다 자세히 다루겠지만, 소리, 촉감, 냄새, 맛 등이 장소와 어떤 관련이 있는지에 대해서도 답사노트에 남길 수 있다. 그러나 여기에서 소개한 관찰 기법을 보다 정교하게 다루고 세부적인 테크닉과 실제상의 경험을 논의하기에 앞서, 이런 관찰을 어떻게 답사의 맥락 속으로 끌어들일지를 우선적으로 생각해 보아야 한다. 관찰이 성찰을 낳고, 성찰이 질문을 낳으며, 질문이 답사의 초점을 낳는 것이 이상적이다. 따라서 답사노트는 일종의 '성찰일기'이다. 성찰일기에 대해서는 앞서 2장에서 소개한 바 있다. 성찰일기는 우리가 답사 현장에서 개발할 수 있는 역량을 파악하는 데 큰 도움이 된다는 점을 앞에서 살펴보았다. 이 장에서 우리는 성찰일기의 또 다른 중요성, 곧 우리가 관찰하고 기술하는 데 큰 도움이 된다는 점을 살펴볼 것이다. 이러한 성찰의 과정은 답사 경험 전체에서 계속 이어지기 때문에 답사 중 특정 단계에만 해당되는 것도 아니고, 모든 성찰을 답사노트에 기록할 수 있는 것도 아니다. 그러나 우리는 답사 기록을 일종의 성찰일기로 활용함으로써 우리의 아이디어를 구체화시켜 나갈 수 있다. 이와 관련해서 우리는 아래의 몇 가지 사항을 제안하고자 한다.

1. 자신의 답사 기록을 읽고, 또 읽어야 한다. 그 기록의 의미가 즉각적으로 뚜렷해지지 않더라도 반복해서 읽어야 한다. 우리는 앞에서 인도네시아를 연구했던 레이철 실비를 사례로 언급한 바 있다. 그녀에 조언에 따르면, 만약 답사노트의 내용이 방대하다면, 여러 번 답사노트를 읽음으로써 반복되는 주제나 패턴을 발견해서 이를 답사노트의 말미에 별도의 색인으로 작성할 수 있다. 그녀는 답사노트 말미에 '알파벳순으로 작성한 간략한 색인'을 활용함으로써 '연구 시간'을 상당히 단축할 수 있었다고 밝혔다(2003: 99).
2. 자신이 기술하는 대상에 주목하라. 무엇 때문에 그 대상에 이끌렸는가? 심지어 지극히 수동적인 기술이라고 하더라도(가령, 카메라의 뷰파인더를 통해서 무엇을 찍는다고 하더라도), 이미 여러분은 무언가를 선택한 것이다. 무언가가 여러분을 이끈 것이다. 사진은 '찍은' 것임과 동시에 '만들어진' 것이기 때문에 사진의 촬영자/제작자는 필연적으로 능동적인 역할을 할 수 밖에 없다(Chaplin 2004: 36).
3. 자신이 기술하는 방식에 주목하라. (그리고 정교하게 기술하기 어려운 대상에도 주목하라.) 레이먼드 윌리엄스(1961: 23-24)의 주장에 따르면, "이따금 기존의 방식대로 기술하기 어려운 새로운 정보가 있다. 우리가 문자 그대로 창의적이라고 느끼는 경우는 바로 이러한 정보를 어떻게 해서라도 기술하려고 할 때이다." 이처럼 기술이란 생명력이 넘치는 창의적 행위로서, '새로운 대상과 새로

운 관계'에 대한 우리의 눈과 마음을 열어젖힌다.

4. 자신의 관찰 결과가 자신의 연구 문제와 관련해서, 그리고 보다 넓은 학술적 논의와 관련해서 어떤 의미가 있는지 생각해 보라. 자기 자신에게 "나는 (답사) 경험으로 인해 연구 문제 및 관련 사안을 인식하는 태도가 바뀌었는가?" (Dummer et al. 2008: 477)라고 질문해 보자. 어쩌면 여러분의 관찰 결과가 지니는 이론적 중요성은 (여러분이 답사 현장에서 돌아온 다음) 자신의 답사노트를 학술 문헌의 맥락에서 읽은 후에야 비로소 분명하게 나타날 수도 있다.

시각적 답사

이제까지 답사노트에 대해 개괄적으로 살펴보면서 답사 현장에서 무엇을 어떻게 관찰할 것인지, 그리고 관찰 결과를 어떻게 기록하고 해석할 것인지에 대해 검토해 보았다. 지금부터는 답사 현장에서 장소와 경관을 좀 더 체계적으로 조사하기 위한 방법을 보다 상세하게 알아보자. 좋건 나쁘건 간에, 지리 답사의 지배적인 전통은 시각적이므로, 답사에 대한 시각적 접근부터 살펴보는 것이 타당할 것 같다. 시각적 방법은 지리학에 깊이 뿌리 내리고 있지만, 이에 대해 활발한 논의가 시작된 것은 최근의 일이다. 이는 새로운 기술의 발전으로 인해 시각 이미지를 생산하고 다루는 방식이 획기적으로 변화했기 때문이다. 우선, 다음 절에서는 답사에서 어떻게 사진을 비판적이고 창의적으로 활용할 수 있는지에 대해 살펴보고자 한다. 그다음 절에서는 시각적 방법의 한계가 무엇인지를 검토한 후, 비시각적인 또는 시각을 초월한 지리 답사 방법에 무엇이 있는지를 탐색해 보도록 하자.

사진

지리 답사에서 사진은 편리한 매체(미디어)로서 지속적으로 부상하고 있다. 사진에 대한 경제적·기술적 장벽이 무너짐에 따라, 학생들은 사진을 다루는 데 훨씬 강한 자신감을 갖게 되었다. 시각적 기술은 빠른 속도로 변화하고 있기 때문에 아마 이런 기술적 활용 능력은 여러분이 교수들보다 더 뛰어날 것이다! 그러나 사진 등의 여러 시각적 방법은 단순히 테크닉을 배우는 것 이상으로 생각해야 한다. 그리고 "이미지를 다루는 작업은 여전히 전문적인 직업이다."(Grady 2004: 28) 따라서 우리는 이 책에서 사진과 관련된 세부적인 기술적 사항들에 대해서는 주목하지 않을 것이다. 이런 사항은 언제나 빠른 속도로 변화하고 발전하기 때문에 상세하게 설명하더라도 금방 쓸모없는 내용이 되어 버리기 쉽다. 대신 우리는 학생들이 답사에서 사진을 어떻게 활용하는지, 이런 과정에서 제기된 질문과 대답은 무엇인지, 우리는 이러한 경험으로부터 무엇을 배울 수 있는지에 초점을 두고 살펴볼 것이다.

이 절에서는 바르셀로나와 베를린에서 진행된 답사를 사례로 학생들의 사진 촬영 활동을 소개함으로써, 여러분이 답사에서 어떻게 사진을 활용할 수 있고, 이런 과정에서 무엇을 고려해야 할지를 살펴볼 것이다. 지금은 디지털카메라가 가격도 저렴하고 편리해서 널리 사용되고 있지만, 이외에도 기술적으로 조잡한 구형 카메라를 활용하는 방법도 있다. 바르셀로나 답사를 인솔했던 제임스 시더웨이(James Sidaway 2002) 교수는 학생들에게 일회용 카메라를 나누어 준 다음 바르셀로나를 촬영하게 했다. 학생들이 촬영한 사진은 곧바로 현지에서 인화했다. 그리고 모든 학생들에게 각자가 찍은 사진 중 바르셀로나를 가장 잘 표현한다고 생각하는 4장을 고르게 한 다음, 왜 그 사진들을 선택했는지 400단어 이내로 설명하게 했다. 앨런 레이섬과 데릭 매코맥(Alan Latham and Derek McCormack 2007: 243)도 베를린 답사에서 학생들에게 이와 유사한 활동을 하게 했다. 이들은 동일 사양의 디지털카메라를 학생들에게 나누어 주고 답사 기간 동안 사용하게 했다. 학생들은 각자 디지털카메라로 베를린 곳곳을 촬영하면서, "이런 곳들이 어떻게 베를린을 기억하는 물질적, 상상적 공간들로 짜여 있는지"를 탐구했다(2007: 246). 일회용 카메라와 비교했을 때 디지털카메라는 보다 뛰어난 기술적 범위를 가진다. 조명이 낮더라도 좀 더 좋은 사진을 찍을 수 있고, 스틸 사진뿐만 아니라 동영상 촬영이 된다는 장점도 있다. 레이섬과 매코맥은 학생들에게 디지털카메라를 제공함으로써, 더 좋은 카메라를 가진 학생들과 좋은 카메라를 가지지 못한 학생들 사이에서 나타나는 불평등의 문제를 극복했다.

학생들은 이러한 사진 답사에서 무엇을 얻었을까? 이와 유사한 활동을 통해서 여러분은 무엇을 배울 수 있을까? 먼저, 학생들은 이런 관찰 기법을 활용함으로써 지리적 개념을 적용해서 특정 장소를 탐구하는 법을 배웠다. 가령, 베를린을 답사한 학생들은 소비에트전쟁기념비(Soviet War Memorial)와 같은 '기억의 위치(sites of memory)'를 방문해서 이를 시각적으로 기록하는 과제를 수행했다. 여러분이 어디로 답사를 가든지, 아니면 무엇에 관심이 있든지 간에 이런 방식으로 자신이 관찰한 것과 개념 및 이론을 연결시키도록 노력해야 한다. 시더웨이에 따르면, 학생들은 바르셀로나 답사 활동을 통해 "재현(representation)의 문제를 실제상에서 간단히 생각해 볼 수 있는 기회"를 가짐으로써 "연구의 성찰성과 지리적 재현에 대해 보다 깊이 이해할 수 있었다."(2002: 100) 학생들은 자신의 과제를 수행하는 과정에서 다음의 문제를 생각해 보게 되었다.

- 왜 그 특정한 사진 또는 장면을 선택했는가?
- 그 사진이나 장면은 어떤 측면에서 도시를 대표하는가? 어떤 기준을 적용해서 그것을 선택했는가?
- 자신의 선택을 (이론적 또는 개념적으로) 정당화할 수 있는가?

• 다른 이미지들을 선택했다면 결과는 어땠을까? (2002: 100)

사진은 대표적이거나 전형적인 것을 보여 주는 데 사용될 수도 있지만, 현장에서 '놀랄 만한 것'을 찾아내고 확인하는 데 사용될 수도 있다.

베를린 답사에 참여했던 학생들은 사진 활동을 통해 관찰력을 키울 수 있었다고 말했다. 한 학생은 "그냥 정처 없이 돌아다니는 것이 아니라, 그 반대로 주변에 있는 것들을 보다 자세히 살펴보게 되었다."(Latham and MaCormack 2007: 252)고 이야기했으며, 또 다른 학생은 "카메라의 '눈'을 통해 도시를 봄으로써 도시를 새롭고 보다 뚜렷하게 느끼게 되었다."고 말했다(2007: 252). 사진 답사에는 기대하지 않았던 또 다른 이점들도 있다. 레이섬과 매코맥은 학생들이 다른 누군가의 사진을 찍을 때에는 반드시 당사자의 허락을 받도록 했다. 이 결과 학생들은 허락을 구하는 과정에서 자연스럽게 상대방과 대화를 시작할 수 있었다. 어떤 연구자들은 보다 범주화된 방식으로 사진을 찍을 사람을 선택하지만, 이 역시 상대방과의 상호작용을 시작할 수 있다는 측면에서 긍정적인 기회라고 생각했다. 엘리자베스 채플린은 "누군가를 사진으로 찍을 때에는 항상 미리 허락을 받아야 하고, 사진을 출판물에 사용할 때에도 미리 허락을 받아야 한다."고 조언한다(2004: 45). 그녀의 경험에 따르면 대부분의 사람들이 사진 촬영을 허락했을 뿐만 아니라 연구와 관련된 대화도 나눌 수 있었다고 한다.

베를린과 바르셀로나에서의 사진 답사 프로젝트는 넓은 주제를 탐색하기 위해 소수의 사진을 집중적으로 살펴보았지만, 일부 다른 연구자들은 시각적 지리 데이터를 구축하기 위해서 사진을 보다 체계적으로 활용한다. 찰스 수차르(Charles Suchar 2004: 162)는 젠트리피케이션 연구에 이른바 '사진 목록화(photographic inventory)' 기법을 활용한 바 있다. 이는 형식화된 표본 추출 기법을 적용해서 사진을 촬영하는 것으로서, 대상 지역을 대표할 수 있는 일상 사진을 주기적으로 찍은 후 이를 축적해 나가는 방법이다. 수차르는 자신의 "현장 연구 전략은 구산업 지역의 용도, 기능, 변화에 있어서 비교 가능한 패턴을 찾아내기 위해 체계적으로 물리적 구조를 블록 단위로 촬영하는 것이었다."고 설명한다(2004: 151). 이 방법은 답사 사진을 체계적인 원칙하에 찍을 수 있기 때문에 눈으로 관찰할 때에 (흥미 있거나 독특한 것에 시선을 뺏김에 따라) 놓치기 쉬운 광범위한 패턴을 포착할 수 있는 강점이 있다. 또한 이는 특정 환경이 시간에 따라 어떻게 변화하는지를 기록, 관찰, 사고하는 데 도움을 주는데, 이는 다양한 기간에 걸쳐 이루어질 수 있다. 곧 몇 년에서 십 수년에 걸쳐(이 경우 2차 사진 자료의 활용도 가능하다), 며칠에 걸쳐, 또는 단 24시간 동안에도(가령, 시간에 따라 특정 공간을 점유하는 사람들이 어떻게 달라지는지를 살펴보기 위해서) 사진을 통해 이런 변화를 포착할 수 있다.

자전적 사진

때로는 우리가 누군가에게 카메라를 건네주는 것도 좋은 방법이 된다. 그들이 찍은 사진을 통해서 우리가 접근할 수 없는 은밀하고 사적인 장소의 지리를 이해할 수 있는 것이다. 이런 기법은 흔히 '자전적 사진(auto-photography)' 또는 '자기주도적 사진(self-directed photography)'이라고 불린다. 이는 연구 참여자에게 카메라를 빌려주면서 무슨 사진을 어떻게 찍을지를 알려 준 다음, 그들이 찍은 사진을 수집해서 자료 형태로 구축하는 방법이다(Ziller 1990). 자전적 사진은 다양한 지리 연구 프로젝트에서 활용되고 있다. 세라 존슨, 존 메이, 폴 클로크(Sarah Johnsen, Jon May and Paul Cloke 2008)는 노숙자의 지리를 연구하면서, 그리고 로레인 영과 헤이즐 배럿(Lorraine Young and Hazel Barrett 2001)은 우간다의 캄팔라(Kampala)에서 부랑 청소년들의 생활 세계를 탐구하면서 이 기법을 활용했다. 또한 데이비드 도드먼(David Dodman 2003)도 자메이카의 킹스턴(Kingston)에서 이 기법을 통해 고등학생들의 환경 인지를 조사한 바 있다. 이들이 찍은 사진은 아프리카 도시와 부랑 청소년들의 생활과 같이 외부 연구자의 접근이 어렵고 사적인 공간에 대한 정보를 제공한다. 또한 그곳을 점유해서 살아가는 주민들이 이러한 사적, 공적 장소들을 바라보고 경험하는 방식을 이해하는 데에도 도움이 된다. 자전적 사진의 또 다른 매력 중 하나는 연구 참여자들이 연구 의제에 다양한 방식으로 개입하게 함으로써 (가령, 연구 참여자가 찍고 싶은 사진을 찍게 하거나 자신이 찍은 사진의 의미를 설명하게 함으로써) 연구자와 연구 참여자 간의 불균등한 권력 관계에 도전하고 이를 전복할 수 있다는 점이다. 대부분의 연구 참여자들은 연구 프로젝트에 참여해서 자기 사진을 받아 보는 것을 즐겁게 받아들인다. 앞서 언급했던 세라 존슨 등의 연구의 경우, 노숙자들은 (아마 연구에 참여하지 않았더라면 기록되지 않고 그냥 스쳐 지나갔을) 자기 인생의 한 순간을 담은 사진을 소중하게 간직했다고 한다.

잠재적 연구 참여자를 선정하기 위해서는 사전 면담을 진행하는 것이 좋다. 사전 면담을 통해 표본 집단을 젠더나 연령 등의 사회적 범주에 따라 구조화하는 것도 좋은 방법이다. 그다음, 연구 참여자에게 카메라를 제공하면서 무엇을 어떻게 찍을 것인지에 대해 상세히 설명해 준다. 우리는 여러분이 일회용 카메라를 사용하길 추천하는데, 왜냐하면 가격이 저렴해 장비를 잃어버려도 부담이 적을 뿐만 아니라 사진을 간편하게 찍을 수 있어 연구 참여자에게 간단한 안내만 해 주면 되기 때문이다. 공동임대 주거 공간(spaces of shared rental housing)에 대해 연구했던 수 히스와 엘리자베스 클리버(Sue Heath and Elizabeth Cleaver)는 연구 참여자들에게 다음과 같이 설명했다.

> 여러분이 공동주택 및 공동가구에서 생활하면서 중요하거나 의미 있다고 생각하는 장면을 사진에 담아 주시길 바랍니다. 원하시는 만큼 많이 찍으시길 바랍니다.

앞서 여러분과 함께 논의했던 주제와 상관이 있어도 되고, 전혀 상관없어도 괜찮습니다. 여러분의 카메라이고, 여러분의 기록이라고 생각해 주십시오. 필름을 끝까지 쓰지 않아도 괜찮습니다. 그냥 필요한 사진을 찍은 다음에, 필름을 한 번 감아 주시기만 하면 됩니다. (2004: 70)

또한 사진 촬영을 끝낸 직후 연구 참여자들과의 면담을 진행할 수 있다. 이 경우, 사진을 일종의 '면담 탐침(probes)'으로 활용해서 연구 참여자들이 사진의 내용이나 의미에 대해 설명하게끔 하는 것이 좋다. 이에 대한 사례로 존슨 등(Johnsen et al. 2008: 197)은 사진 촬영 후에 모든 연구 참여자들을 초청해서 그 장소를 찍은 이유는 무엇이고, 그 장소는 어디에 있고, 무엇을 (또는 누구를) 위한 곳인지에 대해 토론하도록 했다.

사진과 면담 녹취록은 대개 질적 방법을 통해 분석된다. 그러나 일부 연구자들은 사진 내용을 숫자적으로 분석할 때도 있다. 사진을 주제에 따라 몇 가지 유형으로 코딩을 한 다음, 각 유형에 해당되는 사진의 개수를 세는 것이다. 가령, 자메이카에서 학생들이 찍은 사진들은 주제에 따라 '풍경/자연미', '환경 문제', '환경 관리'로 코딩했다. 도드먼(2003: 297)은 이렇게 이미지를 코딩하는 방식에는 한계가 있음을 인정하면서 "어떠한 분류 체계도 사진 속의 다층적 의미를 정확히 나타낼 수 없다."고 말한다. 그러나 이와 동시에 그는 이러한 접근을 통해 응답자들을 몇 개의 하위 집단으로 분류하여 서로 비교함으로써 새로운 해석을 도출할 수도 있음을 시사했다.

자전적 사진을 활용할 때에는 내용 분석(content analysis)의 가능성을 열어 놓아야 하지만, 실제상의 한계도 분명히 인식해야 한다. 도드먼의 자메이카 프로젝트는 45대의 카메라와 800장 이상의 사진으로 이루어졌다. 분명 이는 학부생이 수행할 수 있는 범위를 넘어선 규모의 프로젝트이다. 또한 각종 연구 자원이 풍부한 전문 연구자들은 동영상과 스틸 사진을 촬영할 수 있는 고성능 카메라를 활용해서 자전적 사진 프로젝트를 수행하기도 한다. 가령, 세라 킨던(Sarah Kindon 2003)의 연구에서처럼 참여 비디오 촬영을 학부생들이 따라 하기란 매우 어려운 일이다. 그렇지만 카메라의 기술적인 부분들을 최대한 활용해서 언제나 상상력 넘치고 혁신적인 방식으로 사진을 활용하기를 바란다.

기타 시각 자료: 기존 이미지의 활용

아마 사진 자료를 모두 수집하고 나면, 자신이 수집한 것이 풍부하면서도 복잡한 데이터세트(data set)임을 깨닫게 될 것이다. 그 사진들이 자신이 직접 찍은 것이든, 다른 사람에게 찍으라고 시킨 것이든, 다른 어떤 방법으로 입수한 것이든 간에 상관없이 말이다. 이는 기회임과 동시에 도전이다. 존 그레이디(John Grady 2004: 19)에 따르면, 이미지는 여러 가지 형식을 띠며, (촬영자의) '이데올로기, 개인적 주장, 우연성' 등 다양한 요소들을 반영한다. 따라서 이미지는 다양하고 복잡한 데이터세트일 수밖에 없다. 그러나 우리는 이에 지나치게 압도당해서는 안 된다. 우선, 지리적 이미지는 두 가지 유형의 정보를 담고 있음을 염두에 두자. 첫 번째 유형은 사람들이 그 장소를 어떻게 이해하고, 이용하며, 경험하는지에 관한 정보이고, 두 번째 유형은 그 장소 자체에 관한 정보이다. 지리적 이미지의 정보가 이중적인 이유는 경관(풍경)이란 물질적 대상임과 동시에 보는 방식이기 때문이다. 따라서 우리는 모든 다양한 지리적 이미지로부터 이러한 두 가지 유형의 정보를 도출할 수 있다. 이 절에서는 지리 사진에 관한 논의를 지리적 이미지라는 보다 넓은 차원으로 확대시켜서 살펴본 후, 이런 (풍부하면서도 복잡한) 자료를 어떻게 해석할 것인지에 대해 안내하고자 한다.

우리가 답사에서 찍은 사진과 마찬가지로, (우리가 답사를 다니며 마주치거나 수집한) 다른 사람들이 생산한 사진과 그 외 그림, 지도, 설계도, 건축, 문자 등의 모든 시각 이미지들에도 물질적 공간과 바라보는 방식에 대한 정보가 포함되어 있다. 데니스 코스그로브(Dennis Cosgrove 1984)와 스티븐 대니얼스(Stephen Daniels 1993)는 풍경화를 지리적 데이터라는 측면에서 해석했던 선구자적 지리학자들로서, 근대 유럽과 미국을 사례로 지리적 이미지와 상상이 자본주의와 민족주의와의 관계 속에서 어떻게 생산되었는지를 분석했다. 이들의 영향으로, 현대의 많은 문화지리학자들은 다양한 시각 이미지를 지리적 데이터로 간주해서 분석하고 있다. 여기에 사진이 (옛날에 찍은 사진이든 아니면 방금 찍은 사진이든지 간에) 포함되는 것은 당연하다. 조안 슈바르츠와 제임스 라이언(Joan Schwarz and James Ryan 2003: 1)의 주장에 따르면, 사진은 지리적 상상의 '동맹군'이자 '우리를 우리 주변의 세계에 관여하게 하는 강력한 도구'로서, 사람들이 환경을 바라보는 방식을 드러낼 뿐만 아니라 이를 형성하기도 한다. 곧 사진이란 단지 과거와 현재의 경관에 대한 기록일 뿐만 아니라, 사람과 (산맥과 계곡에서부터 실내 인테리어에 이르기까지 다양한) 환경의 관계를 능동적으로 형성하는 데 이용된다.

2차 자료(연구자가 만든 것이 아니라 연구자가 발견, 수집한)로서의 시각적 이미지들에는 여러 가지 형식이 있다. 이런 자료를 구하기 위해서는 반드시 답사를 떠날 필요는 없다. 왜냐하면 인터넷, 도서관, 문서보관소 및 기타 실내 조사를 통해서도 구할 수 있기 때문이다. 이런 2차 이미지에는 다른 사람들이 다른 맥락에서 생산하고 소비한 사진들이 포함된다. 아마 이런 사례에는 여행사 홍보, 부동산 마케팅, 지역 개발 및 지방정부, 문화기술지, 가족생활 등이 해당될 것이다. 개별적으로 인터넷을 통해 다운로드 받은 이미지뿐만 아니라 답사 현장에서 마주칠 법한 브로슈어, 포스트, 지역 신문, 광고판 등도 모두 이런 이미지에 포함될 수 있다. 이미지는 이런 맥락 내에서 특수한 의미를 가지기 때문에 어쩌면 이미지는 현장 그 자체라고도 할 수 있다(참고로 개발지리와 답사와의 관계에 관한 논의로서 Cheryl McEwan 2006을 참조하라).

엽서 6.1 파리에서 온 엽서 보내는 사람: 리처드 필립스

웨일스에서 파리로 답사를 온 학부생 연구팀이 제국주의와 식민주의의 흔적을 조사하고 있는 중이었다. 프랑스의 자본주의 도시에 대한 가이드북은 제국주의의 흔적을 찾을 수 있는 몇몇 지점들을 소개하는 등 유용한 팁을 제시했다(Rough Guide

1995). 이 책에는 프랑스의 구식민지에서 가져온 문화 예술 작품들이 소장된 (당시만 하더라도 재건축되기 전이었던) 아프리카-오세아니아 박물관과 1961년에 알제리 민족해방전선(FLN)에 의해 조직된 시위대가 격렬하게 경찰과 대치했던 본 누벨(Bon Nouvelle) 지하철역이 포함되어 있었다. 그러나 파리에서 제국주의와 식민주의의 자취를 찾는 일은 쉽지만은 않았다. 왜냐하면 이런 자취들이 일시적인 경우가 많았기 때문이다. 달리 말하면, 오늘날의 박물관은 예전과 비교할 때 보다 비판적인 감수성이 반영되어 재포장되고 있기 때문에 과거에 있었던 식민지에서의 대량학살 등은 좀처럼 찾아보기 어렵게 되어 버렸다. 그러나 약간의 상상력을 발휘한다면, 잘 보이지 않을 것 같던 흔적을 이따금씩 발견할 수 있다. 가령, 우리는 노점상 밀집 구역을 찾아가 헌책과 고문서를 파는 곳을 주의 깊게 살펴보던 중, 알제리에서 온 옛날 엽서들을 우연히 발견하게 되었다. 이 엽서 중 몇 개를 여기에 그대로 실어 보았다. 이 중 어떤 엽서에는 시가지가 현대적 항구를 포함한 유럽인들의 거주지와 아랍인들의 거주지로 뚜렷하게 분리되어 있는 사진이 담겨 있다. 이 엽서들은 상당히 흥미롭다. 왜냐하면 이 엽서들은 한때 식민지 본국이었던 프랑스와 그 식민지 간의 '지리적 연결의 흔적'으로서 오랜 세월을 견디며 살아남았기 때문이다. 이 엽서들은 프랑스인들이 어떻게 자신들의 식민지를 바라보았는지 또는 바라보고 싶어 했는지를 보여 준다. 곧 이들 엽서에는 알제리에 건설한 유럽식 도시에 대한 자긍심이 배어 있으며, 이를 바라보며 미소를 짓고 있었을 식민 지배 주체들의 모습을 떠올리게 한다. 한편, 이들 엽서는 우리에게 역사적 씁쓸함을 느끼게도 한다. 왜냐하면 이들 엽서가 사회적 진보와 조화에 대한 낙관적 전망을 보여 주는 것과는 대조적으로, 실제 역사적으로는 알제리뿐만 아니라 파리에서는 반식민주의 투쟁에 대해 엄청난 폭력이 자행되었기 때문이다. 또한 엽서 속 내용들은 가족 방문이나 모임(행사)과 관련된 것들이었는데, 이는 알제리에서 일어났던 해방 투쟁 및 그 이후의 역사적 사실과 절묘한 대조를 이루었다. 왜냐하면 알제리가 프랑스로부터 독립한 후 수십만 명의 식민 지배층을 추방함에 따라 이들 대부분이 프랑스로 귀환했는데, 이들은 자신들의 모국에서 ('검은 발'이라는 의미의) '피에 누아르(pieds noirs)'라고 불렸기 때문이다. 한편, (9장에서 좀 더 자세히 소개할 인물인) 프랑

스의 작가 조르주 페렉(Georges Perec)은 엽서들을 수집한 후, 「진정한 색깔을 띤 243장의 엽서」라는 시를 통해 엽서에 담긴 내용을 표현한 바 있다. 이 시에는 다음의 구절이 포함되어 있는데, 이는 집과 휴가 간의 '지리적 연결'을 보여 주고 있다.

> 우리는 아작시오(Ajaccio) 근처로 캠핑을 간다. 좋은 날씨. 아주 잘 먹었다. 선탠을 했다. 내가 가장 좋아하는 것.
>
> 우리는 호텔 알카사르에 있다. 다시 선탠을 했다. 정말로 좋았다! 친구 여럿을 사귀게 되었다. 7일이다.
>
> 우리는 루스 섬(L'Ile-Rousse)에서 출항했다. 다시 선탠. 음식은 훌륭했다. 햇볕에 너무 많이 그을렸다! 사랑 등.
>
> 우리는 방금 다호메이(Dahomeu)에 도착했다. 훌륭한 밤. 환상적인 수영. 낙타를 타고 유람하다. 15일에 파리로 돌아갈 예정. (Perec 1997[1978]: 218-235)

이러한 엽서 스크랩북은 처음에 볼 때만큼 무작위적이거나 파편적이지는 않다. 이른바 잃어버렸다가 '되찾은 물건'을 모아서 그 속에 담겨 있는 다른 사람들의 목소리를 드러낸다. 그런 목소리에는 유머와 시와 시각적 즐거움이 어우러져 있다. 우리는 이런 엽서들을 통해, 답사 현장이 시각 이미지를 수집하기에 얼마나 좋은 곳인지, 그 속에 어떤 내용이 담겨 있고 어떤 맥락에서 생산, 소비되는지를 탐구하기에 얼마나 좋은 곳인지를 알 수 있다. 이런 이미지 속에 담겨 있는 문화적 의미는 인터넷에서 다운로드 받은 이미지나 미술관에 걸린 그림에서는 아마 찾아보기 어려울 것이다.

엽서 6.1은 파리 답사 중에 발견했던 이미지들에 대해 논의하면서, 이런 이미지들이 어떻게 흥미진진한 정보의 원천이 될 수 있는지를 보여 주고 있다. 곧 이미지가 표현하는 장소, 이미지가 보내진 장소, 오늘날 이런 이미지를 발견할 수 있는 장소 등에 대한 정보가 그 이미지 속에 담겨 있는 것이다.

새로운 시각 매체

지리학에 있어서 시각적 전통은 주로 지도와 같은 2차원적 재현물을 생산, 해석하는 활동과 관련되어 있다. 그러나 이러한 전통은 점차 새로운 (그리고 저렴한 비용으로 활용 가능한) 매체의 등장으로 변화를 맞고 있다. 지리학자들은 이 중 특히 동영상을 활용한 탐구와 실험에 주목하고 있다. 영화에 관한 지리학계의 문헌들은 상당히 증가한 편으로, 주로 영화에서의 재현이나(가령, Shiel and Fitzmaurice 2001 참조) 영화 산업의 경제지리(가령, Scott 2000; 2002 참조)에 주목하고 있다. 그렇지만 지리학자들이 영화 제작에 주목하는 것은 아주 최근에 들어서이다. 뭄바이의 '물 경관'을 다룬 매슈 간디(Matthew Gandy 2008)의 다큐멘터리는 고무적이고 흥미 있는 사례이면서도, 영화 제작 시 직면할 수 있는 어려움도 함께 보여 준다. 총 30분 분량으로 제작된 간디의 영화는 연구위원회의 연구비 지원, 전문적인 기술지원팀, 그리고 간디의 탁월한 창의력이 함께 빚어낸 결과물이었다. 간디의 영화는 우리에게 신선한 자극을 주지만, 학부생들이 짧은 답사 기간 동안 자신의 영화를 제작할 것이라고 상상한다면 우선 두려움이 앞설 것이다. 그러나 최근 영화 제작에 있어서 (영상 및 음향 녹화부터 편집에 이르기까지) 상당한 혁신이 이루어지면서 기술적 장벽이 엄청나게 낮아짐에 따라, 일반 학생들 또한 영화를 제작할 수 있는 여건이 갖추어졌다. 이제는 디지털카메라와 핸드폰으로 사운드트랙까지 갖춘 완벽한 한 편의 동영상을 제작할 수 있게 되었으며, 제작된 동영상은 랩톱컴퓨터로 편집할 수 있고, 인터넷상에서 업로드와 다운로드 할 수 있다. 이런 기술적 진전은 앞으로도 계속될 것이다. 우리는 영화를 학부 답사에서 한 매체로서 실험해 볼 수 있는 단계에 도달한 것이다.

현장에서 어떻게 동영상을 만들고 활용할 수 있을까? 앨런 레이섬과 데릭 매코맥(2007)은 베를린 답사에서 도시의 리듬을 살펴보기 위해 동영상 클립을 활용하기로 했다. 이들의 목적은 사진이나 언어적 기술(記述)로는 포착하기 어렵거나 불가능한 대상을 동영상을 통해 조사하는 데 있었다. 지하철(U-Bahn)을 타고 여행하는 시간적 경험 등과 같이 도시 내부의 역동적인 이동(移動)의 지리는 이들이 포착하려고 했던 핵심적인 연구 주제였다. 학생들은 베를린 곳곳으로 흩어진 다음 특정 지점에서의 리듬을 동영상으로 녹화했고, 이를 웹사이트 업로드 해 둔 다음 전체 발표에서 보여 주었다. 이 프로젝트는 새로운 기술을 단기간에 배우고 적용할 때 나타날 수 있는 문제점도 보여 주었다. 가령, 학생들은 이동 중인 피사체를 촬영할 때 카메라가 떨리지 않도록 고정시키는 기초적인 방법부터 배워야 했다. 그러나 이 사례를 통해서 우리는 기술적 발전으로 인해 답사에서, 특히 경관 읽기와 관련해서 어떠한 새로운 가능성이 생겨나는지를 알 수 있다. 특히 단순히 새로운 기술을 활용하기 위해서가 아니라, 학술적인 문제나 논의의 맥락 속에서 이러한 기술을 동원할 때 최상의 효과를 거둘 수 있음을 기억하자.

이 외에도 3차원 디지털 이미지는 (아직 인문지리 답사에서는 널리 사용되고 있지는 않지만) 환경 답사에서 자주 사용되고 있다. 3차원 디지털 이미지는 스캐닝 장치와 디지털 데이터세트를 시각화(visualization) 소프트웨어를 사용해서 가공함으로써 가상 지점에서 조망할 때의 이미지를 현실감 있게 구현한 것이다(Mitchell 2003). 이런 기술은 컴퓨터상에서 재현된 이미지가 얼마나 사실적인지를 실제 경관과 비교하여 테스트하기 위해서 사용되었다. 이는 또한 관찰 결과를 활용할 때에도 사용된다. 가령, 지질 및 빙하 데이터나 미래의 경관 변화에 대한 예측 시나리오 등과 같은 숨겨진 정보와 역사적 정보 등을 '실제 장면'에 포함시켜 이른바 '증강현실(augmented reality)'을 만드는 데 활용된다(Priestnall 2009: S104).

3차원 이미지는 현장 위치를 쌍방향적으로 자유롭게 이동할 수 있는 가상 답사(virtual fieldwork)에서도 활용되고 있다. "재미있는 지리 공부를 위한 새로운 수업 자료"로 각광받고 있는 구글어스(Google Earth)는 "연구 지역 상공에서의 조감(鳥瞰), 확대 및 축소, 회전 및 기울기 조정 등의 기능을 제공한다." (Thorndycraft et al. 2009: 48) "우리는 구글어스를 통해 (항공사진이나 기존의 답사에서는 뚜렷이 알기 어려운) 경관을 보다 세밀하게 해석할 수 있다."(Thorndycraft et al. 2009: 50) 디지털 지도화와 3-D 시각화는 자연지리학과 환경 과학 분야에서 선도적으로 사용하고 있는 기술로서, 경관을 시각화하는 데 큰 장애가 없고 기존의 지도 데이터가 이미 잘 구축된 곳에 적용되고 있다(가령, McCaffrey et al. 2003 참조). 인문지리학에서는 도시 계획이나 경관 디자인 분야에서 이런 기술을 활용할 수 있다. 답사에서 이런 기술적 가능성을 탐구해 보길 바란다. 그러나 언제나 새로운 기술의 주인이지, 결코 그 하인이 아니라는 점을 반드시 기억하기 바란다. 달리 말해서, 여러분이 출발해야 할 시작점은 자신의 연구 문제와 아이디어이지 결코 단순한 기술적 도구들이 아님을 명심하라.

시각 이미지의 해석과 조작

지금까지 시각적 이미지는 풍요롭고 복잡한 데이터세트라는 측면에서 이해되어야 함을 주장했다. 이제 이를 어떻게 해석할지에 대해서 살펴보자. 질리언 로즈(Gillian Rose)는 이에 도움이 될 만한 (세 가지 범주의) 질문들을 제시한 바 있다. 어떤 질문들은 이미지의 생산(언제, 어디에서, 누구로부터, 왜 생산되었는가) 및 이미지의 수용자(누가 소비했는가, 저장했는가, 유포시키는가)와 관련되어 있다. 그리고 다른 질문들은 이미지 그 자체와 관련된 것들로서, 답사 중에서 촬영하거나 수집한 사진 자료를 해석하는 데 적절한 질문들이다. 아래는 이 중 세 번째 유형에 해당되는, 곧 이미지 그 자체를 해석할 때에 제기해야 할 질문들이다(Rose 2001: 188-190).

• 무엇이 보이는가? 이미지의 구성 요소들은 무엇인가? 이들은 어떻게 배치되

어 있는가?

- 이미지를 보는 사람의 시선은 어디를 향하고 있는가? 그 이유는 무엇인가?
- 이미지의 조망점은 어디인가?
- 이미지에 사용된 테크닉은 어떤 효과가 있는가?
- 이미지는 해당 장르의 특성을 얼마나 드러내고 있는가?
- 이미지의 각 구성 요소들은 무엇을 의미하는가?
- 재현에서는 누구의 (어떤) 지식이 배제되어 있는가?

사진이란 찍는 것이 아니라 만드는 것이며, 사람들은 여러 (비)시각적 이미지를 능동적으로 생산한다. 이러한 인식은 오늘날 디지털 시대에 이루어지는 이미지들의 생산과 조작으로 인해 더욱 강화되고 있다. 이미지는 생산, 재생산, 저장, 프로세싱, 관리, 유통, 소비 등 일련의 과정을 거쳐서 만들어진다. 따라서 우리는 사진 이미지가 단순히 자연을 기계적으로 반영한 산물이라고 생각해서는 안 된다. 우리는 시각 이미지를 보다 유연한 입장에서 접근함으로써, 이미지는 언제나 적극적으로 조작되고 처리될 수 있다는 가능성을 받아들여야 한다. 윌리엄 미첼(William Mitchell 2003: 290)은 "종래의 화학 사진(필름 사진)과 비교할 때, 오늘날 디지털 이미지 기술은 이미지에 대한 개입의 여지를 엄청나게 확대시켰다."고 주장한다. 미첼에 따르면, 어떤 개입은 '특별한 의도 없이' '예술적'으로 이루어지기도 하지만, 이와 동시에 매우 전략적이고 의도적인 개입도 이루어질 수 있다. 지리학자의 입장에서 이러한 개입은 상당히 불편할 수밖에 없다. 『내셔널지오그래픽』은 표지 사진에 실린 피라미드 군집에서 일부 피라미드의 위치를 의도적으로 옮겨 놓음으로써 큰 논쟁을 촉발시킨 적이 있다. 일부 독자들이 항의하는 바람에 회사에서 사과 성명을 발표했지만, 이런 일은 쉽게 사라지지도 않고 쉽게 사라질 것 같지도 않다. 왜냐하면 디지털 이미지는 단지 조작의 가능성에 열려 있는 것이 아니라, 조작에 의존하고 있기 때문이다. 디지털 이미지를 생산할 때에는 반드시 특정 '색상, 명암, 해상도'를 선택해야 하기 때문에 영상으로 나타낼 때 이 중 어떠한 요소도 '객관적이거나 고정되어' 있지 않다. 여러분도 잘 알다시피, 포토샵과 같은 시각 소프트웨어를 사용하면 (과거의 필름 사진과 비교할 때) 훨씬 자유롭게 디지털 이미지를 수정, 조작할 수 있다. 미첼에 따르면, 디지털 이미지에 대한 수정은 "마치 낭떠러지로 미끄러져 버릴 수 있는 경사지 위에 서 있는 것"과 같아서, "이미지를 아주 사소하게 건드릴 때에도, 그 이미지는 사실적 기록물에서 쉽게 허구적 구성물이 될 수 있다." 사진이란 찍는 것이 아니라 만드는 것이고, 사진의 사실성은 상투적이고 피상적일 따름이라는 비판은 더욱 더 무시하기 어려워지고 있다(모든 인용은 Mitchell 2003: 289-290).

우리가 사진이란 단순한 재현물이 아니라는 것을 받아들인다면, (비)시각적 기술(記述)과 관련해서 재현의 형식과 한계에 대한 여러 재미있는 질문을 던질 수 있다. 에릭 로리어와 크리스 파일로(Eric Laurier and Chris Philo)는 우리가 언어와 지도로 사람과 장소를 재현하는 데에는 분명한 한계가 있다는 점을 강조했다. 이들은 "우리가 말과 글 등으로 재현할 수 있는 한계를 넘어선 사물, 사건, 만남, 감정을 마주할 때에서야 우리는 비로소 우리 언어의 한계점을 발견한다."고 말한다(2006: 353). 따라서 우리는 새로운 기술 방식을 실험해야 하지만, 이의 한계를 반드시 인정해야만 한다. 한편, 로리에와 파일로는 여기에서 더 나아가 재현의 불가능성과 재현에 대한 저항을 분명하게 구별해야 한다고 주장한다.

시각을 넘어선 기술

지리 답사에서는 여러 시각적 테크닉을 정교하게 적용해야 할 여러가지 이유들이 있다. 가상의 답사 현장을 해리 포터처럼 날아다는 게 재미있을 수는 있지만, 실제로 사람들은 그렇게 하지도 않을 뿐더러 그런 '탈체현적(disembodied)' 가상 경험으로 인해 현장에서 벌어지는 현실을 놓치기 쉽다. 왜냐하면 탈체현적 만남 또한 (나름대로의 조잡한 방식으로) 지리적 지식을 만들어 내기 때문이다. 가상 답사는 대개 높은 지점에서 조망한 모습을 시각적 모델로 나타내므로, (가상 답사에서는) 현장에 가는 것이 곧 현장을 '보는' 것이다. 따라서 시각의 지배는 지리학에 있어서 한계와 문제를 내포하고 있다. 수전 스미스(Susan Smith 1994)는 이를 세 가지로 설명한다. 첫째, 시각의 지배는 다른 감각을 통해서 공간과 장소를 구조화하고 경험하는 것을 간과하도록 만든다. 둘째, 시각의 지배로 인해 시각 장애인들이 배제될 수 있다. 셋째, 보다 구체적으로 시각의 지배로 인해 우리는 (교통 소음이나 음악과 같이) 소리를 통해서 장소를 식별하는 능력으로부터 점점 멀어지고 있다. 곧 지리에는 눈에 보이는 것 그 이상의 것들이 있다. 역사지리학자 콜 해리스(Cole Harris)는 답사 현장에서 시각적 관찰의 한계를 지적한 바 있다. 그는 "나는 뼛속까지 경관 연구자로서, 경관을 탐구하며 많은 기쁨과 통찰력을 배울 수 있었다. 그렇지만 이와 동시에 나는 (다른 지리학자들과 마찬가지로) 현장에서 얼마나 많은 것들이 나의 시선으로부터 감추어져 있는지도 알고 있다."고 말했다(2001: 329-330). 해리스는 시각적 관찰이 아카이브 자료와 같은 다른 유형의 데이터에 의해 보완되어야 한다고 결론을 내렸다. 이와 마찬가지로, 다른 학자들 또한 시각 자료가 청각, 후각, 촉각, 미각 등을 통해 지각한 다른 자료와 함께 조화를 이루어야 한다고 강조했다.

우리는 바람직한 원칙이 무엇인지를 알게 되었다. 자, 그렇다면 이제 이를 어떻게 실천으로 옮길 수 있을까? 우선, 단지 보는 것에 초점을 두지 말고 다른 감각을 통해 인지된 것에도 주목해야 한다. 일단 듣는 것에서부터 시작하자. 수전 스미스에 따르면, 소리는 장소를 식별하고 지리적 경험과 정체성을 인식하는 데 매우 중요한 요소이다. 또한 소리는 "사회적, 정치적 의미를 갖고 있기 때문에 우리는 소리에 주목함으로써 어떤 현장을 다른 각도에서 또는 보다 풍부하게 해석할 수 있다."(1994: 234) 스미스는 특히 음악에 집중한다. 음악은 엘리베이터에서부터 레스토랑이나 바에 이르기까지 다양한 장소들을 형성하는 데 매우 중요한 역할을 한다(Leyshon et al. 1996; Anderson et al. 2005). 일례로, 음악학과 교수인 세라 코언(Sara Cohen)은 음악의 지리를 조사한 바 있다. 그녀는 연습하는 곳, 녹음하는 곳, 공연하는 곳, 듣는 곳 등 음악과 관련된 다양한 장소를 조사하면서, 연구 참여자들이 자기 나름대로의 음악경관의 지도를 그리게 했다. 이런 지도의 사례로서 그림 6.2는 어떤 싱어송라이터가 그린 리버풀의 음악경관 지도이고, 그림 6.3은 리버풀에 살고 있는 어떤 힙합 뮤지션이 자기 동네를 그린 지도이다(Lashua and Cohen 2010; Cohen and lashua 2010).

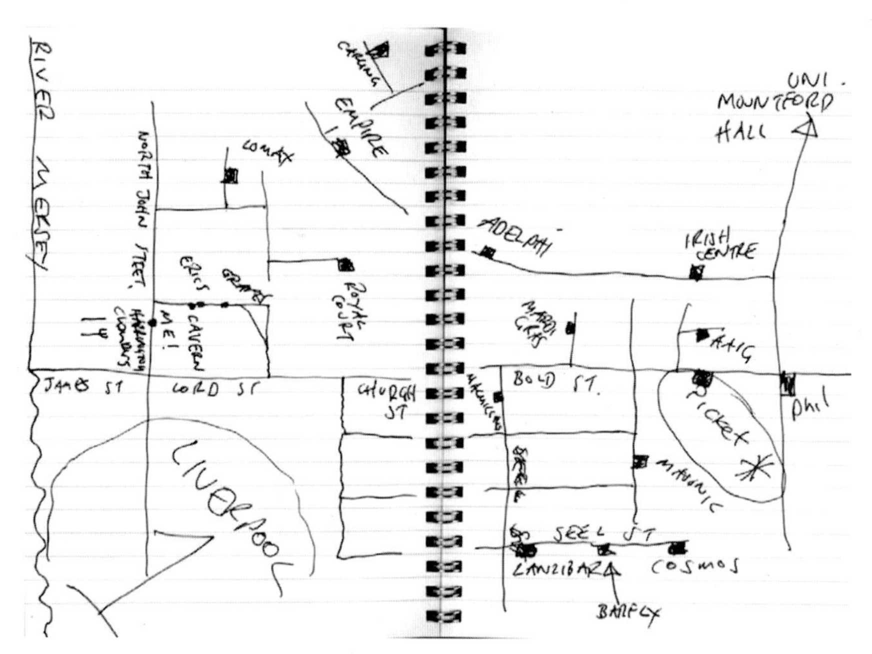

■ 그림 6.2 어떤 싱어송라이터가 그린 리버풀의 음악 장소(venue) 지도. 세라 코언과 브렛 라슈아의 소리경관 연구 프로젝트의 일부이다. (출처: Brett Lashua)

그림 6.2와 그림 6.3과 같은 시각적 지도보다 훨씬 급진적인 방식으로 소리경관(soundscape)을 재현할 수도 있다. 가령, 소리 그 자체에 따라 여러 장소들을 질서 있게 재현하고, 각 장소의 소리와 그 특성을 서술할 수 있다. 이런 작업이 간단하지는 않을 것이다. 만일 여러분이 도로변 카페와 같은 공공장소에서 면담 내용을 녹음한 후 나중에 재생해 보면, 각양각색의 배경 소음을 들을 수 있을 것이다. 여러분이 면담 대상자와 이야기를 할 때에는 여러분의 뇌가 이런 불필요한 배경 소음을 걸러 내지만, 녹음기는 모든 소리를 있는 그대로 포착하기 때문이다. 이런 소리를 듣기 위해서는 주변의 소리와 소음에 귀를 활짝 열고 평상시보다 훨씬 더 주의를 기울여야 할 것이다. 사회학자 레스 백(Les Back 2003)은 만일 우리가 시각적인 것에 집중하는 정도만큼 소리에 집중할 수 있는 법을 터

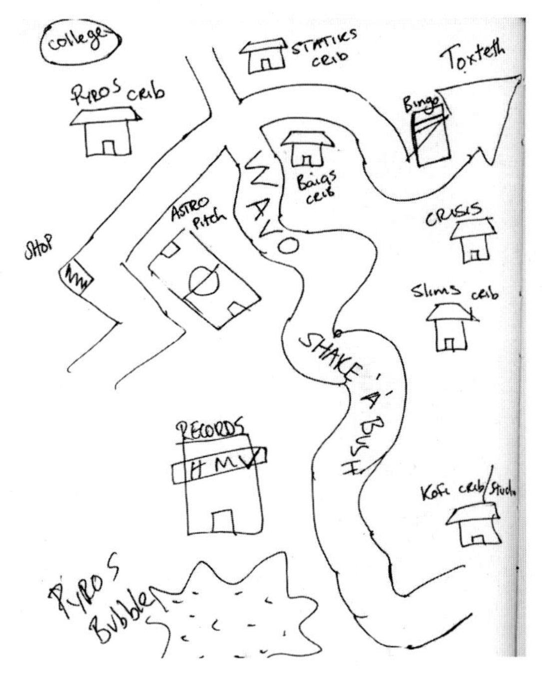

■ 그림 6.3 리버풀에 살고 있는 어떤 힙합 뮤지션이 그린 자기 동네 지도. (출처: Brett Lashua)

득한다면, 아마 소리경관을 새로운 방식으로 기술할 수 있을 것이라고 주장한다. "아마 우리가 이런 소리를 포착할 수 있다면, 경관은 단지 지도로 그려지는 정태적인 땅의 생김새에 불과한 것이 아니라, 각양각색의 소리로 둘러싸여 있는 유동적이고 역동적인 표면이 될 것이다."(2003: 272-273) 따라서 소리경관을 인식하고 이를 기술하기 위해서는 보다 혁신적으로 생각할 필요가 있다. 가령, 가장 손쉬운 방법으로서 디지털카메라나 휴대전화에 장착된 녹음 기능을 활용해서 소리를 수집, 기록, 분석할 수 있을 것이다. 지리학을 공부하는 학생 여러분들이 바로 이런 대목에서 자신의 창의력과 상상력의 나래를 충분히 펼칠 수 있기를 바란다!

지리학자들은 시각적 지리에는 많은 관심을 기울여 왔지만, 소리경관이나 냄새경관(smellscapes) 등 다른 감각을 통해 인지된 지리를 연구하려는 노력은 상대적으로 부족했다. 우리가 9장에서 지리적 탐험을 논의할 때 살펴볼 지리학자인 윌리엄 벙기(William Bunge)는 1972~1975년 사이에 자원봉사자들 및 학생들과 함께 토론토와 디트로이트의 냄새를 지도화하는 연구 프로젝트를 수행한 바 있다. 벙기는 냄새를 통해서 사회지리를 이해할 수 있는 실마리를 찾고자 했다. 일례로, 벙기는 (토론토에 있는) 크리스티피츠(Christie Pitts)라는 동네의 '독특한 냄새'를 아래와 같이 기술했다(Bordessa and Bunge 1975: 15-16).

> 이런 문화는 부분적으로 동네의 냄새로 표현된다. 물론, 특정한 위치와 시간대에는 이런 냄새가 기계 냄새에 의해 압도되어 숨겨지기도 한다. 여름철 저녁 7시, 음식 냄새가 부엌에서부터 거리로부터 퍼져 나간다. 토마토소스에 섞인 양파와 마늘이 매혹적인 향기를 뿜어낸다. 포도, 토마토, 후추가 무르익는 9월 하순은 와인과 소스를 만드는 철이다. 이 냄새는 크리스티피츠의 생활의 한 부분이다. 이 맘 때에는 크리스티피츠의 모든 집들이 일년치 먹을 음식을 준비해 둔다.

토요일은 주민들에게 바쁜 날이다. 청소, 페인트칠, 정원 손질, 쓰레기 등의 냄새들이 풍겨난다. 외부로부터 낯선 냄새 두 가지가 이 동네를 매일 침입해 들어온다. 하나는 근처 농장주의 땅콩 공장에서 풍겨오는 기름 냄새이고, 다른 하나는 캐나다 빵 공장에서 나오는 갓 구워 낸 빵 냄새이다.

벙기의 '급진적 인본주의 지리학'은 큰 파장을 불러 일으켰지만, 그가 최초로 시도했던 냄새의 지도화는 지속적인 영향을 끼치지는 못했다.

한편, 보다 최근에 들어서는 소리경관을 연구하고 지도화하려는 창의적인 시도가 지리학계 및 이와 관련된 음악학 등의 분야에서 나타나고 있다. 엽서 6.2는 이의 한 사례를 보여 준다.

엽서 6.2 소리경관 보내는 사람: 브렛 라슈아

도시의 소리경관은 기차가 덜커덩대는 소리, 안내 방송, 거리의 교통 소음, 즉흥 연주, 바람 소리, 건설 현장의 소리, 기계가 내는 소리, 단조로운 목소리와 한 토막의 대화 등 시끄러운 불협화음으로 가득 차 있다. 그러나 소리경관은 도시 주민, 사회적 관계, 정체성에 대해 무엇을 '말해줄 수' 있는가? 누구의, 어디에서의, 언제의 소리인가? 우리는 도시 공간에 귀를 기울임으로써 무엇을 배울 수 있는가? 나는 에드먼턴의 대안고등학교에서 작곡을 가르쳤을 때, 소리경관을 만들기 위해 우선 학생들과 함께 소리산책(soundwalks)을 다니기 시작했다. 우리의 소리산책은 휴대용 녹음기를 갖고 도심 일대를 돌아다니면서 여러 가지 소리를 '수집'하는 것이었다. 우리는 마이크를 갖고 곳곳을 누비며, 우리가 지나치며 들을 수 있는 모든 소리를 포착하고자 했다. 많은 캐나다 도시들과 마찬가지로 에드먼턴은 미로와 같은 보행로(지하도, 고가도로)들이 있다. 따라서 우리와 같은 보행자들은 바깥의 살을 에는 추위와 접촉하지 않고 다닐 수 있도록 되어 있다. 학교로 돌아온 다음 우리

는 '발견한 소리'를 편집, 믹싱해서 콜라주를 만들었고, 이따금 학생들이 지은 시나 랩 가사를 덧입히기도 했다[믹싱을 위해서는 무료 디지털 음향 편집기인 오다시티(audacity)를 다운받아서 사용하면 된다(http://audacity.sourceforge.net)].

소리경관에서는 당연하다고 생각하던 소리의 맥락이 제거되며, 여러 소리들이 묘하게 병치(竝置)되기도 한다. 소리경관은 젊은 학생들이 사는 '또 다른' 도시로 나를 이끌었다(가령, 어떤 여학생은 점심시간 동안 시내를 거닐며 녹음을 했다. 그 학생은 만나는 사람마다 인사를 건넸지만, 어떤 어른도 그녀의 인사에 화답하지 않았다. 또 어떤 학생은 지하철역을 다니며 안내 방송을 녹음한 후 각 지하철역 이름으로 랩 가사를 썼다. 그런데 그의 랩 가사는 유니버시티 역 바로 앞에서 멈췄다. 왜냐하면 그 역은 그 학생이 '절대로 가고 싶어 하지 않는 곳'이었기 때문이었다). 북아메리카의 다른 도시와 마찬가지로, 에드먼턴의 도심부는 사무직원들이 퇴근한 오후 6시가 넘으면 어른들을 거의 찾아볼 수 없다. 밤이 가까이 찾아오면 도시는 또 다른 소리, 속도, 리듬으로 채워진다. 낮에는 말끔한 정장을 입은 공무원들로 넘쳐나던 24시간 커피숍이 밤이 되면 힙합 옷차림을 한 청소년들로 채워진다. 한밤중 시티센터몰(City Center Mall) 근처의 버스정류장은 도착하거나 떠나거나 아니면 만나는 젊은이들로 북적인다. 상점들은 문을 닫고 푸드코트는 셔터를 내리지만 여전히 젊은이들은 도로변에 남아 어슬렁거리며 소음을 만들어 낸다. 도시 내부에는 십대 청소년들이 머물 수 있는 장소와 시간이 거의 없다. 시간이 지나도 집에 가려고 하지 않고, 꼭 집에 가야한다고 생각하지도 않는다. 이들 중 일부는 내가 가르치고 있는 대안학교의 학생들이다. 이른바 '위험에 처한 청소년'으로 불리는 이들 학생 대부분은 '정규' 고등학교에서 자퇴하거나 퇴학당한 학생들이었다. 빈곤, 마약 중독, 범죄 조직, 폭력(이들은 가해자임과 동시에 피해자이다), 노숙, 기타 사회적 지원의 부족 등 이 모든 위험과 어려움에 노출되어 있는 것이다. 이들 중 상당수의 학생들이 캐나다 원주민(First Nations)이기 때문에, 인종 차별이 이들의 삶을 더욱 힘겹게 만들고 있다. 이들은 '2등 시민'으로 취급당하면서 매일 '망할 놈의 인디언'이라는 욕설과 조롱을 듣고 살아간다.

나는 도시의 소리경관에서 이러한 사회적 관계를 포착할 수 있었다. 어떤 여학생은 낮에는 목소리들로 넘쳐나던 지하도가 한밤의 적막과 얼마나 대비되는지에 대해서 말했다. 이 여학생은 (비록 젊은이었음에도 불구하고) 한낮 동안에는 그곳이 자신이 있을 장소가 아니라는 느낌을 가졌다. 캐나다 원주민들은 백인 중산층 전문직 종사자들로 채워진 한낮의 도심에 어울리지 않기 때문이다. 마찬가지로, 자신에게 익숙한 한밤의 북적이던 곳들은 (가령, 밤 11시부터 아침 7시까지 춤을 추던 클럽 앞 골목길은) 낮에는 사람들로부터 버려진 황량한 공간이었다. 그 여학생은 소리산책을 하는 동안 '부랑 청소년들의 관점에서' 주변을 보는 (그리고 듣는) 법을 터득한 것 같다고 말했다. 달리 말하자면, "집 없이 궁핍에 찌들어 단지 살아 있기 위해서 몸부림 칠 때에는 어디로 갈지, 언제 어디에서 잠을 잘지, 어디가 따뜻할지, 어디가 편할지, (그리고 이런 어려움에도 불구하고) 어디가 재미있을지 등을 알기 위해 여러 장소를 끊임없이 돌아다녀야만 한다."는 사실을 비로소 깨닫게 된 것이다.

사회학자 앙리 르페브르(Henri Lefebvre)는 도시의 일상에서 나타나는 다양한 공간과 속도에 대한 연구를 '리듬분석(rhythmanalysis)'이라고 지칭한 바 있다. 이것은 오가는 행위, 이동의 패턴, 반복적 행위, 스케줄, 몸짓, 제스처, 교통, 말, 갑작스러운 소음, 중단, 침묵 등에 대한 연구를 말한다. 나는 에드먼턴에 대한 리듬분석을 하면서 소설가 차이나 미에빌(China Miéville)이 일컬었던 '도시와 도시(the city and the city)'에 대한 생각을 멈출 수 없었다. 곧 한 도시의 시민들이 물리적으로 공간을 공유하고 있지만, 다른 사람들의 삶을 (정말 기괴하게도) 보지 못하고 살아가는 도시 말이다. 이런 측면에서 에드먼턴에는 두 개의 도시가 있다. 서로 상호작용하지 않는 두 집단이 도시 공간을 상이한 시간에 상이한 용도로 공유하고 있는 것이다. 하나는 권력, 특권, 부유함의 도시이지만, 다른 하나는 불이익, 빈곤, 차별의 도시, 곧 '타자의 도시'이다. 나는 에드먼턴에 그토록 오래 거주했음에도 불구하고, 청소년들이 그 도시에 대해 듣는 법을 가르쳐 주기 전까지는 그 도시, 곧 타자의 도시를 인식하지 못하고 있었다.

학생 답사와 일반적인 지리 연구에서 소리와 냄새가 상대적으로 간과되어 왔다고 한다면, 촉각과 미각은 이보다 훨씬 심하게 간과되어 왔다. 왜냐하면 경험적 연구가 이루어지려면 이런 '주관적인' 측면에 대한 이론적 근거가 선행되어야 했기 때문이다(Rodaway 1994; Low 2005). 마이크 크랭(Mike Crang 2003: 494)에 따르면, 질적 방법은 "부드럽고 피부 접촉(touchy-feely)을 특징으로 한다는 이유로 이따금 웃음거리가 되어 왔지만, 사실 피부 접촉을 통해 만지고 느끼는 데에는 그동안 한계가 있었다." 로빈 롱허스트(Robyn Longhurst)는 이런 크랭의 지적을 받아들이면서 근본적으로 체현적 지리 연구를 주창했는데, 이는 곧 "후각이나 미각 등을 통한 체현적 지식이 인간과 장소 간의 관계를 이해하는 데 어떻게 기여하는지를 조사하는 것"을 말한다(Longhurst et al. 2008: 214-215). 그러나 이런 연구를 어떻게 수행할 것인가라는 질문에는 단일한 정답이란 있을 수 없다. 이런 질문은 상상력이 풍부한 답사가들의 흥미를 끌고 있다!

문서 자료

여러분은 현장을 직접 읽을 수도 있지만 문헌 자료, 이미지, 소장품 등의 기록 자료를 수집할 수도 있다. 3장에서 논의했듯이, 여러분은 온라인 신문 등 여러 자료와 미디어를 통해 답사를 시작하기 전에 먼저 2차 자료를 검토해야 한다. 그러나 답사 현장에서도 추가적인 문서 자료를 찾을 수 있다. 이들 중 일부는 눈에 금방 띄지만, 어떤 자료들은 적극적으로 찾아야 할 때도 있다. 어떤 비평가가 말한 것처럼, 세계는 지리적·사회적 기록물로 가득 채워져 있다. "사람들은 일기를 쓰고, 편지를 보내고, 퀼트를 만들고, 사진을 찍고, 메모를 남기고, 자서전을 쓰고, 웹사이트를 만들고, 낙서를 하고, 회고록을 출판하고, 편지를 쓰고, 이력서를 쓰고, 유서를 남기고, 동영상 일기를 쓰고, 묘비에 기념문을 쓰고, 영화를 찍고, 그림을 그리고, 테이프를 제작하고, 자신의 꿈을 기록하려고 한다.” (Plummer 2001: 17)

인터넷에서도 다양한 자료를 구할 수 있지만, 대부분의 2차 자료는 전자적 형태보다는 물리적 형태를 갖추고 있다. 여기에는 문서보관소, 박물관, 매체(미디어), 개인 소장품 등이 해당된다. 오늘날 많은 문서보관소와 박물관은 소장 자료를 디지털화하기 위해 노력하고 있지만, 이를 체계적으로 축적하는 데에는 오랜 과정이 소요된다. 그뿐만 아니라 지역 신문이나 개인 소장품 등의 문서 자료는 제한된 장소에서 제한된 시간 동안에만 접근할 수 있기 때문에 일시성을 띠는 경우가 많다. 따라서 여전히 현장 연구자들은 문서나 소장품 등을 보관하고 있는 곳을 직접 방문함으로써 많은 혜택을 얻을 수 있다(그림 6.4 참조). 이번 절

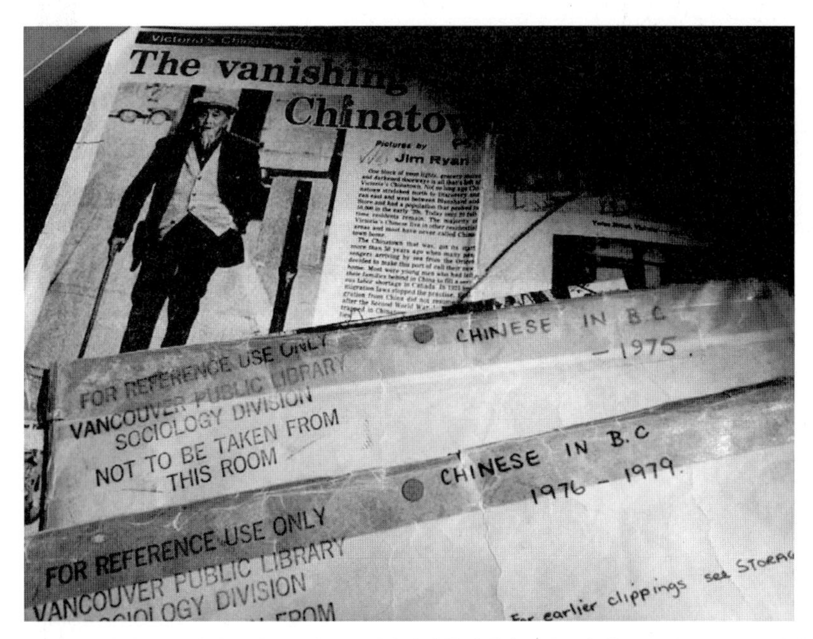

■ **그림 6.4** 브리티시컬럼비아 주의 중국계 커뮤니티에 대한 아카이브 자료의 일부로, 밴쿠버 공립도서관이 소장하고 있다. (사진: 저자)

■ 그림 6.5 밴쿠버 공립도서관에 소장된 지역 신문 자료. (사진: 저자)

에서는 현장에서 유용한 문서 자료를 얻을 수 곳에 대해서 살펴보기로 한다.

도서관

답사 현장으로 떠나기 전에 현지 도서관이나 문서보관소가 어떤 자료를 소장하고 있고, 열람 시간은 언제이며, 비용이나 접근 가능성은 어떠한지에 대해 미리 알아보는 것은 좋은 생각이다. 일단 연구 현장에 도착한 다음에는 자신의 프로젝트가 명시적으로 문서 자료를 활용하든 아니든 간에, 연구에 도움이 될 만한 곳을 방문해서 소장 자료를 검토해 보는 것이 좋다. 도서관에서는 로컬 소장 자료를 검색할 수도 있고, 문서 전문가나 사서로부터 유용한 조언도 들을 수 있다. 특히 이런 전문가들은 특정 문서 자료가 어떤 맥락에서 생성되었는지에 대한 배경 정보를 제공해 주기 때문에, 현장 연구자에게 큰 도움이 될 수 있다. 도서관 내의 참고 자료실은 주로 전화번호부, 통계연감, 연보, 등록대장, 매뉴얼 등을 소장하고 있는데, 이들 대부분은 인터넷을 통해서는 얻을 수 없는 것들이다. 특히 전화번호부는 단체나 회사에 대한 기본 정보를 담고 있기 때문에 샘플링을 하기 위한 기초 자료로서 중요한 가치가 있다. 또한 도서관에서는 중앙정부나 지방정부의 보고서나 위원회 회의록 등이 보관되어 있다. 그뿐만 아니라 어떤 도서관들은 별도의 지도 자료실을 갖추고 있기 때문에 답사 현장의 건조 환경의 변화를 추적할 수도 있고, 해당 도시정부가 지도를 통해서 그것을 어떻게 재현해 왔는지를 파악할 수도 있다. 또한 공립도서관에는 지역 일간지나 광고지 등의 로컬 출판물도 보관되어 있다. 마지막으로 이러한 소장 자료뿐만 아니라, 도서관과 문서보관소 그 자체 또한 여러분의 흥미를 끄는 장소가 될 수 있다. 책, 문서, 그리고 이를 이용하고 있는 사람들 속에서 이러한 로컬 기관의 분위기에 흠뻑 젖어들 수 있다.

박물관

답사를 하는 동안 현지에 어떤 행사가 있는지 살펴보라. 운이 좋다면 연구 주제와 관련된 전시회를 찾을 수도 있다. 그러나 그런 전시회가 없다고 할지라도, 박물관 및 이용자들로부터 어떤 장소에 대한 유익한 정보를 얻을 수 있다. 대체로 박물관은 소장품 중 일부만을 전시한다. 그래서 전시 중인 것과 전시되지 않은 것이 무엇인지를 잘 살펴보아야 한다. 전시되지 않는 소장 자료에 대해 알거나 접근하기 위해서는 전문적인 지식을 갖춘 큐레이터로부터 유익한 도움을 얻을 수 있다. 아울러 음향 자료나 유물 등 비문서 자료도 개방적인 태도로 살펴볼 필요가 있다. 특히 이런 자료가 전시 중일 때에는 어떤 방식으로 전시되어 있는지도 흥미로운 관찰 주제가 될 수 있다. 소장 자료 그 자체뿐만 아니라, 자료를 소장하고 전시하고 있는 공간 또한 충분히 조사해 볼 가치가 있기 때문이다.

미디어 자료

답사 현장에서는 (주간 연예지와 광고지에서부터 지역 텔레비전 방송 뉴스에 이르기까지) 우리가 흔히 연구에 '공식적으로' 큰 도움이 되지 않을 것이라고 생각하는 많은 이미지와 정보를 접하게 된다. 그러나 우리는 이런 자료를 통해서 지역 현안을 꿰뚫어 볼 수도 있고, 현지 및 현지인들을 보다 잘 이해할 수도 있다. 폴 클로크 등(Paul Cloke et al. 2004: 71)은 "신문 기사는 라디오 및 텔레비전 방송과 아울러 일상생활을 이루는 주요 부분 중 하나이다."라고 설명한다. 이는 우리의 지리적 상상력을 키우고 형성한다. 여러분은 현지 미디어를 활용함으로써 현지 및 현지인들과 보다 친숙해질 수도 있다(곧 현지의 지식, 사고방식, 심지어 현지인들이 말하는 방식 등을 포착함으로써, 여러분은 보다 바람직한 연구자가 될 수 있고 보다 효율적으로 소통할 수 있다). 또한, 한 걸음 더 나아가 현지 미디어 자체에 초점을 두고 연구를 수행할 수도 있다.

일상 기록물

이 외에도 현지에서는 여러 비공식적, 비형식적인 기록물을 수집할 수 있다. 여기에는 (축구 경기나 연극 등의) 현지 행사 프로그램, 비즈니스 광고 전단지, 벽에 그려진 그라피티(낙서), 기차역의 안내 방송 등 다양한 범주의 기록들이 포함된다. 또한 답사 중에는 많은 사람들의 일상에서 중요한 부분을 차지하는 사적인 기록물을 접할 수도 있다. 여기에는 일일 계획표, 친구에게 보낸 이메일, 음성 및 문자 메시지, 포스트잇의 메모, 방향을 알려 주기 위해 집에서 만든 지도(약도), 일기 등이 포함될 것이다. 이 중 어떤 것들은 아카이브 자료로 구축할 수 있지만, 어떤 것들은 잊어버리거나 잃어버릴 수도 있다. 어쩌면 (엽서 6.1에서 소개했던 파리 답사에서와 같이) 어떤 것들은 발견하거나 찾아낼 수도 있을 것이다.

이런 기록물은 현장에서의 경험적 연구를 위한 배경 정보로 활용할 수도 있고, 관찰 결과의 역사적 맥락을 기술하는 데에도 활용할 수 있으며, (어떤 지역, 커뮤니티 또는 업체를 보다 상세히 살펴볼지를 정하기 위한) 표본 추출 프레임을 짜는 데에도 활용할 수도 있다. 한편, 엽서 6.3에서의 학생 답사 사례와 같이 도서관이나 문서보관소를 찾아가서 이런 자료를 보다 면밀하게 조사할 수도 있을 것이다. 이는 그리 만만한 작업은 아니다. 왜냐하면 도서관이나 문서보관소가 정해 놓은 규칙이나 규정을 준수해야 하고, 이런 기관의 열람 가능 시간에 자신의 답사 일정을 맞추어야 하기 때문이다. 그럼에도 불구하고 이런 아카이브 연구는 상당히 값어치가 있고 그만큼의 보상이 주어지는 활동이다. 이는 이네스 키렌(Innes Keighren)이 뉴욕에서 보낸 엽서에 잘 나타나 있다.

엽서 6.3 문서보관소에서의 답사 보내는 사람: 이네스 키렌

맨해튼 5번가의 뉴욕공립도서관은 도시 탐험 활동에 유익한 장소(venue)이다. 일주일 동안 뉴욕을 답사하고 있는 어떤 학부생 지리학자 그룹은 '14위원회(Committee of Fourteen)'라는 조직의 아카이브를 통해 뉴욕 시의 역사를 조사할 계획에 있다. 이 위원회는 뉴욕 시의 도덕 지리(moral geography)에 적극적인 관심을 갖고 있는 시민단체였다. 이 위원회의 아카이브는 모두 96개 상자 분량이었는데, 여기에는 1901년부터 1932년 사이에 작성된 공식 서한, 의사록, 회계 장부, 연구 보고서 등이 총 망라되어 있다.

이 아카이브를 선정한 이유는 학생들이 교실에서 접했던 사안들을 직접 탐구해 볼 수 있게 하기 위해서이다. 여기에는 공공공간에 대한 규제, (인종적 그리고 성적) 정체성의 구성, (제도적) 감시의 영향 등이 포함될 수 있다. 답사 시간이 한정되어 있기 때문에 학생들은 사전에 치밀하게 준비해야만 했다. 학생들은 맨해튼에 도착하기 전에, (교수의 지도하에) 2차 자료를 통해 위원회의 역사를 대략적으로 파악할 수 있었다. 학생들은 이 과정에서 도서관의 온라인 아카이브 검색 시스템에 익숙해질 수 있었다. 그러고 난 후 학생들은 살펴볼 문서 자료를 미리 선정, 예약해 둠으로써 열람실 내에 들어가자마자 곧바로 연구 작업에 착수할 수 있었다.

학생들은 이 아카이브를 통해, 20세기 초반 뉴욕의 도덕정치에 대한 그림을 그려 보기 시작했다. 학생들은 (당시 뉴욕의 엘리트 및 사회개혁가 위주로 구성된) 14위원회가 매춘, 도박, 술을 없애기 위해 어떤 노력을 했는지를 추적했다. 이런 추적을 통해 위원회의 접근 방식이 크게 이원화되어 있었음을 확인할 수 있었다. 하나는 관료, 시의원, 경찰 등에 대한 로비 활동이었고, 다른 하나는 사악하다고 의심되는 공공공간들을 비밀리에 감시하는 활동이었다. 이 위원회는 주로 흑인 및 이민자들이 거주하는 동네의 술집, 당구장, 댄스홀, 호텔 등을 조사했다. 그리고 이를 통해 (자신들이 볼 때) 부도덕한 악의 지리(geography of vice)가 어떻게 퍼져 나가는지를 지도화하고자 했다. 이러한 도덕지리는 당시 [타임스퀘어를 '디즈니화(Disneyfication)'하거나 일부 공공장소를 금연구역으로 설정하는 조치에서와 같이] 뉴욕에 반향을 일으켰다.

학생들은 이러한 단편에서 출발하여 현대 인문지리학의 많은 사안들을 탐구할 수 있다. 한 학생은 그리니치빌리지에 있었던 (백인과 흑인이 함께 드나들던) 블랙앤탠(black-and-tan)이라는 술집에 대한 연구를 통해 인종의 정치를 탐구했다. 어떤 학생은 위원회의 보고서와 당시의 뉴스 보도가 이민자 집단을 악성 위협으로 재현한 점에 주목했다. 또 다른 학생은 시민에 대한 정치적, 사법적 통제가 감시와 어떻게 연계되어 있는지를 연구했다. 이런 의미에서 아카이브는 단순히 (지금은 사라져 버린) 어떤 도시의 화석화된 자취가 아니다. 오히려 맨해튼이 어떠한 과정을 거쳐서 오늘날의 맨해튼이 될 수 있었는지를 이해할 수 있는, 살아 숨 쉬는 자료의 보고

이다. 학생들은 아카이브를 끈질기게 파고듦으로써, 당시의 문화적·정치적·경제적·사회적 사안을 맥락적으로 이해하는 데 큰 도움을 줄 수 있다. 그리고 이는 지리학의 교육과정에서 중요한 부분이기도 하다.

도서관과 문서보관서를 한 걸음 빠져나오는 순간, 학생들은 현대 도시에 접어든다. 자신들이 잃었던 공간들의 현재를 찾아낼 준비가 된 것이다. 매춘에 종사하던 여성들이 병적인 집착에 사로잡힌 군중들 앞에서 재판을 받았던 여성 야간법정(Women's Night Court), 유진 오닐(Eugene O'Neil)이 술을 마시곤 했다는 (그리고 1946년에 발표된 그의 유명한 희곡 『아이스맨이 오다(The Iceman Cometh)』의 배경이었다는) 술집인 골든스완살롱(Golden Swan saloon), 그리고 흑인 매춘 여성들과 백인 남성 고객들이 뒤섞여 도덕적인 문제를 일으킨다고 14위원회 조사관들이 보고했던 그린컵카페(Green Cup Café) 등을 말이다. 오늘날 하나는 뉴욕 공립도서관의 분관이, 다른 하나는 나무가 무성한 조용한 공원이, 그리고 나머지 하나는 피자 가게가 되었다. 학생들은 자신들이 아카이브를 통해 탐험한 신랄했던 도시의 모습이 사라졌다는 사실에 실망했을지도 모르겠다. 그렇지만 학생들은 뉴욕의 역사가 뉴욕 시민들의 '악'을 찾아내고 추방하려는 현재 진형형의 이야기라고 결론을 내렸다. 학생들은 오늘날 맨해튼의 맛을 보는 것으로 도시 탐험을 마쳤다. 그린컵카페에서 파는 치즈피자 한 조각씩을 맛보면서 말이다.

답사 경관의 해석

장소와 경관을 기술하는 이유는 연구 문제가 무엇인가에 따라 다를 것이다. 그래서 이 장에서는 무엇을, 왜 기술하는지보다는 어떻게 기술하는지에 초점을 두고 있다. 따라서 장소에 대한 해석의 틀을 경관지리학의 전통에서만 접근하는 것은 너무 편협한 것일 수 있다. 이런 이유에서 우리는 지리학자들이 경관에 접근하는 방식이 어떻게 다른지를 이해할 필요가 있다. 이를 통해 여러분은 현장을 기술하고 해석할 때 무엇을 찾아낼 것인지를 가늠할 수 있을 것이다.

지리학에서 장소와 경관을 해석하는 방식에는 크게 두 가지가 있다. 하나는 이를 물질적 공간이란 측면에서, 다른 하나는 재현이란 측면에서 접근하는 것이다. 우선, 경관은 사람들과 문화에 의해 생산된다. 경관 연구의 전통은 촌락 및 역사 지리에 초점을 두었던 칼 사우어(Carl Sauer)의 연구에서부터 교외 지역이나 가정 등 '일상' 경관으로 초점을 옮겼던 존 브린커호프 잭슨(John Brinkerhodd Jackson)의 연구에 이르기까지 넓은 범위에 걸쳐 있다. 이 전통은 어떤 지방 특유의 물질적 경관을 기술한 후, 이를 생산한 사람들과 그 문화의 특성을 조사하는 데 초점을 둔다(Jackson 1984; Wilson and Groth 2003). 또한 일상 경관 연구는 도시 그라피티(Ley and Cybriwsky 1974)와 패스트푸드점과 커피숍(Fishwick 1995; Smith 1996; Winchester et al. 2003: 37) 등에 초점을 둔다. 미국의 지리학자 피어스 루이스(Peirce Lewis)는 이러한 경관을 읽는 데 여러 '원칙'들을 제시한 바 있다. 그는 이런 원칙을 통해 학생들로 하여금 "우리가 바라보는 평범한(workaday) 세계를 구성하고 있는 일상적인 것들에 어떠한 문화적 의미가 담겨 있는지를 이해할 수 있도록" 하고자 했다(1979: 11). 그리고 이런 원칙은 인문경관이 "우리가 어떤 유형의 사람이고, 어떤 유형의 사람이었으며, 어떤 유형의 사람이 되어 가고 있는지에 대한 명백한 증거"라는 주장에 토대를 둔다(1979: 16). 루이스는 이러한 장소들이 항상 우리에게 명확하게 말하지는 않는다고 강조했다. 달리 말해 표면적으로 드러난 것 그 이상을 밝혀 내려면, 우리는 장소의 비밀을 밝혀야 하고, 장소의 침묵을 조사해야 하며, 숨겨진 역사를 드러내도록 열심히 노력해야 한다는 것이다. 돈 미첼(Don Michell)은 경관 해석에 대한 이런 접근의 정치성을 드러내고자 했다. 곧 공간에 어떤 갈등이 내재되어 있고, 공간이 어떤 갈등을 통해 생산되는지에 초점을 둔 것이다. 이는 곧 "그림, 사진, 정원 등의 재현적 경관뿐만 아니라 도시의 한 블록, 국립공원, 민족 집단 근린지구, 기념비적 건축 등의 물질적 경관의 표현 아래를 탐색함으로써", "어떤 경관이 만들어진 특정한 조건"과 "경관이 만들어지는 문화 전쟁의 과정"을 밝혀 내는 것을 말한다(2000: 114). 미첼은 경관이란 "모든 유형의 (곧 계급 간의, 젠더 구조에 따른, 인종 및 민족 집단을 둘러싼 의미와 재현에 대한) 경합들이 한데 휩쓸리고 있는 소용돌이"와 같다고 말한다(2003: 139). 둘째, 그렇다면 경관은 (경관을 만든, 그리고 경관의 의미를 둘러싸고 대립하고 있는) 사람들 간의 사회적 관계와 투쟁의 지표로 해석될 수 있다. 제임스 덩컨(James Duncan)은 경관 해석이란 (경관을 물질적 산물로 읽는 것이라기보다는) '의미화 체계(signifying system)'로 읽는 것이라고 주장한 바 있다. 곧 그는 경관을 (정치권력의 생산과 경합 과정에 핵심적인) 일종의 '문화 생산 시스템'으로 새롭게 읽어 낼 수 있는 경관 해석 방법론을 주창한 것이다(1990: 3). 그는 학생들이 경관과 관련해서 제기할 질문을 아래와 같이 제시했다.

- 경관을 생산, 재생산, 변형하는 사람들에게 경관 재현은 어떤 의미가 있을까?
- 경관을 읽는 내부자의 시각과 외부자의 시각은 어떻게 다를까?

이런 질문은 (경관 그 자체에 초점을 두는 것이 아니라) 재현적, 물질적 공간을 통해, 곧 경관을 통해 형성되고 표현되는 사람들 간의 관계성에 초점을 둔다(Mitchell 2000 참조).

요약

이 장에서는 경관에 대한 해석과 기술이 답사에 있어서 왜 그리고 얼마나 중요하고 신나는 작업인지를 설명했다. 주요 내용은 다음과 같다.

- 우리는 답사 중에 마주치는 장소와 경관을 보다 창의적이고, 비판적으로 생

각할 필요가 있다.

- 답사노트는 관찰, 경험, 생각들을 기록하는 중요한 도구이다.
- 기술적 진보로 인해 답사에서 시각 이미지를 기록하고 다룰 수 있는 가능성은 매우 넓어졌다.
- 지리학자들은 비시각적, 시각초월적 경관에 대한 연구와 해석을 시작하고 있다. 이 분야에서는 학부 답사를 보다 창의적으로 수행할 수 있는 가능성이 많다.
- 답사에 있어서 기술 및 기계 장비는 도움이 될 수 있지만 필수적인 것은 아니다. 보다 중요한 것은 자신의 열정, 창의적 정신, 비판적 상상력이다.

결론

여러분은 열린 마음으로 답사를 떠날 때도 있지만, 구체적인 질문을 갖고 답사를 떠나기도 한다. 우리는 여러분이 양자를 모두 겸비하기를, 곧 호기심과 목적 이 두 가지 모두를 추구하기를 바란다. 어쨌든 답사 경험은 구체적인 질문들을 혼란스럽게 만들 때가 있으며, 이로 인해 연구자들은 경험에 비추어 질문을 재구성해야 할 때도 있다. 반면, 일단 연구자가 흥미있는 것을 발견해서 이를 연구하기로 결정하면, 개방적인 호기심은 연구 문제를 보다 구체화하는 데 도움을 준다.

더 읽을거리와 핵심 문헌

- Don Mitchell. (2000) *Cultural Geography: A Critical Introduction*. Oxford: Blackwell. 이 책은 문화지리학을 비판적으로 개괄하며, 경관 해석

등의 현지 조사 방법을 넓은 이론적 맥락에서 다룬다.

- Gillian Rose. (2001) *Visual Methodologies: An Introduction to the Interpretation of Visual Materials*. London: SAGE. 이 책은 지리학자가 썼지만, 폭넓은 독자들을 겨냥하고 있다. 시각적 자료와 방법을 폭넓은 분야에 걸쳐 개념적으로 풍부하고 실용적으로 쓰일 수 있도록 논의한다.

제7장

답사와 면담

개 요

이 장에서 논의할 주요 내용은 다음과 같다.

- '면담'이란 무엇이며, 답사 중 어떤 경우에 적절한 방법이 될 수 있을까?
- 면담 대상자들을 어떻게 선택하고 찾을 수 있을까?
- 면담을 준비하고 수행할 때 고려할 사항에는 무엇이 있을까?
- 면담 조사를 기반으로 한 답사에서 어떻게 해야 '성찰적'인 연구자가 될 수 있을까?

이 장에서는 연구 방법으로서 면담을 살펴본다. 그리고 면담과 관련된 연구 방법으로 설문 조사와 초점집단 연구에 대해서도 논의하고 있다. 면담에 적절한 개인이나 기관을 어떻게 선택할 것인지, 잠정적인 면담 대상자들에게 어떻게 접근할 것인지, 그리고 실제 면담을 어떻게 진행할 것인지 등을 알아보자.

답사에 대해 생각할 때, 자신의 연구 문제를 해결하는 데 어떤 방법이 가장 적절할지 생각해 보자. 본능적으로 가장 먼저 떠오르는 방법은 '그 문제를 잘 알고 있고, 정답을 제시해 줄 수 있는 사람을 만나는 것'이다. 현장에는 우리에게 중요한 정보를 제공해 줄 수 있는 사람들이 있다. 이처럼 연구 문제에 대한 지식을 갖춘 연구 참여자를 찾아내는 것은 면담, 초점집단 연구, 참여관찰과 같은 많은 연구 방법의 토대가 된다(8장 참조). 그러나 면담은 단순히 현장에 가서 다른 사람들로부터 수동적으로 '대답'을 구하는 것은 아니다. 오늘날 면담은 인문지리학(Cloke et al. 2004)을 포함한 모든 사회과학 분야(Atkinson and Silverman 1997)에서 가장 널리 사용하는 연구 방법이 되었다. 그러나 역설적이게도 이로 인해 많은 사람들이 면담을 '그저 그런 것'이라고 생각하게 되었다. 이 장을 통해 여러분이 면담은 '쉬운 것'(왜냐하면 결국 면담이란 서로 이야기하는 것이기 때문에)이라는 생각을 떨쳐 버릴 수 있기를 바란다. 대신 면담 조사 과정에 대한 좀 더 정교한 지식을 쌓을 수 있기를 바란다. 면담 조사는 연구자의 생각, 계획, 시간 투자를 요구하는 중요하고도 도전적인 방법이라고 할 수 있다.

오늘날 면담 자료에만 의존하고 이를 엄격하게 적용한 학술 논문은 그리 많지 않다. 바로 그렇기 때문에 학생들은 면담 조사를 단순하고 쉽게 생각하는 경향이 있다. 몇몇 지리학 연구 방법론에 관한 책은 현지에서 면담을 어떻게 수행할 것인가에 대해 별도의 장을 구성하여 훌륭하게 설명하고 있는데(Flowerdew and Martin 2005; Clifford et al. 2010), 이 책들은 면담 조사의 이론적 차원과 실제적 차원 모두를 풍부하게 논의하고 있다. 이 장에서는 이러한 문헌을 포괄하여 설명하는 대신, **현지에서** 면담 조사를 어떻게 계획, 수행할 것인가라는 보다 구체적인 목표에 주안점을 둔다. 특히 다양한 연구 환경 속에서 학생들과 연구자들이 어떻게 면담 조사를 수행하는지에 대한 생생한 사례를 보여 주면서, 실제적이고 구체적인 조언을 하고자 한다.

여러분이 면담 조사를 창의적이고 엄격하며 효과적으로 수행한다면, 아마 여러분은 관광객이 머무는 '평범한' 공간으로부터 떨어진 곳에서 면담 조사를 하지 않았더라면 결코 만날 일이 없는 사람들을 만나게 될 것이다. 배경이나 경험에 있어서 여러분과 전혀 다른 누군가를 만나서 이야기를 나누는 것은 매우 색다른 경험이다. 가령, 여러분이 도쿄 시부야에 위치한 40층 사무실의 한 중역 회의실에서 성공한 50대 여성 CEO와 차를 마시면서 면담을 하고 있다고 생각해 보자. 아니면 길거리의 작은 커피숍에서 노숙자와 만나 그 사람의 일생에 대

■ 그림 7.1 온두라스의 한 농촌 주민과 집 앞 마당에서 면담하고 있는 학생의 모습. (사진: Richard Phillips)

한 이야기를 듣는다든지, 그림 7.1의 사진처럼 온두라스에서 나이 많은 어떤 농촌 주민과 집 앞 뜰에 앉아 그의 이야기를 경청하고 있다고 생각해 보자. 면담 조사는 답사를 할 때 가장 강하게 기억에 남는 활동이 될 것이다!

'면담'이란 무엇이며, 어떻게 연구 방법이 될 수 있는가?

질적 연구 방법과 이를 현지에서 어떻게 적용할지 모르는 사람은 어떤 사람과 대화하기 위해 모처에서 미팅을 갖는 것과 그 사람을 거리에 세워 두고 질문하는 것 사이에 별다른 차이가 없다고 생각할 수도 있다. 그러나 이 두 가지는 질문의 내용과 그 대답을 얻는 방법에서 중요한 차이가 있다. 설문 조사, 면담, 초점집단에 대한 정의와 이들의 차이에 대해서는 표 7.1에 요약해 두었다. 이 표

표 7.1 설문 조사, 면담, 초점집단 연구의 주요 특징

	정의	목적 및 형식	한계
설문 조사	• 설문 조사는 실제적, 양적 자료를 강조하기 때문에 양적 방법의 하나로 간주되기도 한다. 특히 이는 '사람들의 행동, 태도, 의견이나 특정 이슈에 대한 인식 등에 대한 1차 자료가 필요할 경우 반드시 수행해야 하는 방법'이다(Parfitt 1997: 76).	• 특정 인구 집단을 대표할 수 있는 자료를 수집하고, 조사 결과를 통계적으로 평가하는 데 있다. • 전화 조사, 우편 조사, 면접 조사, 앙케트 조사, 인터넷 조사 등 여러 가지가 있다. 면담자와 응답자의 관계는 상당한 거리가 있으며, 이는 연구자의 영향력을 낮추는 효과가 있다.	• 설문 조사는 어떤 사건이 발생한 과정에 대한 정보, 사건에 관여한 개인 및 의사 결정에 대한 정보, 사건의 기저에 놓인 정책에 관한 정보 등은 제공하지 않는다. • 각 개인의 시각에 대한 심층적인 논의가 불가능하다. • 통계적으로 유의미한 결과를 산출하기 위해서는 많은 수의 응답자를 확보해야 한다.
면담	• 주요 목적은 특정 집단을 대표하는 의견 수집에 있는 것이 아니라, '개인의 경험이 얼마나 다양하고 자신의 삶에 어떻게 의미를 부여하는지를 이해하는 것'에 있다(Valentine 2005: 111). 모든 지식이 상황적이고 맥락적이라는 인식하에, 면담을 통해 '상황적 지식을 생산하는 특정 맥락'에 초점을 둔다(Mason 2002: 62).	• 자료의 원천이 되는 사회 행위자들과의 상호작용을 위해 현지에 대한 몰입을 강조한다. • 고도로 구조화된, 반구조화된 또는 연구 맥락에 따라 구조화된 면담 형식을 취한다. 또한 면담 내용은 주제 중심적, 생애사적, 서사적 접근 등에 따라 상이하다. 모든 면담은 유동적이고 유연한 구조를 달성하고자 한다.	• 수집된 자료나 최종적인 결과는 연구 대상 집단 전체를 대표하는 것이 아니다. 따라서 일반화된 진술을 도출하는 것이 어렵다. • 면담 시간이 매우 길어질 수 있다.
초점집단	• 대체로 6~12명 사이의 집단과 비공식적 모임을 가지고 연구자가 제시한 주제에 대해 논의하는 방법이다. 연구자와 응답자 간의 상호작용은 면담 형식에 따라 다양하다. 종종 '집단 토론' 또는 '집단 면담'이라고도 불린다.	• '암묵적 · 경험적 지식을 포착하거나, 개인의 이해와 느낌을 사회적으로 구성된 것으로 파악하려는 연구'에 효과적이다(Hoggart et al. 2002: 214). 새로운 또는 현존하는 정책이나 환경 관련 이슈를 검토하는 데 사용할 수 있다.	• 참여자를 모집하는 데 시간이 많이 들며, 10여 명에 이르는 사람들과의 집단 토론을 조율하는 것이 어려울 수 있다. • 개인적 사안이나 민감한 주제 등은 토론의 주제로 제한될 수 있다. 답사 수행에 있어서 연구 결과의 타당성을 검증하거나 제시하는 방법으로 사용될 수 있다.

를 통해서 세 가지 방법 사이에 어떤 차이가 있는지 알 수 있으며, 현지에서 어떤 방법을 적용하는 것이 적절한지에 대해 나름대로 판단할 수 있을 것이다. 특히 설문 조사와 면담 간의 차이에 주목할 필요가 있다. 왜냐하면 경험이 적은 연구자들은 이 두 가지를 혼동하기 쉽기 때문이다.

'질적 면담'은 반구조화된 또는 거의 구조화되지 않은 심층 면담을 지칭한다(Mason 2002). 면담이란 대체로 '목적을 지닌 대화'로 정의할 수 있다(Burgess 1984: 102). 이는 곧 면담자 또는 연구자와 면담 대상자 간에 일정한 상호작용이나 대화를 포함하는 것을 뜻한다. 쉽게 말해서, 면담은 면담 대상자의 경험과 지식에 대해 묻기 위해 그 사람을 찾아내고, 약속 시간을 정해서 미팅을 마련한 후, 그 사람이 말하는 것을 편견 없이 개방적인 자세로 경청하는 과정이라고 할 수 있다.

연구 방법으로서 면담은 역사지리학, 문화지리학, 정치지리학, 경제지리학 등 많은 인문지리학의 하위 분야에서 폭넓게 사용되고 있다. 필자들의 경험을 바탕으로 볼 때, 학부 답사에 면담 조사가 가능한 주제로는 초국적기업이 해외 시장을 개척하는 방식, 대규모 스포츠 이벤트를 개최하기 전에 이루어지는 환경적 의사 결정, 빈곤한 지역에서 보육 서비스를 제공하는 것이 개별 가구 내 가족 관계에 미치는 영향, '로컬' 농장 상점에서 판매하는 원산지 농산품 등을 들 수 있다.

다른 모든 연구 방법과 마찬가지로 면담 조사는 결코 완벽한 과학이라고는 할 수 없기 때문에 많은 혁신과 개선의 여지가 있다. 학생들이 면담이라는 연구 방법론을 더욱 발전시키지 못할 이유는 없다. 우리는 면담을 어떻게 계획, 실행하는지를 구체적으로 안내함으로써, 학생들이 면담이라는 연구 방법을 현지에서 보다 창의적이고 비판적으로 발전시킬 수 있기를 희망한다.

누구를 면담하고, 그들을 어떻게 만날 것인가?

답사 중 면담을 수행하기로 결정했다면, 그다음 단계에서는 정확하게 누구와 만나려고 하는지, 그들과 어떻게 약속을 잡을 것인지, 그리고 어떻게 그들이 여러분의 연구에 시간을 할애하도록 할 것인지 등에 대한 보다 세심한 계획이 필요하다. 전체 집단에서 면담 대상자를 추려 내고, 핵심적인 면담 대상자를 결정한 후, 그들과 접촉하는 일련의 과정은 결코 간단한 일이 아니다. 오히려 이러한 과정에는 극복해야 할 많은 도전과 난관이 도사리고 있으며, 이는 상당한 시간과 헌신이 필요하다. 지리학자들이 면담과 관련해서 경험하는 대부분의 어려움은 결국 우리가 하는 것이 '밖으로 나가서 사람들과 이야기한 후, 그것에 대해 글을 쓰는 것'이라는 인식에서 비롯된다. 사실, 면담은 시간이 많이 들고 어려운 방법이기 때문에 이를 잘 수행하기 위해서는 연구자의 숙련된 기술과 끈기가 절대적으로 필요하다. 이 장에서는 잠재적인 면담 대상자 집단을 선정하는 방식을 개괄하기 위해, 크게 면담 대상자를 '전문가'와 '개인'의 두 가지 범주로 나누고자 한다. 그다음 선정된 면담 대상자와 만나서 어떻게 이야기를 나누는지에 대해 몇 가지 실질적인 조언을 제시하고자 한다. 특히 학부 답사에 초점을 두고, 실제 현지에 가기 전에 무엇을 해야 하는지에 대해 살펴본다.

앞서 설명한 바와 같이, 면담이 설문 조사와 다른 뚜렷한 특징 중 하나는 연구 대상 집단을 완전히 대표하는 대답을 얻으려는 것이 조사 목적이 아니라는 점이다. 그렇다고 해서 연구자가 누구와 만날 것인지를 생각하고 누구를 선택할지를 고려할 필요가 없다는 말은 아니다. 면담이 어떤 가설을 검증하는 것보다는 질적 자료를 발견, 해석, 토의하는 데 목적을 두기는 하지만, 연구자는 면담 대상자를 확인하고 선정하는 과정에서 신뢰성 있고 타당한 방법을 개발할 필요가 있다. 예를 들어, 여러분의 연구 과제가 일본의 전자제품 제조업체들이 현지에서 어떻게 운영되고 있는지를 조사하는 것이라고 할 때, 가장 먼저 해야 할 작업은 이 업체들의 목록을 만드는 일이다. 목록에 수록한 업체들이 많을 경우, 기업의 규모나 현지 설립 연도를 기준으로 이들을 범주화하는 것도 좋은 방법이다. 목록이 작성되었다면, 목록에서 업체를 선택(표본 추출)할 수 있다. 업체를 선정할 때에 범주들이 고르게 반영될 수 있도록 하자. 만약 그렇지 않다면 특정 유형의 기업에 치우친 면담 결과를 얻게 되어 매우 부분적인 이야기만 듣게 될지도 모른다.

면담을 통해 연구 주제에 대한 모든 대답을 들으려고 해서는 안 된다. 여러분은 자신의 연구 문제에 대한 대답을 단지 포괄적으로 듣고자 하는 것이므로, 대상 업체를 선택할 때에는 이 점을 반드시 반영해야 한다. 잠재적 면담 대상자들의 목록을 만드는 것은 연구 과정에서 매우 중요한 일이므로 반드시 체계적으로 이루어져야 한다. 문서보관소나 도서관을 통해 수집하는 문헌 자료에 대해서는 6장에서 논의했는데, 이 내용은 여러분이 면담할 개인이나 조직 목록을 만드는 데 도움이 될 것이다. 표본 추출에 대한 보다 상세한 전략에 대해서는 양적 방법에 관한 대부분의 책들에서 다루고 있으므로 참고하기 바란다.

또한 자신의 연구에 누구를 (또는 누구의 '목소리'를) 포함하고 뺄 것인지에 대해 신중하게 고려해야 한다. 역사적으로 볼 때 사회과학 연구는 여성, 청년, 소수민족, 동성애자와 같은 여러 인구 집단을 부적절하게 재현하거나 심지어 완전히 배제했던 적도 있었다. 린다 맥다월(Linda McDowell 1992)은 분석 과정에서 여성을 완전히 배제했던 몇몇 연구들을 강조했는데, 이 중 윌리엄 화이트(Whilliam Whyte 1955)의 『길모퉁이 집단(Street Corner Society)』은 연구자 본인도 자신이 남성만을 면담했다는 것을 인식하지 못할 정도로 여성을 완전히 배제했던 연구 사례로 악명이 높다. 물론 많은 지리학자들은 이전에 목소리를 내지 못했던 많은 집단을 드러내고자 했지만, 면담은 여전히 (우리가 완전히 이해하거나 설명할 수 없는) 권력에 의한 차별이나 역학 관계를 중심으로 구조화된다는 것이 맥다월의 주장이다. 그녀는 "인문지리학에 있어서 기존의 연구 방법", 특히 면담과 관련한 연구 방법은 오랫동안 "젠더 몰이해(gender blindness)"라는 고난을 겪어 왔다고 주장한다(1992: 405). 이런 맥락에서 맥다월은 "남성 연구자들은 남성 응답자를 통해 획득한 정보가 편향되어 있다는 사실을 생각하지도 않고, 남성 응답자의 목소리를 우선적으로 반영해 왔다."고 지적한다. 따라서 과연 자신이 면담하려는 대상이 적절한지에 대해, 그리고 자신의 연구가 혹시 어떤 '몰이해'에 의해 영향을 받고 있는 것은 아닌지에 대해 충분히 생각해 볼 시간을 가져야 한다.

잠재적 면담 대상자 목록을 점차 현지에서 만날 대상자 명단으로 추려 나갈 때에는, 계획한 면담 대상자 수보다는 조금 더 많은 수로 정할 필요가 있다. 왜냐하면 추려 낸 명단 중에서 만나지 못하는 사람이 생길 수도 있기 때문이다. 학생들이 자주 제기하는 질문 중 하나는 '몇 명을 면담해야 하는가?'라는 것이다. 여기에 어떤 고정된 정답은 없다. 이에 대한 대답은 면담의 형식, 잠재적 면담 대상자의 수, 연구 주제의 성격, 표본 집단의 수에 따라 다를 수밖에 없다. "도대체 몇 명이나 면담해야 하나요?"라는 질문에 대답을 갈구하는 학생들에 대해 교수들은 종종 "글쎄, 실오라기 한 가닥의 길이는 얼마일까?(곧 하나의 정답은 없다는 뜻)"라고 넘기지만, 학생들은 대체로 이를 만족스럽게 받아들이지 못한다. 이러한 경우 여러분이 할 수 있는 최선의 전략은 교수와 함께 앉아서 자신의 연구 주제, 표본 추출 전략, 면담 계획 등에 대해 차분하게 논의하면서 좀 더 설득력 있는 해답을 구하는 것이다.

잠재적 면담 대상자 목록을 만드는 것은 쉬울 수도 있고, 어려울 수도 있다. 왜냐하면 연구 주제의 성격이 어떠한가에 따라, 그리고 면담을 통해 정보를 얻으려는 대상이 어떤 유형의 사회 행위자인가에 따라 달라질 수 있기 때문이다. 가령, 여러분의 연구가 기업이나 공공단체와 같은 조직에 초점을 두고 있다면,

전화번호부 목록이나 명부 등을 사용하면 좋다. 그러나 반대로 여러분의 연구가 아주 사적인 영역에서 (가령, 사생활, 생활환경, 느낌에 관한 면담을 위해) 개인들과 만나야 한다면, 공적으로는 사람들의 목록을 어디에서도 구할 수 없다. 따라서 면담 대상자들의 목록을 만드는 전략은 연구의 성격에 따라 상이한 접근 방법을 취할 수밖에 없다.

전통적으로 개별 면담 대상자들에게 연락을 취하는 방식은 대학에서 사용하는 공식적인 편지를 보내는 방법이었다. 이것은 면담 요청을 '공식적인 것'으로 보이게 하는 데에는 매우 효과적이지만, 오늘날의 이메일과 비교할 때에는 매우 느리고 비용이 많이 드는 방식이다. 그리고 편지는 잘 보관해 두지 않으면 쉽게 잊어 버리거나 휴지통으로 던져져 버리기 십상이다! 이메일은 빠르다는 장점을 갖고는 있지만, 마찬가지로 상대방이 그냥 지나칠 수도 있고 '스팸 메일'로 분류되기도 한다. 따라서 많은 연구자들이 면담 대상자들에게 연락을 취하는 대표적인 방법으로 이메일을 채택하고 있지만, 공식적인 편지를 보내는 방식이 완전히 사라지지는 않았다. 만일 여러분이 면담 요청의 '공식적인 분위기'를 강조하려면, 이메일에 공문서 파일을 첨부하여 보내는 것이 좋다. 이때 연구 프로젝트에 대한 세부 사항을 포함해도 좋고, 면담 대상자로부터 어떤 이야기를 듣고 싶어 하는지를 자세하게 쓰는 것도 좋다(가령, 편지 내용에 '만일 당신이 이 연구에 참여한다면, 당신이 원하는 장소와 시간에 1시간 정도의 면담이 진행될 것입니다'라고 쓰는 것이 좋다). 아울러 편지 내용은 연구 윤리와 관련된 사항을 포함할 수 있다. 가령, 면담 내용은 연구에만 사용되며, 연구팀 외부에는 절대 공개되지 않을 것이고, 보고서에는 면담 대상자의 실명이 사용되지 않을 것이며, 최종 보고서는 외부에 공개되지 않을 것이라는 점 등을 서술하는 것도 좋다. 연구자들이 가장 어려워하는 부분은 과연 어떻게 잠재적 면담 대상자들로 하여금 그 사람의 소중한 1시간을 면담을 위해 기꺼이 내주도록(특히 면담에 대한 아무런 또는 상당한 보상이 없을 경우에) 만들 수 있을 것인가라는 점이다! 이러한 경우 면담하고자 하는 상대방의 유형에 맞는 접근 방법을 취하는 것이 좋다. 가령, 대기업이나 정부의 고위직에 있는 사람에게는 약간의 아부를 담는 전략도 상당히 효과적이다. 이 경우, 편지에 그 사람이 해당 부문에서의 중요도에 입각해서 신중하게 선택되었기 때문에 만약 연구에 참여해 주지 않는다면 연구 자체가 완성될 수 없을 것이라고 쓰는 것도 괜찮다.

잠재적 면담 대상자들과 전화로 연락하는 것은 이보다 어려운 방식이며 연구자의 상당한 숙련이 요구되지만, 노력할 만한 충분한 가치가 있는 일이다. 미국, 캐나다, 오스트레일리아와 같은 나라에서는 대상자의 이름과 연락처를 인터넷이나 전화번호부에서 찾고 전화를 걸어, 자기를 소개한 후에 면담을 요청하고 일정을 잡는 것이 충분히 가능하다. 그러나 일본이나 중부 유럽 또는 동부 유럽과 같은 곳에서는 이보다 좀 더 공식적이고, 충분한 자기소개의 과정이 필요하다. 대체로 전화와 이메일을 함께 사용하는 방법이 효과적이다. 기업 관련 면담의 경우, 일단 해당 회사에 전화를 걸어 가장 적절한 면담 대상자를 찾아내어 그 사람의 이메일과 전화번호를 파악해야 한다. 그다음에는 그 사람에게 면담 관련 이메일을 보내도록 하자. 마지막으로, 어느 정도의 시간적 간격을 둔 다음에(2~3일에서 1주일 사이가 괜찮으며, 절대 2주일을 넘기지 않도록 하라) 그 사람에게 전화를 걸어서 여러분의 연구를 위해 면담에 응해 줄 수 있을지를 물어보도록 하자. 면담 대상자를 확보하기 위해서 이 마지막 과정은 수차례 반복될 수도 있다. 성공은 여러분이 얼마나 인내심을 갖고 반복적으로 전화를 할 수 있는지에 달려 있다(반복해서 보내는 이메일은 무시당하기 일쑤이다). 면담 대상자가 고위직에 있는 사람이라면 그 비서실에 근무하는 직원이 일종의 '게이트키퍼' 역할을 하므로, 그 직원과 친근한 대화를 통해 면담 대상자가 이메일이나 편지를 재차 확인하도록 요청하여 반드시 자신의 다이어리에 면담 일정을 적어 놓게 만들어 보자.

이처럼 면담 대상자와 연락하는 것은 복잡한 협상의 과정으로 때로는 쉽지만 때로는 짜증날 정도로 진척이 느리거나 아예 면담을 거절당하기도 한다. 여러분은 수화기를 들고 잠재적 면담 대상자에게 요청 전화(cold call)를 쉽게 할 수 있을까? 이것은 쉬운 일이 아니다. 반복적으로 전화를 건다고 해서 전보다 더 쉬워지는 것도 아니다. 그럼에도 불구하고 이 과정을 통해 학습한 테크닉은 졸업 후 여러분의 삶에 소중한 자산이 될 것이다. 연구를 할 때, 얼마나 많은 면담이 필요할까? 여러분은 면담 대상자를 쫓는 데 소요되는 전체 시간을 계획할 필요가 있고, 연구 프로젝트에 대한 중요도에 따라 면담 대상자들의 우선순위를 매길 필요가 있다. 실제 현지에 가기 전에 미리 면담 대상자들과 연락을 취하라는 점을 꼭 조언하고 싶다. 현지에 도착한 다음에 면담 대상자를 확보하려면 시간이 부족해서 연구에서 요구하는 면담을 모두 수행할 수 없다. 왜냐하면 면담 대상자를 확보하는 데에만도 수 주일이 걸릴 수 있기 때문이다. 또한 현지에 도착하기 전에 면담 대상자와 약속을 잡는 것은 심리적으로도 매우 큰 도움이 된다. 사전의 철저한 면담 준비가 있다면, 연구 프로젝트에 좀 더 차분하게 집중할 수 있을 것이다.

만일 여러분의 연구 주제가 좀 더 사적인 영역에서 개인과 (그 사람의 사상, 느낌, 경험 등에 대해) 면담해야 하는 것이라면, 면담 대상자를 포섭하기 위해 위와는 다른 전략이 필요하다. 여러분은 잠재적 면담 대상자가 있을 것이라고 추정되는 곳에 가서 바로 '현지에서(on-site)'의 포섭 전략을 취할 수 있다. 이러한 방식의 단점 중 하나는 표본 추출이 자의적이라는 점이다. 가령, 어떤 지역 내에서 범죄 행위에 대한 연구 프로젝트를 수행하고 있다면, 곧장 인근 경찰서에 가서 몇 명의 범죄자들과의 면담을 요청할 수도 있다. 그러나 이 경우 여러분이 선택한 범죄자는 (범죄를 저지르다가 경찰에 붙잡힌) '실패한 범죄자'일 뿐이다. 만일 '성공한 범죄자'를 찾으려면 (물론 매우 위험할 뿐만 아니라, 연구 윤리 승인을 받을 가능성이 거의 없지만!) 범죄자 커뮤니티에 침투해 들어갈 필요가 있다. 따라서 적절한 면담 대상자를 찾기 위해서는 연구 지역 내에 있는 상공인연합회, 노동조합, 정부 기관, 시민 단체, 자선 기관 등의 다양한 조직을 조사할 필요가 있다. 이러한 조직들에 대한 정보는 외부에 공개되어 있기 때문에 여러분이 연구를 진행할 때 중요한 출발점이 될 수 있다. 또한 이러한 조직에서 일하는 사람들은 상당한 네트워크를 형성하고 있기 때문에, 연구에 있어서 중요한 '게이트키퍼'가 될 수 있다. 게이트키퍼는 특정 상황에서 핵심 정보원에 대한 접근을 허용해 주는 일종의 접촉점의 역할을 하는 사람으로서, 물리적 접근에 대한 통제권을 행사하거나 정보에 대한 접근을 허용 또는 차단하는 개인을 지칭한다. 예를 들어, 초등교육에 대한 연구를 수행하는 사람에게 교장은 게이트키퍼이다. 왜냐하면 교장은 "우리가 언제 학교를 방문할 수 있는지, 학교 내의 어디에서 만날지, 누구와 얼마나 오랫동안 면담할지를 결정할 수 있기 때문이다."(Burgess 1991: 47) 만일 여러분이 연구를 수행할 때, 어떤 개인이나 조직이 연구에 중요한 게이트키퍼라고 생각된다면 현지 조사를 수행하기 전에 가급적 빠른 시간 내에 접촉을 시도해야만 한다.

현지에서 연구를 수행할 때에 사전에 만나기로 계획했던 (또는 만날 것이라고 기대했던) 잠재적 면담 대상자들이 아닌 의외의 사람들로 조사의 초점이 옮겨질 수 있다. 많은 경우 이것은 여러분의 연구가 '누증(累增)되는(snowballing)' 긍정적 과정에 있기 때문이다. '누증 표본 추출'은 기존의 응답자들로부터 추가적인 면담 대상자들을 소개받고, 그들을 만나 정보를 획득하는 과정을 지칭하는 용어이다. 여러분이 면담을 진행하면서, 응답자로부터 "혹시 ○○○와 이야기를 나누어 보셨나요? … 그 사람은 이 분야를 훤히 꿰뚫고 있는 사람이기 때문에 꼭 만나 봐야 할 것입니다."와 같은 반응을 종종 얻을 수 있을 것이다. 이러한 정보를 얻는 것은 중요한 면담 대상자를 훨씬 쉬운 방법으로 확보하는 것이다(이는 곧 여러분이 면담 대상자들과 '연결되고 있음'을 보여 주는 것이기 때문에 시간을 투자할 만한 충분한 가치가 있다). 또한 누증 표본 추출은 이따금 (기존의 표본 추출 방식으로는 연구자가 쉽게 접근하기가 어려운) '숨겨진 집단'을 발견하고 연구에 포함시킬 때 활용된다. 어떤 방법으로 면담 대상자를 추출하든지 간에 그 과정에 충분한 시간과 노력을 기울일 필요가 있다. 또한 누구를 만났고, 그 사람과 어떤 이야기를 나누었는지를 꼼꼼하게 기록하는 것은 두말할 나위 없이 중요하다. 그렇지 않으면 조사가 완료된 후에 혼동에 빠지기 쉽다. 적절한 면담 대상자를 선정하여 만나는 것은 중요하지만, 예기치 않은 만남이 가능하고 누증 표본 추출이 발생할 수 있도록 여러분의 연구 방법에 충분한 유연성을 가져야 한다.

면담 준비와 수행

이 장에서는 여러분이 일대일 면담을 수행할 것이라는 전제하에 내용을 전개하고 있다. 연구자가 면담 대상자와 접촉하는 데에는 이메일, 전화, 화상전화 등 여러 방법이 있지만, 이 책은 특히 **현지에서** 면담을 진행하는 연구에 초점을 둔다. 멀리 떨어져 있는 면담 대상자와의 면담은 연구에서 크게 중요하지 않을 수도 있다. 그러나 현지에서는 언제라도 연구 대상자와의 대면접촉을 통해 면담을 수행할 것이라고 생각해야 한다. 이 절에서는 실제 현지에서 면담을 수행할 때 부딪힐 수 있는 실질적 문제에 대해 논의할 것이다. 그 전에 연구에서의 성찰성(reflexivity)이라는 이슈에 대해 알아보자.

면담을 어떻게 구조화할까?

면담을 준비할 때에는 수많은 의사 결정이 필요하다. 우선, 면담 일람을 작성할 필요가 있다. 면담 일람은 면담 대상자에게 어떤 주제와 문제에 대해 질의할지를 사전에 일목요연하게 정리한 문서이다. 앞서 강조한 바와 같이, 면담은 실제 현지에서는 완벽히 수행되지는 않지만 사전에 질문할 내용을 순서대로 작성하여 그대로 면담을 진행하는 고도로 구조화된(highly-structured) 면담, 사전에 질문할 내용을 구성하되 면담 중의 예기치 않은 응답과 논의를 수용해서 유연하게 진행하는 반구조화된(semi-structured) 면담, 사전에 거의 질문 내용을 준비하지 않고 면담이 흘러가는 방향으로 자연스럽게 따라가면서 진행하는 구조화되지 않은(unstructured) 면담 등 다양하게 수행할 수 있다. 대부분의 학부 답사에서는 반구조화된 면담이 이루어지지만, 여러분에게 어떤 접근이 가장 적합할지에 대해서 잠시 생각해 보도록 하자(면담 일람의 사례로 그림 7.2를 참조하라).

그림 7.2는 면담에서 다룰 내용을 5개의 영역으로 범주화한 것이다. 첫 번째 영역은 면담 대상자에 대한 일반 사항을 물어보는 질문이다. 이는 연구와 직접적으로 관련된 질문이라기보다는 첫 만남의 어색함을 풀고 본격적인 면담을 수행하기 전의 준비 단계이다. 그러나 이 질문들은 여러분이 누구와 면담을 진행하고 있고, 그 사람의 배경이 어떠한가에 대한 정보를 얻을 수 있으므로 매우 중요하다. 어쩌면 면담 대상자가 자신은 현재 회사 내에서 새로운 직책을 맡았기 때문에 여러분이 기대했던 것보다 풍부한 지식을 갖고 있지 않다는 점을 강조할지도 모른다! 면담 일람은 가급적 구체적으로 (반구조화되도록) 순서대로 작성하는 것이 좋다. 그리고 면담 일람에는 유연성이 있어야만 대화 과정에서 (쉽게 단정할 수 있는 부분을 건너뛰고) 한 주제에서 다른 주제로 자연스럽게 곧바로 넘어갈 수 있다. 면담 일람을 작성할 때에는 우선적으로 면담 일람을 어느 정도로 구조화할지를 결정해야 한다. 질문을 구체적으로 작성해야 여러 면담 대상자들에 대한 질문에 일관성을 유지할 수 있다. 또한 구체화된 면담 일람은 여러분이 연구자로서 '자신의 위치를 망각하지 않도록' 안내하는 대본의 역할도 한다. 이 작업이 끝난 다음에는 질문하려고 하는 전체 목록을 간략하게 요약하여 면담을

면담 일람: 사과의 공급 체인

1. **면담 대상자**
   - 조직에서 본인이 담당하고 있는 역할은 무엇인가?
   - 미래의 변화를 고려할 때 본인의 역할이 어떻게 변할 것이라고 생각하는가?

2. **공급 체인의 역동성**
   - 공급 체인 산업은 전체적으로 미래에 어떻게 변할 것이라고 생각하는가?
   - 공급 체인을 효율화하기 위해 회사는 어디에 목표를 두고 있으며, 당신은 이러한 목표를 어떻게 달성하고자 하는가?

3. **공급 체인의 관리**
   - 회사에서는 사과를 생산자로부터 직접 수송해 오는가, 아니면 중간에 지역 물류 허브를 두고 있는가?
   - 어떤 국가에서 수입해 오는가?
   - 해외에서 수입하는 사과의 비중은 어느 정도인가?
   - EU에서 수입하는 사과의 비중은 어느 정도인가?

4. **조절**
   - 당신 회사의 산업 부문을 관리하는 조절 기구가 있는가?
   - 만약 있다면 어떤 것들인가? 조절 기구는 당신 회사의 비즈니스에 얼마나 영향을 주는가?

5. **소비자**
   - 지난 10여 년간 소비자의 수요는 어떻게 변화해 왔는가?
   - 당신 회사는 소비자들의 기호를 사업 운영에 있어 어떻게 반영하는가?
   - 당신 회사의 소비자들은 사과가 얼마나 멀리에서부터 운송되었는지에 관심을 가지는가?
   - 향후 당신 고객들의 사과 소비 패턴은 어떻게 변화할 것이라고 예상하는가?
   - 최근 푸드 마일리지를 중심으로 한 환경에 대한 관심이 향후 당신 고객들의 소비 패턴을 어떻게 변화시킬 것이라고 예상하는가?

■ **그림 7.2** 반구조화된 면담 일람의 사례. 본 면담을 계획한 학생 연구팀은 북아메리카의 한 도시를 사례로 식품 소매업의 공급 체인에 대해 조사하기로 했다. 이 학생들은 소매업체들이 판매하는 농산물의 원산지는 어디이며, 대형 소매업체가 상품을 어떻게 공급받고 있는지를 결정하는 데 환경 요인이 얼마나 중요한지를 알아보고자 했다. 이 그룹은 여러 상품 중 사과에 초점을 두고 연구를 수행했다.

진행하는 동안에 빠른 속도로 훑어볼 수 있도록 해 두는 것이 좋다(한 페이지씩 넘겨 가면서 면담을 진행하면 면담 대상자가 상당히 위축될 수 있다는 사실도 꼭 기억해 두자!).

면담에는 몇 명이 참여할까?

이것은 여러분이 몇 명으로 구성되어 있는지에 따라 다르다. 만약 답사팀이 3명 이상으로 구성되어 있다면, 팀을 두 개로 나누어 같은 시간에 2개 이상의 면담을 동시에 진행할 수 있다. 또한 면담에 참여하는 사람들이 몇 명인지에 따라 면담 과정이 매우 달라질 수 있다는 점도 고려해야 한다. 가령, 6명의 면담자들과 마주 앉아 대화하는 면담 대상자는 어떤 기분일까? 팀 구성원 전원이 면담에 참여한다면 그들 모두가 면담에 완전히 참여하는 것이 가능할까? 따라서 면담에 참여하는 사람들의 역할에 대해서 생각할 필요가 있다. 두 명의 면담자들이 차례로 번갈아 질문을 하는 방식이 이상적일 수도 있다. 특히 면담 중 예기치 못한 침묵을 서로 메워 줄 수 있다는 점에서 도움이 될 것이다. 몇 명이 면담에 참여하든지 간에, 면담에 참여하는 인원을 미리 면담 대상자에게 알려 줄 필요가 있다. 이것은 특히 문화적 맥락에서 중요하다. 예를 들어, 일본에서는 면담자의 수와 면담 대상자의 수가 같은 경우가 가장 이상적이다. 면담자가 2명이라면 연구 대상 기업에서는 2명의 면담 대상자를 보낼 것이다. 한편, 면담 대상자에게 매우 민감한 사안을 물어보거나 면담 대상자의 자택에서 면담할 경우 면담자가 3명 이상이라면, 이는 적절하지 못하다고 할 수 있다.

면담은 어떻게 기록할까?

많은 질적 연구자들은 면담 과정을 녹음한 후, (면담 대상자의 구술뿐만 아니라 침묵, 동작, 표정, 휴식 등을 모두 포함한) 한 마디 한 마디 그대로(verbatim)를 글로 옮긴다. 만일 여러분이 이 과정을 따른다면, 면담 중 핵심적인 부분은 별도로 메모해 두자. 그리고 면담 대상자가 특히 강조한 부분은 가능하다면 직접 인용해 두는 것이 좋다. 녹음기가 고장나거나 배터리가 방전될 수도 있고, 면담을 하는 곳에 따라 녹음해 둔 내용을 잘 알아듣지 못할 수도 있다. 따라서 면담 시 메모를 하고, 면담이 끝나자마자 연구팀은 면담 내용에 대해 토론을 하는 것이 좋다. 연구자가 속한 학교의 연구 윤리에 따라서 면담을 수행하고 그 내용을 녹음하기 위해 서면 허가를 받아야 하는 경우도 있다는 사실을 유의하자. 또한 면담 대상자가 녹음을 거부할 수도 있다. 먼저 면담 대상자에게 녹음이 가능한지를 물어보고 만약 거부한다면, 두 번 다시 그 사람에게 녹음을 허락하도록 재촉하지 않는 것이 좋다. 면담 대상자는 녹음에 대해 거부할 권리가 있을 뿐만 아니라, 여러 번 재촉할 경우 면담 분위기가 경직되고 힘들어질 수 있기 때문이다. 녹음이 불가능할 경우 직접 기록할 수 있는 준비가 되어 있어야 한다.

면담은 어디에서 해야 할까?

여러분이 면담 장소를 결정하기 어려울 수도 있지만, 반대로 면담 대상자가 여러분들이 원하는 장소에서 만나자고 제안할 수도 있다. 이 중 어떤 경우라도 면담 장소는 면담에 중요한 영향을 미친다. 어떤 기업이나 기관을 대상으로 면담을 진행한다면 대체로 상대 측 사무실에서 이루어지는 경우가 많다. 면담 대상자의 입장에서는 시간을 절약할 수 있을 뿐만 아니라, 무엇보다도 기업이나 기관 내에서 그 사람의 지위를 파악할 수 있다. 이따금 기업 대상 면담은 사무실 근처에 있는 카페에서 함께 커피를 마시면서 진행되기도 한다. 이는 보다 중립적인 환경과 편안한 분위기를 만들기 때문에 면담 대상자가 사무실에서는 말하기 어려운 정보나 사적인 의견까지도 이야기할 수 있다. 물론 이런 장소는 소란스러울 수 있기 때문에 녹음할 때 음질이 불량할 수도 있음에 유의하자(에스프레소 머신 작동 소리는 녹음하는 데 큰 방해가 된다!). 상대방이 전문가적 역량을 지닌 경우와는 달리, 만약 개인의 사적 환경과 견해를 조사한다면 먼저 어떤 장소를 면담 대상자에게 제시할 수도 있다. 만약 현지에서 즉흥적으로 면담 대상자를 선정했다면, 그곳 주변에서 면담하기에 편한 장소를 발견할 수 있을 것이다. 이 경우 면담 장소로서 카페나 레스토랑도 가능하지만, 만약 상당히 사적인 의견을 물어보는 것이라면 좀 더 비밀스러운 곳이 좋다. 사적인 장소로는 면담 대상자가 거주하는 자택도 좋다. 면담 대상자는 당연히 자기가 거주하는 곳이 편할 것이고, 여러분은 그곳에서 면담 대상자의 사적인 일상생활을 파악할 수 있을 것이다. 그러나 면담 대상자에게 먼저 그 사람의 자택에서 면담하자고 제안해서는 안 된다. 오직 면담 대상자가 먼저 자신의 집에서 면담하자고 제안할 경우에만 그렇게 하는 것이 좋다.

세라 엘우드와 데버러 마틴(Sarah Elwood and Deborah Martin 2000)은 면담 장소가 면담 내용에 직접적인 영향을 끼친다고 주장한 바 있다. 이처럼 면담 장소의 선정은 결코 사소한 일이 아니기 때문에 전체 연구 방법론에서 신중하게 계획되어야 한다. 로빈 롱허스트(Robyn Longhurst)는 "언젠가 나는 작은 도시의 지방의회의 한 회의실에서 내가 구성한 초점집단으로 하여금 지방정부가 제공하는 행정 서비스의 질에 대해 토론하도록 실수했던 적이 있다. 당연히 초점집단의 토론은 자유로운 분위기에서 이루어지지 못했고, 모든 참가자들은 지방정부의 회의실에 앉아서 지방정부를 비판하는 것을 주저했다."고 회상했다(2010: 109). 마찬가지로 어떤 회사의 중역을 면담한다면, 그 사람이 자신의 집무실에서 회사의 전략에 대해 비판적인 태도를 보일 가능성은 매우 희박하다. 면담 대상자로부터 비판적인 시각과 진솔한 사견을 듣고자 한다면, 면담 장소의 선정은 이를 도와줄 수 있는 중요한 부분이다. 엘우드와 마틴은 결론에서 "면담의 미시지리(microgeographies)에 대한 고찰은 면담이 이루어지기 이전 단계에서 이루어져야 하고, 연구와 분석이 이루어지는 동안에도 계속되어야 한다. 면담 장소가 윤리적 측면에서뿐만 아니라 분석적으로도 매우 중요하다는 것을 이해하게 되면 면담 장소를 선정하는 과정이 훨씬 쉬울 것이다. 면담 장소의 선정에 있어서는 항상 면담자와 참여자 요구 사이에서 일정한 균형점을 찾는 것이 중요하다."

고 언급한다(2000: 656). 무엇보다도 우리는 질 밸런타인(Gill Valentine 2005: 118)이 말했던 "여러분 자신의 안전을 위해서라도, 절대로 자신이 불편하게 느끼는 사람과 면담 약속을 잡거나 위협을 느끼는 곳에서 낯선 사람과 만나지 말라."는 충고에 주목할 필요가 있다.

면담을 위해서 준비해야 할 기타 사항

무엇보다도 완벽히 준비된 상태에서 면담 장소에 도착하는 것이 중요하다. 면담을 위해 필요한 모든 것이 사전에 준비가 끝나야 하고, 면담 대상자, 조직, 회사에 대한 사전 조사도 끝난 상태여야 한다. 필요한 모든 정보를 찾아 숙독했는지 확인하라(여러 명으로 구성된 연구팀이라면 이런 과제를 서로 분담할 수 있다는 장점이 있다). 이미 공개적으로 얻을 수 있는 내용을 귀중한 면담 시간에 물어보는 것은 시간 낭비이다. 가령, 어떤 회사의 대표를 면담한다면, 그 회사의 웹사이트를 미리 방문해 연차 보고서나 보도 자료 등을 숙독해야 한다(문헌 자료에 대한 보다 상세한 설명은 6장을 참조하라). 그렇지 않으면, 이미 여러분이 알고 있어야 할 내용(가령, 종업원의 수, 회사의 역사, 연매출 등)을 물어보느라 시간을 허비하게 될 것이다. 따라서 연구에 적절한 내용을 물어보는 것이 중요하다. 또한 어떤 학자를 면담하고자 한다면, 그 사람이 최근에 출간한 연구 업적을 읽고 최근의 관심 분야를 발견하는 것이 필수적이다. 그렇지 않다면 면담 대상자가 면담을 주도하게 되어, 오히려 면담 대상자가 여러분의 연구 결과의 밑그림을 그리게 될지도 모른다. 대신 상대방의 연구에 적극적으로 관심을 가지면서 질문을 제기하고, 자신의 연구에 대해 그 사람과 이야기하면서 서로의 공유점을 찾아 나가는 것이 좋은 전략이다.

면담 상대와 장소에 적절한 옷을 입는 것도 중요하다. 기업이나 정부기관을 대상으로 면담할 때에는 깔끔하게 차려 입는 편이 낫다. 물론 어떤 회사나 기관은 정장과 넥타이 등 좀 더 공식적인 옷차림을 선호하기도 한다. 어떤 옷을 입을지 잘 모르는 경우에는 가급적 예의를 갖춘 복장을 하는 것이 좋다. 또한 면담 대상자의 자택을 방문하거나 비공식적인 자리에서 면담을 할 경우에는 깔끔한 복장을 하되 너무 타이트하거나 짧은 옷을 입는 것은 피하는 것이 좋다. 옷은 자신과 연구팀뿐만 아니라 나아가 자신이 소속된 기관을 대표한다는 점을 명심하자!

성찰적 연구: 비교문화적 면담과 위치성

질적 면담을 사용하는 연구자들은 점차 연구의 '성찰성'이라는 문제에 주목함으로써, 경험적 연구가 갖는 해석적·정치적·수사적 성격에 초점을 두고 있다. 성찰성은 '기존에 (어떤 대상을) 바라보는 방식을 다시 돌이켜 보는 방식'이라고 할 수 있다(Clegg and Hardy 1996: 4). 따라서 성찰적이라는 것은 연구자와 연구의 맥락을 돌이켜 보는 것이다. 달리 말해서, 자신이 어떻게 연구를 수행하고 있는지를 반성하고, 자신이 연구 자체에서 분리되어 있는 것이 아니라 연구의 한 부분이라는 점을 받아들여야 한다. 이 절에서는 성찰적 사유의 필요성을 두 가지 차원에서 논의하고자 한다. 첫째는 해외에서 연구를 수행할 때 문화적 차이가 자료 수집에 어떻게 영향을 미치는지와 관련된 것이고, 둘째는 우리 자신의 '위치성(positionalities)'과 관련된 것이다.

제한된 시간적 계획 내에서 비교문화(cross-cultural) 연구를 수행할 때에는 극복해야 할 많은 문제들이 발생하고, 수집할 수 있는 자료에도 일정한 한계가 있기 마련이다. 오늘날 질적 연구 방법은 비교문화 연구에 가장 널리 사용되고 있지만, 비교문화적 면담과 그것이 자료 수집과 해석에서 갖는 함의는 그다지 큰 조명을 받고 있지는 못하다(Shah 2004). 그러나 면담은 "문화적 특수성을 보여 준다."(Silverman 1985: 174) 왜냐하면 비교문화적 면담은 담론적 관계(discursive relations)와 상황성(situatedness)에 의해 결정되기 때문이다. 샤(Shah 2004)의 주장처럼, 면담자와 면담 대상자 간의 상호작용을 어떻게 이해할 것인가는 서양의 자본주의 사회 외부의 문화적 시각에서 볼 때에는 매우 상이할 수도 있다. 따라서 해외에서 면담을 수행할 때에는 연구 수행이나 의미 해석 등에 대한 기존의 생각을 깊이 성찰하고 재평가할 필요가 있다. 엽서 7.1은 말레이시아에서 진행했던 학부 답사에 대해 기술하고 있으며, 이는 향후에 논의할 몇 가지 사항들을 잘 보여 준다.

엽서 7.1 비교문화적 맥락에서의 면담 수행: 말레이시아 사바에서의 학부 답사

보내는 사람: 케이트 로이드

학생들은 말레이시아 사바의 비교문화적 맥락에서 답사와 면담을 수행하는 것이 가장 힘들면서도 값어치 있는 경험이라고 생각했다. 학생들은 사바(Sabah)의 주도인 코타키나발루(Kota Kinabalu) 변두리의 작은 마을인 키푸보(Kipouvo)에 3주 동안 머무르면서, 정부 기관 공무원과의 집단 면담, 마을의 토착 주민들과의 개별 면담, 마을 공동체 중심의 초점집단 토론 등의 다양한 면담을 수행했다. 학생들은 면담을 수행하면서 언어 장벽이나 문화적 오해 등에 직면했고, 짧은 기간 동안 복잡한 답사 활동을 완수하는 데 어려움을 겪었다.

답사를 떠나기에 앞서, 학생들은 문화적 이해력을 높이고 자료 수집에 영향을 미칠 수 있는 언어 문제 등에 대처하기 위해 집중적으로 준비했다. 학생들은 자기 자신의 '의식의 지도(maps of consciousness)'를 성찰했고, 자신의 위치성에 의식의 지도가 어떻게 영향을 받는지를 토론했으며, 인종, 계급, 젠더, 민족성, 섹슈얼리티 등 자신의 다양한 정체성들이 세계를 바라보고 이해하는 데 어떤 영향을 미치는지에 대해 탐색했다(Mullings 1999). 새로운 문화적 맥락에서 자료를 수집할 수 있

으리라는 학생들의 높은 기대 수준을 조절하기 위해, 나는 학생들에게 결과보다는 과정이 더욱 중요하다는 점을 강조했다.

파코스 초점집단

학생들은 3주의 대부분을 소그룹별로 나누어 보냈고, 파코스트러스트(PACOS Trust)라고 불리는 현지 비정부기구와 함께 여러 공동체 프로젝트에 참여했다. 이 단체는 마을 공동체에 기반을 둔 자원봉사 조직으로서 사바 원주민 공동체의 삶의 질을 개선하는 데 초점을 두고 활동하고 있었다. 첫째 주에 학생들은 파코스 직원과 함께 프로그램 평가 회의 워크숍에 사용할 가이드북, 활동, 자료 수집 도구 등을 준비했다. 답사 내내 언어 장벽은 학생들에게 가장 큰 난관이었다. 가령, 학생들은 파코스의 직원인 간사 4명과 함께 일했는데, 그중 1명의 간사만이 제한적으로 영어를 구사할 수 있어서 양쪽에 상당한 불편이 있을 수밖에 없었다. 질문과 대답이 서로 이해되지 않았기 때문에 학생들은 공동체 프로젝트를 제대로 이해하지 못했고, 파코스 직원들은 자신의 목적을 설명하는 데 어려움을 겪었다. 또한 언어 장벽으로 인해 똑같은 질문에 대한 간사의 대답은 상황에 따라 달랐다. 마치 축구장의 골대가 계속해서 움직이는 것이나 다름없었다. 초점집단은 연구 자료를 얻는 데 핵심적이다. 학생들은 성인 남성, 성인 여성, 청소년 등 3명으로 초점집단을 구성하였다. 마을 공동체와 일을 할 때에도 마찬가지로 언어 장벽이 존재했다. 그러나 학생들은 언어 장벽에 좌절하지 않고, 마을 구성원들과 라포르(rapport)를 형성하기 위해 사진, 지도, 노래, 춤 등을 적극적으로 활용함으로써 상호 간의 신뢰도를 높이고 정보를 공유할 수 있었다.

홈스테이 면담

둘째 주에 학생들은 코타키나발루 외곽에서 2~3일간 홈스테이를 하면서, 홈스테이 관광이 가족과 마을 공동체에 미치는 영향 등의 사회경제적 문제와 관련하여 해당 가족 및 마을 주민들과 면담하는 시간을 가졌다. 홈스테이를 운영하는 가족과 마을 주민들은 거의 영어를 못했기 때문에 여전히 언어 장벽은 주요한 문제였다. 언어 장벽의 문제를 극복하기 위해 학생들은 지역 내 말레이시아사바대학교(University of Malaysia, Sabah, 이하 UMS) 학생들로 하여금 면담 시 동석해 줄 것을 요청했다. 학생들은 3일 동안의 홈스테이에서 UMS 학생들과 어울리면서 함께 많은 것을 배우고 다양한 경험을 공유할 수 있었다. UMS 학생들은 면담에 사용하기 위해 그룹별로 준비한 구조화된 질문 목록을 바하사 말레이(Bahasa Malay)어로 옮기는 것을 도와주었고, 마찬가지로 면담 대상자들의 응답을 다시 영어로 옮기는 것도 도와주었다. 대부분의 학생들은 이 경험에 대해 매우 긍정적으로 반응했지만, 어떤 학생들은 UMS 학생들과의 공동 면담 과정에서 상당한 불만을 느꼈다. 이것은 USM 학생들이 통역에 대한 경험이 거의 없었기 때문이었다. 가령, 어떤 학생은 자신의 최종 보고서에 면담 대상자의 응답이 아주 길었음에도 불구하고 통역을 맡은 UMS 학생이 이를 한두 단어로 축약해서 전달했다고 불만스럽게 적어 놓았다. 자료를 획득하는 과정에서 UMS 학생들에게 크게 의존했던 그룹에 속한 많은 학생들이 이와 유사한 반응을 보였다. 이 경험은 실제 답사를 떠나기 전에 기대 수준을 어떻게 설정할 것인지가 중요하다는 점을 보여 줄 뿐만 아니라, 결과보다는 과정의 중요성을 강조할 필요가 있다는 점도 보여 준다. 학생들은 언어 장벽을 극복할 수 있는 또 다른 방법으로 참여관찰을 시도했는데, 학생들은 고무 수액 모으기, 과일 따기, 쌀 탈곡하기, 전통 음악과 춤 배우기, 요리하기, 매일매일의 단순 사역 등 다양한 마을 활동에 참여하면서 틈틈이 자신의 개인적 인상을 일기장에 꼼꼼하게 기록해서 연구 자료로 활용했다.

집단 면담

학생들이 정부 공무원과 만나서 집단 면담을 수행하기 위해서는 그에 합당한 여러 공식적인 절차를 따라야만 했다. 각각의 면담 대상자를 만나기 위해서는 학교의 공식적인 방문 소개서가 필요했다. 우리는 오스트레일리아의 대학교 출신의 교수와 학생들이라는 사실로 인해 (정부 당국이 우리에게 상대적으로 특권적인 위치를 부여하여) 이 절차가 대체로 쉽게 진행되었다고 느꼈다. 집단 면담은 우선 정부 공무원이 현행의 정부 정책 등과 관련된 발표를 먼저 진행하고, 그다음 질의응답 시간을 갖는 순서로 진행되었다. 많은 공무원들이 영어를 사용할 줄 알거나 전문적인 통역관이 배석하고 있었기 때문에 언어 장벽은 전혀 문제되지 않았다. 그러나 학생들은 보고서에 정부 공무원들의 응답이 정부의 정책적 수사를 넘지 않았을 뿐만 아니라 토지 소유권이나 법률적 사안 등 정치적·문화적으로 민감한 주제들에 대한 공무원들의 응답도 부적절했다는 점을 불만스럽게 기록하기도 했다. 자료 수집 과정에서 가장 중요한 것은 면담이 끝난 후에 가능한 한 빨리 면담 내용에 대해 생각해 보는 시간을 갖는 것이었다. 이것은 저녁 식사를 하면서 또는 숙소로 돌아오는 버스에서 이루어졌다. 이 시간에 학생들은 면담 중 빠진 부분을 보충하고, 자신의 해석을 비교하여 명료하게 하며, 응답에 대한 자신들의 의견을 개진하는 등의 성찰을 할 수 있었다. 면담에 대한 성찰을 통해 학생들은 비교문화적 사안을 발견하기도 했고, 언어 장벽이 가장 어려운 문제라는 점을 공유하기도 했지만, 이러한 과정 자체가 답사 경험에 참여하고자 하는 핵심 이유라는 점에는 공감했다.

면담 조사에서는 항상 자신의 기대했던 수준이 완전히 만족되지는 않는다는 점을 염두에 둘 필요가 있다. 면담을 진행할 때, 면담 대상자로부터 자신이 필요로 하는 자료를 정확하게 끄집어낼 수 있는 경우는 매우 드물다. 오히려 그런 높은 기대감을 갖는 것은 개인의 행위주체성(agency)과 지식의 사회적 착근성(embeddedness)을 무시하는 것이다. 정보 교환에 있어서 문화가 왜, 얼마나 중요한지에 대해서는 책 한 권으로 서술해도 부족하지만, 이 장에서는 몇 가지의 사례를 들어 이 점을 강조하려고 한다. 제니퍼 존스(Jennifer Johns)는 전 세계 기업에 대한 면담 조사 경험을 바탕으로, 면담 자료의 획득은 면담이 수행되는 맥락에 따라 매우 상이하다고 밝힌 바 있다. 예를 들어, 영국계나 미국계 회사의 중역들은 회사의 전략에 대한 자신의 의견을 피력하는 것이 성급한 편이고, 회사의 미래 전략이 어떠해야 하는지에 대한 토론에 쉽게 참여하는 경향이 있다. 이들은 면담 전에 미리 공식적으로 준비하는 것이 거의 없으며, 자신의 주장에 대한 별도의 근거 자료를 보여 주지도 않는다. 그러나 그 회사의 재정 상태로 화제를 돌리면, 그들은 말을 머뭇거리기 시작한다. 특히 회사의 수익률에 관한 정보를 요청할 경우에는 갑자기 면담 분위기가 폐쇄적이거나 어색해지기도 한다. 반면, 동아시아 기업의 면담 대상자들에게 면담을 신청하면, 그들은 사전에 면담 질문이 무엇인지 물어보고 그에 맞는 서류를 준비해 둔다. 동아시아 회사들은 양적 자료를 선뜻 제시해 주는 경향이 있고(그리고 앵글로색슨계 회사들과 비교할 때 회사의 재정 상태와 관련해서도 보다 개방적이다), 사전에 제시한 면담 질문에 대해서 간결하게 답변해 준다. 그러나 회사의 의사 결정과 관련된 사항에 대한 답변을 듣는 것은 매우 어려운 일이며, 이는 심지어 최고경영자(CEO)나 상무이사(MD)와 면담을 할 때에도 마찬가지이다. 질적 방법이 추구하는 풍부하고 담론적인 자료를 획득하는 것은 훨씬 더 어렵다. 이런 맥락에서 일본은 "사실은 풍부하지만 데이터는 빈약한(fact-rich but data-poor)" 곳으로 묘사되기도 한다(Bestor et al. 2003: 234). 이러한 상황적 차이는 면담 대상자가 특별히 꺼려서라기보다는, 순전히 면담이 수행되는 문화적 맥락의 결과이다. 결국, 마크 왕(Mark Wang)이 엽서 7.2에 적어 놓은 것처럼 연구자가 면담에서 기대하는 것은 문화특수적일 수밖에 없기 때문에 연구자의 기대는 완전히 충족될 수 없다.

마지막으로, 관련 정보나 통역 서비스를 구하기 위해서 해당 지역의 현지 정보원들과 협력하는 것도 중요한데, 이는 특히 연구자가 현지어를 구사할 수 없는 경우에 그러하다. 연구자, 통역자/번역가, 면담 대상자 간의 관계는 연구를 수행함에 있어서 또 하나의 복잡한 문제이다. 이들을 직접적으로 충분히 활용하는 것이 항상 가능한 것은 아니기 때문에 연구를 수행하기 전에 통역자를 얼마나 효율적으로 활용할지에 대해 충분히 생각해 보아야 한다. 대체로 학자들은 연구의 목적에 맞게 현지 대학교의 대학원생들을 통역자로 활용한다. 많은 경우, 학생들은 현지에 대한 지식을 지닌 훌륭한 정보원으로서 연구 수행에 큰

엽서 7.2 중국 답사 수업: 실제 사람들을 만나 진짜 답변을 듣는 것

보내는 사람: 마크 왕

지난 12년 동안 멜버른대학교는 중국 황하 분지와 양쯔 강 계곡 일대를 포함한 중국 지역 답사를 운영했다. 중국에서 답사를 진행하는 것은 학생들이 어떻게 현지 주민들과 어울리고 어떻게 자료를 수집할 것인가와 관련해서 몇 가지 매우 도전적인 문제들을 제기한다. 중국에서 우리의 경험을 토대로 작성한 다음 사항은 여러분이 외국에서 면담을 수행할 때에 도움이 될 것이라고 생각한다.

- 어떻게 현지 주민들에게 접근할지에 대해 매우 주의 깊게 생각하자. 이것은 국가에 따라 매우 어려울 수 있는데, 우리는 중국 답사에서 특히 어려움을 느꼈다. 정부 공무원들과의 집단 면담은 성공적이지 못했다. 정부 공무원들은 지위나 직급에 관계없이 또는 전직 교수든지 아니면 기술자든지 간에, 대부분 정부의 공적 선전이나 의견을 인용하면서 정부 정책에 대한 비판적 견해를 거의 드러내지 않았다. 공무원들에게 연락해 면담 일정을 약속 받는 것 또한 매우 어려웠다. 한편, 일반 중국 시민들과 면담할 때에도 그들은 사견을 잘 드러내지 않았다.
- 공식 경로를 통한 면담이 실패하면, 다른 잠재적 면담 대상자나 게이트키퍼를 찾기 위해 노력하라. 우리는 우리가 알고 지내는 중국인 교수의 도움을 얻어서 많은 사람들을 만나거나 방문해서 면담을 진행할 수 있었다. 학생들은 공식적 채널을 통해서는 '진정한' 면담을 수행하기 어렵다는 것을 깨닫고, 독립적으로 중국 사람들과의 대화를 시도하거나 동행한 보조원들의 도움을 받아 면담을 진행할 수 있었다.
- 언어와 관련해서 어떻게 통역할지를 사전에 잘 계획하자. 일반 중국 시민들과 대화할 때에 가장 큰 장벽은 언어이다. 나는 중국계여서 중국어를 구사할 수 있으며, 아울러 해마다 입학하는 5~7명의 중국 유학생들도 큰 도움이 된다. 또한 이따금 통역을 위해 대학원생들과 함께 답사를 가기도 한다. 도시나 농촌에 살고 있는 중국 현지 주민들과 면담할 때, 우리는 대체로 학생들을 세 그룹으로 나누

고 각 그룹에 중국어를 구사할 수 있는 사람을 배정해서 면담이 잘 이루어질 수 있도록 준비한다.

- 통역 담당자의 역할을 정확하게 설정하라. 통역자의 역할은 양쪽이 말한 바를 정확히 그대로 상대방의 언어로 전달하는 것이다. 학생들이 그 제한적 역할을 좋아하든 좋아하지 않든 간에, 학생들이 통역자의 시각을 쫓게 해서는 안 된다. 통역자는 단순한 전달 통로일 뿐이다. 또한 통역이 원활하게 진행될 수 있도록 학생들의 질문은 가급적 짧은 문장들로 구성되어야 한다. 질문이 복잡할 때에는 몇 가지의 단순한 문장들로 끊어서 제시하자. 또한 응답자가 길게 이야기했음에도 불구하고 통역자가 그 내용을 짧게만 전달한다면, 통역자에게 왜 그런지를 꼭 알아보자.
- 면담 장소에 대해 신중히 고려해 면담 대상자들이 편안하게 이야기할 수 있는 곳을 선정하자. 우리는 중국 농부들과 면담할 때 그들이 사는 집 안이나 앞마당에서 진행했다.
- 자신의 목적을 기억하자. 자신이 면담 대상자로부터 어떤 정보를 받고자 하는지를 항상 염두에 두고, 너무 길거나 복잡하거나 관련성이 낮은 질문들은 가급적 피하자. 복잡한 것을 대상으로 질문할 때에는 일련의 작은 질문들을 제시함으로써 전체 그림을 그려 보자.
- 면담 대상자들이 알고 있는 것에 대해서 (가령, 그들 자신에 관한 것, 그들이 하는 일, 그들이 생각하는 것 등) 질문하자. 면담하는 주민들에게 '다른 사람들', '중국 사람들', '농부들', '베이징에 살고 있는 사람들'에 대해서 질문하지 말자.
- 표준화된 질문 일람을 만들어서 모든 가구를 방문할 때 똑같은 질문을 할 수 있도록 준비하자. 물론 가구 구성에 따라 당연히 답변이 다를 수밖에 없겠지만, 가급적 모든 가구에 대해서 유사한 정보를 획득하는 것이 자료로서 가치가 있다. 여러분이 원하는 형태로 정보를 획득할 때까지 지속적으로 노력하자. 물론 면담 대상자의 응답이 만족스럽지 않다고 해서 먼저 등을 돌리고 떠나서는 안 된다.

도움이 된다. 그러나 매번 그런 것은 아니다. 엽서 7.3의 사례에서는 연구자의 위치성이 어떻게 현지 정보원과의 관계에 영향을 미치는지 보여 준다.

엽서 7.3 비교문화적 맥락에서 현지 정보원과 접촉하기: 헝가리에서의 면담 사례

보내는 사람: 제니퍼 존스

현지 조사를 수행하다 보면 학문적, 조직적, 실제적 차원 이상의 도전에 직면한다. 연구의 맥락과 우리 자신의 위치성은 때때로 예측 불가능하고 어려운 방식으로 상호작용 한다. 이따금 아주 멀리에서 답사를 하지 않더라도 현지 조사에서 부딪히는 여러 딜레마를 경험하기도 한다. 가령, 나는 중부 및 동부 유럽에서 연구조교(RA)로서 대형 연구 프로젝트를 수행할 때 큰 도전에 직면한 적이 있었다. 나는 헝가리에서 현지 통역자와 의사소통하고 함께 일할 때 큰 어려움을 겪었다. 이것은 부분적으로 나의 젠더와 관련된 것이었지만(통역자가 남성이 아닌 여성이었음에도 불구하고), 무엇보다도 내 나이가 주요한 원인이었다(당시 나는 20대 초반이었고, 통역자는 나보다 나이가 많았다).

내가 프로젝트와 관련해서 통역자를 처음 만났을 때, 통역자는 내가 자신보다 나이가 어린 것을 알고 달가워하지 않았다. 왜냐하면 그녀는 자신보다 나이가 많은 학자를 '위해서' 일할 것이라고 기대했기 때문이다. 즉 나는 그녀의 기대에 부응하지 못한 것이었다. 나는 그녀와 함께 면담 일정을 계획하고 가능한 한 면담 조사를 잘 끝내기 위해 최선을 다했다. 그렇지만 내가 읽었던 어떤 방법론 책이나 논문에서도 젊은 연구자가 현장 조사를 할 때 어떻게 나이의 문제를 극복할 것인지에 대해서 말해 주지 않았다(물론 현장 조사에서 노인과 면담을 할 때 어떻게 주의할 것인지에 대해서 언급한 책들은 있었다). 나와 그녀의 관계는 계속 긴장을 유지했고, 연구는 매우 느리게 진행되었다.

우연찮게도 이 상황을 어떻게 돌파해야 할지 생각할 수 있는 시간이 나에게 주어졌다. 우리는 부다페스트 교외의 작은 비디오게임 회사와 면담을 하기 위해 걸어가는 중이었는데, 길가에 강아지 한 마리가 자기 집 앞에 나와 앉아 있었다. 나는 그

강아지에게 다가가서 몇 마디 중얼거린 다음, 다시 통역자에게 와서 "아휴, 제가 바보 같죠. 저 강아지는 영어가 아니라 헝가리어만 할 줄 아는데!"라고 말했다. 그녀와 나는 서로 웃으면서, 현재 우리가 처한 상황에 대해 함께 생각해 볼 시간을 가졌다. 나는 통역과 소통의 문제에 대해 그녀와 이야기하면서, 그녀에게 나를 '위해서'가 아니라 나와 '함께' 일해 줄 것을 요청했다. 그녀는 회사의 면담 대상자가 나보다 나이가 많은 남성들이기 때문에 내 연구가 성공하지 못할 것이라고 걱정했다. 그러나 결과적으로 내 나이는 연구를 성공적으로 마치는 데 아무런 장벽이 되지 않았다. 나는 단지 면담 대상자들을 만나고 이야기하기 위해 최선을 다했고, 그녀는 면담을 보조하면서 내가 사전에 쌓아 둔 산업 관련 지식을 보고 나를 유능하고 똑똑한 사람이라고 생각했던 것 같다. 이 결과 우리는 짧은 시간 내에 훨씬 더 생산적인 관계로 면담을 수행할 수 있었다. 이 경험은 현지 연구 보조원과의 관계가 연구에서 매우 중요한 부분이라는 점을 일깨워 주었고, 그 관계는 연구자의 위치와 상관없이 잘 유지될 필요가 있다.

연구자로서 우리는 과거 자신의 경험과 사고방식과 무관하게 객관적이고 공정한 인조인간이 될 수는 없다는 사실을 인식해야 한다. 우리가 누구인가는 우리가 자료를 수집하는 방식에 직접적으로 영향을 미치며, 특히 대화와 질문이 이루어지는 면담 조사에서는 우리가 얻는 대답에 막대한 영향을 미친다. "우리가 좋아하든 좋아하지 않든지 간에, 우리는 감정과 결점과 느낌을 지닌 평범한 인간일 따름이다. 따라서 연구자를 관통하지 않는 어떠한 연구 방법이나 기술도 존재하지 않는다."(Stanley and Wise 1993: 157) 클레어 매지(Clare Madge 1993: 296)는 우리가 '자신의 (다중적인) 자아 역할'을 진지하게 고려하는 것이 중요하다고 주장한다. 이러한 다중적 자아에 대한 인식은 어떻게 (인종, 국적, 나이, 젠더, 사회경제적 지위, 섹슈얼리티와 같은) 연구자의 위치성이 '자료' 수집에 영향을 미치고, 어떻게 수집된 정보가 '지식'으로 코드화되는지를 드러낸다(Rose 1997 참조). 따라서 자신의 성장 배경, 환경, 성격 등을 충분히 고려하고, 이것이 자신의 연구에 어떻게 영향을 미칠 것인가에 대해 성찰할 필요가 있다.

면담과 관련하여 위치성이 가장 뚜렷하게 부각되는 것은 아마도 연구자와 정보원 간의 권력 관계에서일 것이다. 면담자와 면담 대상자 간의 불균등한 권력 관계는 두 가지 수준에서 존재한다. 하나는 돈, 교육, 지식 및 기타 자원에 대한 접근성과 관련된 '사실적 차이'이고, 다른 하나는 참여자의 마음에 내재하는 (열등하다거나 우월하다고 느끼는) '인지된 차이'이다(Schevyens et al. 2003). 상대적으로 경험이 부족한 초보 연구자가 처음으로 답사를 할 때에는 면담을 진행할 때 자신이 권력 관계에서 불리한 위치에 있다고 느낄 수도 있다. 이것은 특히 면담 대상자가 소위 '엘리트'라고 할 수 있는 사람일 경우에 그러하다(이 장에서는 이런 이유로 면담 대상자를 전문 면담과 일반 면담으로 구분하여 설명했다). 확실히 면담 대상자가 (가령, 경영자나 정치인처럼) 스스로 권력을 가진 위치에 있다고 생각하는 경우, 연구자는 상대적으로 열등한 위치에 있다고 느끼기 쉽다. 그러나 이 경우 여러분은 자기 자신에게 '이것을 할 수 있는 능력을 가진 자가 나 자신 외에 누가 있겠는가?'라는 생각을 스스로에게 반문해야 한다. 여러분이 면담 주제에 대해 정확하게 잘 파악하고 있다면, 면담 대상자는 그에 상응하여 최선을 다해 응답할 것이다. 또한 연구 참여자는 면담자가 의도하는 대로 면담에 응하지 않음으로써 자신의 권력을 '획득'할 수도 있다. 예를 들어, 라즈니 팔리왈라(Rajni Palriwala)는 파키스탄에서 수행했던 자신의 답사가 어떻게 그녀의 연구 참여자에 의해 '전복'되었는지에 대해 다음과 같이 설명한다.

> 마을 주민들의 좋은 의도에도 불구하고, 자료 수집에 대한 주민들의 인식과 나의 인식은 언제나 불일치했다. 마을 주민들, 특히 여성들은 반복되는 질문에 대해 매우 따분해하고 지친 것처럼 보였다. 마을 주민들은 내가 그렇게 많은 사람들에게 계속

반복적으로 같은 질문을 할 필요가 없다고 느꼈다. … 내가 현지에서 자료를 수집하는 기간 내내, 나는 주민들에 의해 철저하게 연구된 것 같았다. 그들은 연구 기간 동안 나의 삶에 대해서, 나의 희망에 대해서, 나의 미래에 대해서, 그리고 자신들에 대한 나의 반응에 대해서 계속해서 질문했다. (1991: 32)

연구자가 자신의 연구 참여자보다 더욱 우월하다고 인식하거나 (연구자의 의식적, 무의식적 태도로 인해) 연구 참여자가 스스로 열등하다고 인식하는 것은 윤리적으로 훨씬 더 문제가 된다. 이에 대해서는 앞서 4장에서 좀 더 상세하게 논의했다. 면담과 관련하여 우리는 이러한 불균등한 권력 관계가 연구에 참여한 면담 대상자의 응답 수준과 역량에 영향을 미친다는 점을 알고 있어야 한다(공포감이나 불안감은 열등하다는 느낌에 후행하는 경우가 많기 때문이다). 이것은 결과적으로 면담 대상자로 하여금 면담자가 듣기를 원하는 응답을 하게 만듦으로써 연구 결과를 망칠 수 있다.

질적 면담은 연구자와 연구 대상자 간의 솔직하고도 개방적인 관계에 상당히 의존한다. 성찰성은 연구 경험의 일부분이 되어야 하고, 각각의 연구자는 자신의 위치성에 대해 깊이 생각해 봄으로써 그것이 연구 결과에 어떻게 영향을 줄 것인지에 대해 숙고해야 한다. 집단 면담 상황에서는 이러한 성찰이 더욱 어려울 수 있지만, 그럼에도 불구하고 자신이 속한 연구팀 구성원들의 전체적인 위치성에 대해 생각해 보아야 한다. 우선 여러분의 나이, 젠더, 외모 및 기타 특성이 면담 대상자가 응답하는 태도에 어떤 영향을 미칠지를 생각해 보자. 아울러 다른 사람들이 수행하는 면담이 어떻게 상이한 자료를 산출하는지에 대해서도 비교할 필요가 있다. 과연 이러한 차이는 연구자의 특수한 개인적 특성으로 인해 빚어진 것인가? 여러분은 자기 자신과 연구 참여자 간의 권력 관계를 인지하고 있는가? 이러한 관계는 불균등한 것인가? 만일 그렇다면 어떻게 보다 균등한 관계 속에서 면담을 진행할 수 있을 것인가? 그리고 과연 그러한 관계성의 조정은 정말 필요할 것인가? 면담을 준비하고 수행하며 연구 결과를 도출하는 전체적인 과정 속에서, 이러한 모든 요인을 반드시 염두에 둘 필요가 있다.

요약

이 장에서는 면담이라는 연구 방법에 대해 개괄적으로 살펴보았다. 답사의 많은 측면들이 그러하지만 면담을 계획, 수행하는 과정은 매우 오랜 시간이 소요될 뿐만 아니라 어려움도 많다. 그러나 이러한 과정을 통해 얻게 되는 자료와 면담 대상자와 상호작용 한 경험은 충분히 그만큼 투자할 가치가 있다. 이 장에서 논의한 핵심 사항은 다음과 같다.

- 면담은 통계적으로 의미를 가질 수 없는 자료나 대상 집단을 공식적으로 대표할 수 없는 자료를 생성하는 것을 목적으로 한다. 면담은 설문 조사와는 뚜렷하게 구분되지만, 이 두 가지는 서로의 보완을 위해 다중적인 방법론으로 통합되어 사용되기도 한다.
- 면담의 형식에는 여러 가지가 있지만, 현지에서의 면담은 주로 대면접촉을 통해 이루어진다. 면담을 준비하는 과정은 상당한 시간과 노력이 소요된다. 그래서 이 장에서는 어떻게 응답자와 면담을 성공적으로 할 수 있는지를 설명하고자 했다. 가장 핵심적으로 강조했던 사항은 면담을 준비하고 면담 대상자와 연락하는 과정을 끝마친 다음에 실제 현지 면담을 수행해야 한다는 점이다.
- 효과적으로 자료를 수집하고 면담 대상자로부터 최대로 풍부한 응답을 얻기 위해서는 주도면밀한 계획이 필수적으로 요구된다. 이를 위해서 어떤 장소에

서 면담하는 것이 가장 적절한지, 어떤 복장으로 어떻게 행동해야 하는지에 대해 미리 생각하고 준비해야 한다.

- 지식이 사회적 · 문화적으로 뿌리내리고 있다는 점을 고려하면 연구자들은 현지 맥락에 몰입할 필요가 있다. 자신이 연구 대상으로부터 분리되어 있거나, 독립되어 있다고 생각해서는 안 된다. 같은 맥락에서 연구자는 자기 스스로가 면담 과정에 영향을 끼칠 수 있다는 점도 염두에 두어야 한다. 따라서 연구자는 성찰적인 연구 전략을 채택하여 항상 자기 자신의 위치성을 성찰할 수 있어야 한다.

결론

오늘날 인문지리학을 포함한 사회과학 전 분야에 걸쳐 연구 방법으로서 면담이 널리 사용되고 있기 때문에 이를 오히려 간단하고 쉬운 것으로 생각하는 경향이 있다. 그러나 사실 면담은 결코 쉬운 연구 방법이 아니다. 이 장에서는 면담을 수행하는 데 있어서 철저한 계획, 주의 깊은 실행, 깊은 성찰이 필요하다는 점을 설명했다. 답사에서 면담을 (다른 방법과 복합적으로 사용하든, 단독으로 사용하든지 간에) 수행하고자 한다면, 여러분은 (잠재적 면담 대상자를 선정하여 약속을 잡는 단계에서부터) 언제나 예기치 못한 도전에 직면할 수 있다는 점을 염두에 두어야 한다. 그렇지만 면담을 거절당한다고 해서 낙담할 필요는 없다. 왜냐하면 결국 여러분은 반드시 누군가와는 면담을 계획하고 수행할 것이기 때문이다. 면담을 수행하는 것은 어렵고 수고로운 작업이다. 이 장에서는 특히 현지에서 면담을 수행할 때 윤리적으로 고려해야 할 사항과 면담자의 책임을 강조했다. 오늘날 면담이 널리 방법론으로 채택되고 있는 것은 면담을 통해 풍부하고 심층적인 자료를 수집할 수 있다는 장점 때문이기도 하지만, 연구자들 스스로 (면담을 하지 않았다면) 결코 만나서 이야기 할 기회가 없는 사람들과 만나 관계를 형성하는 것에서 즐거움을 느끼기 때문이기도 하다.

더 읽을거리와 핵심 문헌

- '좌담식 면담'에 대한 조언을 구하려면, Gill Valentine. (2005) 'Tell me about ...: using interviews as a research methodology', in Flower, R. and Martin, D. (eds) *Methods in Human Geography: A Guide for Students Doing a Research Project* (2nd edn). Edinburgh Gate: Addison Wesley Longman을 읽어 보자. 이 장은 누구에게 이야기할 것이고, 어떻게 질문할 것이며, 어떠한 면담 기술을 활용할지를 잘 제시하고 있다.
- 면담과 관련된 실제 구체적인 사안과 관련해서는 Robyn Longhurst. (2010) 'Semi-structured Interviews and Focus Groups' in Clifford, N., French, S. and Valentine, G. (eds), *Key Methods in Geography* (2nd edn). London: Sage을 참조하자. 저자는 자신의 인터뷰 경험을 사례로 제시하면서 설명하고 있다.

제8장

참여관찰과 참여적 지리

개 요

이 장에서는 다음의 문제에 대해 논의한다.

- 참여관찰이란 무엇이며, 답사에 얼마나 유익한가?
- 참여관찰을 통해 얻은 자료를 어떻게 분석하여 글을 쓸 것인가?
- 참여행동연구란 무엇이며, 답사에 얼마나 적절한 방법인가?

이 장은 한 사람으로서 우리의 관찰과 참여를 연구 방법으로 활용할 수 있는 다양한 방식에 대해 설명한다. 함께 식사하기, 클럽에서 어울리기, 서성거리기 등이 여기에 포함된다. 우리는 어떻게 연구자들이 참여관찰과 참여적 연구를 수행했는지를 알아보면서, 이러한 방법이 답사에서 어떻게 유용하게 활용될 수 있는지를 강조하고자 한다.

데이비드 호크니(David Hockney)의 브루클린 다리(Brooklyn Bridge)에 대한 사진 작품에는 재미있는 것이 담겨 있는데, 다름 아닌 작가 자신의 두 발이다(그림 8.1). 이 작품은 사람이 우리가 그리는 세상의 항상 한 부분을 차지한다는 점을 보여 준다. 사진이나 그림과 같은 예술 작품에서만이 아니라 지도, 웹사이트, 연구 보고서와 같은 좀 더 형식적인 지리적 재현에 있어서도 이것은 마찬가지일 것이다. 이를 이 장에서 다루려는 주제와 관련하여 좀 더 간략하게 표현해 본다면, "모든 관찰은 참여관찰이다."(Kearns 2005: 192)라고 요약할 수 있다. 우리

■ **그림 8.1** 데이비드 호크니의 사진 작품 '1992년 11월 28일 브루클린 다리(The Brooklyn Bridge, Nov. 28th, 1982)'. 20장의 사진으로 만들어진 콜라주(109×58인치) © David Hockney.

의 선택은 이 사진에 **들어갈 것인가 아닌가**의 문제가 아니라(왜냐하면 우리는 항상 사진 속에 들어가 있기 때문이다), **어떤 상태로 들어가 있을 것인가**의 문제이다. 달리 말해, 우리가 현장에 어떻게 참여할 것인지, 그리고 이러한 참여가 만들어 내는 차이를 어떻게 이해할 것인지의 문제이다. 이 장에서는 서로 관련되어 있으면서도 상이한 두 가지 접근을 설명할 것인데, 그 첫 번째는 참여관찰(participant observation)이고, 두 번째는 참여행동연구(participatory action research)이다.

참여관찰

참여관찰은 설문 조사와 같은 연구 방법과 달리 공식적인 형태나 구조를 갖지 않으며, 연구 대상으로부터 거리를 두고 떨어져서 관찰을 하거나 경관을 기술하는 것도 아니다. 오히려 참여관찰은 어떤 장소나 마을, 상황에 좀 더 깊이 몰입하면서 그것을 심층적으로 이해하고자 한다. 참여관찰의 목적은 어떤 곳의 지리를 대상 집단 내부자의 시각에서 이해하려는 것이다. 달리 말하면, 참여관찰은 다양한 '내부자'의 시각에서 세계를 조망하려는 '외부자'의 시도라고 할 수 있다.

참여관찰은 그 용어 자체가 나타내는 바와 같이 **관찰**과 **참여**의 두 가지로 구성되어 있다. 아마 지리학을 전공한 학부생들은 이 중 관찰에 대해서 좀 더 친숙하게 느낄지도 모르겠다. 왜냐하면 관찰은 '저기 밖에 있는' 세계를 가능한 한 세밀하게 기술하고 지도화하는 작업으로, 지리학과 깊이 관련되어 있기 때문이다. 이에 비해 참여는 좀 더 어렵다고 할 수 있다. 에릭 로리어(Eric Laurier)는 카페 문화를 연구하기 위해 참여관찰을 실시했는데, 그녀는 "참여관찰이란 사람이나 집단을 이해하기 위해 그들과 함께 시간을 보내고 일하고 생활하는 것"이라고 표현한 바 있다(2003: 133). 참여관찰은 곧 일종의 문화기술지(민족기술지, ethnography)이기도 한데, 이것은 지리학이 인류학이나 도시사회학 등의 분야에서 차용해 온 포괄적이면서도 절충적인 연구 방법론이라고 할 수 있다. 전통적으로 인류학자들은 현지에 깊이 몰입하면서 "조사하려는 사람들과 함께 거주하고, 식사하고, 생활해 왔다."(Hoggart et al. 2002: 253) 그러나 실제로는 모든 참여관찰자들이 연구 대상 집단과 반드시 함께 생활하는 것은 아니기 때문에 참여관찰은 참여와 관찰의 정도에 따라 매우 상이한 형태를 띤다. 지리학자들은 이러한 방법을 시대, 장소, 연구 의제에 따라 상당히 선택적이고도 창의적으로 채택, 적용해 왔다. 참여관찰의 대가(大家)라고 할 만한 사람들은 이 방법이 수영이나 춤을 배울 때와 같이 체계적으로 설명하기가 어렵기 때문에 여러 번의 시행착오를 통한 학습이 최선이라고 설명한다. 궁극적으로 여러분은 자신의 경험으로부터 많은 것을 배우게 되겠지만, 다른 사람들의 조언과 경험은 과연 참여관찰을 수행할 것인지, 만약 한다면 어떻게 수행할 것인지, 그리고 어떻게 참여관찰을 자신의 답사와 연구에 적용해서 생산적으로 활용할 것인지를 결정하는 데 큰 도움이 될 것이다. 연구 방법으로서 참여관찰을 통해 얻을 수 있는 이점을 고려한다면, 답사 목적에 부합하는 방법을 개발하는 데 소요되는 생각과 시간은 충분히 투자할 만한 가치가 있다.

함께 먹기

답사의 가장 큰 즐거움 중의 하나는 먹는 것이다. 먹는 것은 단순히 필요에 의해 이루어질 수도 있지만, 참여관찰의 한 방식이 되기도 한다. 우리는 장소를 탐색하는 데 있어서 주로 시각에 의존하지만 소리와 냄새와 같은 다른 기관에 의존하기도 한다(이에 대해서는 6장과 9장을 참조하라). 미각 또한 마찬가지로 장소를 탐색하는 데 중요하다. 가령, '진정한' 경험을 찾기 위해 현지의 카페나 레스토랑을 찾을 수도 있고, 전국 또는 세계적 체인망을 갖춘 레스토랑에서 먹을 수도 있으며, 시장이나 마트에서 재료를 구입해서 자신이 묵고 있는 호텔이나 숙소에서 직접 요리해 먹을 수도 있다. 어떤 경우든지 간에 여러분은 먹고 마심으로써 특정 장소와 그곳에 살고 있는 사람들에 대해서 더 많이 알 수 있다. 대니얼 벨과 질 밸런타인(Daniel Bell and Gill Valentine 1997: 3)의 설명에 따르면, 사람들이 음식을 먹는 방식과 음식 그 자체는 "건강에서부터 민족주의에 이르기까지, 윤리에서 미학에 이르기까지, 그리고 로컬 정치에서 글로벌 축적 체제를 형성하는 초국적 기업의 역할에 이르기까지, 현행의 사회·문화적 이슈"에 대해 많은 것을 말해 준다. 또한 음식에 대한 자신의 관심을 다른 여행자들과 함께 공유할 수도 있다. 전형적인 관광객은 "음식을 통해 다른 문화를 맛보는 것"(Bell and Valentine 1997: 4)에 관심이 있지만, 현장 답사를 수행하는 연구자는 음식이 갖고 있는 의미를 보다 비판적이고 분석적으로 사고함으로써 소비, 젠더, 민족 정체성, 문화와 다문화주의, 신체의 모습과 영양 상태 등 많은 이슈들과 연결시키고자 한다(Zelinsky 1985; Cook 1995). 따라서 현지에서 답사를 수행하는 연구자로서 단순히 먹고 싶은 것을 먹기보다는, 여러 측면에서 흥미롭고 의미있는 음식을 찾아 맛볼 것을 권한다(그림 8.2).

먹는 것은 참여관찰의 한 형태이기 때문에 답사 장소와 그곳에 살고 있는 사람들을 이해하기 위해 개방적이고 포용적인 방식으로 이루어진다. 하지만 여러분이 현지에서 수행하는 구체적인 연구 문제 해결에 초점을 맞출 수도 있다. 참

■ **그림 8.2** 동료 및 지역 주민과 함께 음식을 먹고 마시는 것은 답사 중 현지인들과 관계를 형성할 수 있는 가치 있고 유의미한 활동이다. 이 사진에서 학생인 리처드 조지와 답사 팀장인 세라 파커는 네팔의 시크리스(Siles)에서 현지인들과 함께 식사를 하고 있다. (사진: Gehendra Gurung)

여가 동반된 답사의 사례로 뉴질랜드에 살고 있는 이주민들과 함께 점심을 먹는 것을 들 수 있는데, 이것은 여러분도 현장 답사를 수행할 때 충분히 상상할 수 있는 일이다(우리는 우리가 지도하는 학생들에게 이와 유사한 시도를 하도록 했다). 로빈 롱허스트(Robyn Longhurst)와 연구조교는 이주민 가구 내부에서 여성들의 생활과 공간이라는 맥락에서 어떻게 음식 준비의 역할이 분담되는지를 조사하기 위해, 뉴질랜드의 해밀턴에 위치한 와이카토이주민지원센터(Waikato Migrant Resource Centre, WMRC)에서 연구 대상자들과 점심을 함께 먹었다(Longhurst et al. 2008: 201–211). 이들은 음식을 나르고 긴 테이블에 음식을 차리고 함께 앉아 음식을 먹으면서 대화를 나누는 방식으로 **참여**했다. 그리고 이들은 동시에 사람들이 어떻게 음식을 준비하는지, 어떤 음식을 고르는지, 어떤 음식을 섞어 먹는지, 어떤 순서로 음식을 먹는지, 서로 어떻게 상호작용 하는지 등을 **관찰**했다. 또한 롱허스트와 연구조교는 식사 자리에서 자신들이 어떻게 행동했는지, 어떤 느낌과 마음이 들었는지, 이를 어떻게 해석했는지 등 자신들의 경험에 대해 꼼꼼하게 기록했다.

여기에서 한 가지 강조할 점은 참여관찰에서는 면담이나 초점집단 연구와는 달리 사람들이 무엇을 이야기하는지에 관심을 두기보다는 사람들의 태도와 행동이 어떠했는지에 보다 초점을 둔다. 예를 들어, 롱허스트는 다른 사람들이 식사하는 태도를 유심히 관찰하면서, 사람들이 김치와 같이 매운 음식은 파블로바(pavlova)와 같은 달콤한 디저트와 함께 먹는다고 기술했다. 또한 그녀는 사람들이 좋아하지 않거나 잘 모르는 요리의 냄새를 맡을 때에는 코에 주름을 잡거나 얼굴을 찡그린다고 묘사하기도 했다(Longhurst et al. 2008: 211). 아울러 그녀는 자신의 느낌에 대해서도 기술하는데, 가령 매운 양곱창 요리와 같은 몇몇 음식은 크게 내키지 않아서 자신의 '음식 안전지대(food comfort zone)'(2008: 211)를 넘어서야 할 것 같은 느낌을 받았다고 적었다. 연구자들은 이러한 경험을 토대로 이주의 경험을 이해하고 연구 방법론을 구체화하는 데 도움이 되었다고 결론을 내렸다.

술집이나 클럽에서 어울리기

답사 중 음식을 먹는 것은 당연히 해야 하는 것이지만, 클럽이나 바에 가는 것은 (특히 도시 답사를 수행 중이라면) 여러분의 선택에 달려 있다. 4장과 5장에서 언급한 바와 같이, 답사의 '전통'은 개인적·종교적 이유로 술 마시는 것을 꺼리는 학생들을 소외시킬 수 있다는 점에서 문제가 될 수 있다. 하지만 여전히 많은 학생들은 저녁이나 야간에 밖에 나가서 답사 현장을 둘러본 경험을 답사에서 매우 인상적인 것으로 기억한다. 그리고 이는 일종의 참여관찰이기도 하다. 예를 들어, 현지에서 클럽에 가 보는 것은 공간, 소리경관(soundscape), 음악의 지리, 정체성의 공간, 야간 경제, 소비의 지리, 도덕 지리 등과 관련하여 폭넓은 논의를 이끌어 낼 수 있는 경험이다. 벤 맬번(Ben Malbon)은 이러한 측면을 클럽에서 어울렸던 경험을 문화기술지로 잘 풀어낸 바 있다. 맬번의 사례를 똑같이 따라 할 필요는 없지만, 이 사례는 여러분이 선택적·비판적으로 차용해서 활용할 수 있는 많은 기술에 대해 잘 설명하고 있다. 맬번의 연구는 (그는 우선 술을 마신 후 클럽에 가서 어울리다가 야간 버스를 타고 숙소에 돌아왔다) 단순히 자신의 일상적 사회생활의 연장선상에 있는 것이 아니었다. 그는 연구의 목적상 클럽에 자주 가는 동호인들과 밤에 클럽에서 만나자고 선약을 해 두었고, 클럽에 다녀온 후 면담을 수행하고 자신의 답사노트를 작성했다.

마찬가지로 술집이나 바도 연구 참여자들과 (면담과 같은 방법에 비해서) 좀 더 비공식적으로 어울릴 수 있는 환경을 제공한다. 함께 술을 마시면서 사람들, 사람들이 어울리는 모습, 심지어 사람들의 대화까지도 관찰할 수 있다. 이러한 사교적 분위기는 여러 사람들과 격의 없는 대화를 나눌 수 있게 도와줄 뿐만 아니라 잠재적으로 적절한 연구 참여자들을 찾아 어울릴 수 있는 기회도 제공한다(엽서 8.1 참조). 그러나 술집이나 바에서의 편안한 분위기가 연구 자료의 수집을 느슨하게 만들어서는 안 된다. 참여관찰이 이루어지는 장소나 상황에 상관없이 연구 계획, 대상 지역 선정, 표본 추출, 자료 수집의 구조화, 연구 결과 기록 등의 전체 과정의 엄밀성은 똑같이 유지되어야 한다.

맬번은 매번 클럽에서 또는 클럽에 다녀온 직후 자신의 참여관찰을 연구 노트에 기록했고, 다음 날 아침에 좀 더 세부적인 내용들로 연구 노트를 채웠다. 다음의 기록을 참조하자.

새벽 2시. 가운데 중앙 홀. 혼란스러움. 음악이 중앙 댄스홀을 지배했다. 모두 춤을 췄다. 발코니에서, 중앙 무대에서 객석 쪽으로 튀어나온 좁은 통로 위에서(날 좀 바라봐! 지금 내가 널 바라보고 있잖아!), 바 안쪽에서, 바 뒤쪽에서, 바 위에서. 난 온몸으로 댄스를 즐겼다. 내 자신이 끊임없이 음악 속으로 미끄러져 들어가다가 다시 빠져나오는 것처럼 느껴졌다. 내가 뭘 하고 있는지 잊어버림과 동시에 나는 거의 자동적으로 춤을 추게 되었다. 그러다가 어느 순간 내 자신을 다시 발견하게 되었다. 내 발이 어떻게 움직이는지, 내 팔이 무엇을 하고 있는지 인식할 수 있었다. 나는 춤추는 사람들의 모습을 쳐다보았다. 그리고 사람들이 서로를 노골적으로 쳐다보고 있다는 것을 알아차렸다. 누군가를 순간적으로 바라보는 것을 말하는 것이 아니다. 사람들은 정말로 누군가를 쳐다보고 있었다. 그리고 이것은 (클럽 분위기에서) 지극히 정상적인 것이었다. 나는 누군가가 나를 훑어보고 있다는 것을 느꼈다. 그렇지만 이것이 무례하다고 느껴진 것은 아니었다. 우리 모두는 음악이 우리를 점령해 주기를 원했다. 어떤 면에서 음악이 우리 자신이 되어 주기를 바랐다. 그렇다! 우리는 자신만의 방식대로 (조금씩 스텝을 밟고 조금씩 팔을 흔들면서) 자신의 개성을 드러냈다. 그러나 본질적으로는 클럽에 모인 사람들은 같은 장소에서, 같은 시간

에, 서로에게 같은 것을 하고 있었던 셈이다. (Malbon 1999: xii)

서성거리기

답사 중에 여러분이 할 수 있는 또 다른 활동에는 단순히 서성거리는 것도 포함될 수 있다. 현대 도시계획 분야의 선구자적인 비평가였던 제인 제이컵스(Jane Jacobs)는 장소 주변을 서성거리고, 사람들과 어울리면서 많은 것을 얻을 수 있다는 것을 보여 주었다(그림 8.3). 그녀는 언젠가 자신이 거닐었던 보스턴의 한 동네에 매료되어서, 어떤 방식으로든 참여하고 싶은 자발적 욕망에 대해 다음과 같이 기술한다.

유쾌하고, 친절하고, 건강해 보이는 거리의 분위기는 무척이나 쉽게 빠져들 것 같았다. 나는 사람들에게 무슨 말이라도 재미삼아 걸어 보고 싶어서 길을 물어보기 시작했다. 나는 지난 며칠 동안 보스턴에 대해 많은 것을 보았지만 거의 대부분은 피로감만 느낄 따름이었다. 그런데 다행히도 나는 우연하게 이 도시에서 가장 건강한

■ 그림 8.3 어울리기: 1961년의 제인 제이컵스. (출처: http://ww.janeswalk.net/about/jane_jacobs)

장소였던 그 동네를 발견할 수 있었다. (1962[1961]: 9)

위와 같이 제이컵스는 일종의 참여관찰을 (물론 그녀는 그것을 참여관찰이라고 명명하지는 않았지만) 시도했다. 그리고 그녀는 가능한 한 이 도시의 일부분이 되고 주변을 걷고 주변과 어울리기 위해 노력함으로써, 공식적인 통계나 형식적인 사회과학 조사가 드러내지 못하거나 은폐했던 것들을 배울 수 있었다. 그 후 제이컵스는 도시계획가에게 전화를 걸어서 "당신, 여기 내려와서 당신이 배워야 할 것을 최대한 배워 가야 할 것 같아요."(1962[1961]: 9)라고 말했다. 그녀는 그날의 경험으로부터 폭넓은 생각을 이끌어 낼 수 있었던 것이다. 또한 그녀는 뉴욕시 허드슨 가(Hudson Street)의 주민으로서 자신이 배운 것을 토대로, 온갖 다양한 사람들과 그들의 행위가 어우러지는 소위 '보도 위의 발레(sidewalk ballet)'를 관찰하고 기술할 수 있었다. 다시 말하건대, 제이컵스는 단순히 관찰만 한 것이 아니었다. 그녀는 아침 8시가 되면 집 앞 보도 위에 나가 참여했다. 그녀는 "쓰레기통을 집 앞에 내놓는다. 아주 단조로운 일이지만, 나는 나의 역할(휴지통 뚜껑을 여닫기)과 땡그랑거리는 작은 소리를 즐긴다. 한 무리의 중학생들이 무대의 중앙을 지나가면서 나의 쓰레기통에 사탕 껍데기를 버리기 때문이다."라고 썼다. 이러한 기술은 도시 생활에 대한 해석에 초점을 둔 것이다.

겉보기에는 무질서한 오래된 도시 내부에는 (그 도시가 잘 작동하고 있다면) 거리의 치안과 도시의 자유를 유지하기 위한 놀랄 만한 질서가 숨겨져 있다. 그 무질서는 복잡한 질서인 것이다. 오래된 도시의 피상적인 무질서의 본질은 사람들이 보도를 복잡하게 사용하고, 그 보도를 끊임없이 쳐다보는 것이었다. (1962[1961]: 50)

무엇을 할 것인가?

앞서 살펴보았던 참여관찰 연구의 사례를 통해서 실제 답사에서 무엇을 할 수 있을지 생각해 볼 수 있다. 이것은 얼핏 '쉬운' 것처럼 보인다. 그렇지만 참여관찰은 실제로 재미있고 값어치가 있는 만큼 어려운 작업이기도 하다. 참여관찰을 잘 수행하기 위해서는 다른 연구 방법과 마찬가지로 신중하게 생각하고 접근해야 한다. 여러분이 이전에 참여관찰을 시도해 본 적이 없다면, 실제 답사를 떠나기 전에 참여관찰을 한 번 시도해 볼 필요가 있다. 참여관찰을 배우고 실습하기 위해 시험 삼아 답사를 떠나고자 할 경우, 첫 경험에서 너무 많은 것을 얻으리라고 기대해서는 안 된다. 여러분은 이 방법을 거리, 시장, 카페와 같이 주변에서 쉽게 접근할 수 있는 곳이나 학생들이 많이 모이는 곳에서 시도해 볼 수 있다. 처음 시도할 때 가장 중요한 것은 스스로 자신감을 갖고 자연스러우면서도 통찰력 있게 사람들과 어울릴 수 있는 방법을 찾는 것이다. 제이컵스가 보스턴에서 그러했던 것처럼, 여러분은 그 상황에 어울리면서도 편안하게 사람들에게 접근할 필요가 있다. 아무나 붙잡고 단순하게 길을 물어보거나 시간을 알려달라고 하지는 마라. 팀 버넬(Tim Bunnell)은 자신의 쿠알라룸푸르 답사에 대해 기술하면서 여러분이 할 수 있는 몇 가지 방법을 제시한 바 있다(엽서 8.1). 버넬이 제시한 사례를 그대로 따라 해도 괜찮지만, 그의 요지는 참여관찰을 수행할 때에 즉석에서 여러분의 상상력을 동원하고 발휘하여 특정 장소에 적절하게 대응하라는 것이다.

참여관찰을 지속적으로 수행하기 위해서는 다음에서 제시하는 일련의 단계를 차분하게 점검할 필요가 있다(이와 관련하여 좀 더 상세한 안내가 필요하면 Bennett 2002: 145를 참조하라). 다음에서 제시하는 모든 단계가 여러분 모두에게 적절하지 않을 수도 있고, 여기에서 제시한 바를 그대로 똑같이 따라 할 필요도 없다.

엽서8.1 아침, 축구, 이발: 쿠알라룸푸르의 한 영국 학생　　보내는 사람: 팀 버넬

박사과정 학생이던 1997년, 나는 쿠알라룸푸르로 여행을 떠난 적이 있다. 말레이시아의 수도에서 진행된 국가 주도의 대형 도시계획 프로젝트에 관한 연구를 수행하기 위한 것이었다. 하지만 나는 도시에서 보통 사람들의 일상생활을 조사하는 데에도 관심이 있었다.

오전에 면담을 수행하기로 했던 어느 날, 나는 일찍 일어나서 쿠알라룸푸르의 시민들이 약칭 '잼(The Jam)'이라고 부르는 곳으로 가는 길목에 있는 쿠알라룸푸르도시센터(Kuala Lumpur City Centre, KLCC)에 들르기로 했다. 나는 그곳에서 아침을 먹은 후 면담에 사용할 질문 및 주제 목록을 다듬으면서 몇 시간을 보내기로 했다. 주변에서 아침을 먹을 수 있는 곳은 (내가 감히 갈 수 없는) 값비싼 호텔 레스토랑과 KLCC 건설 예정지 인근에서 일하고 있는 건설 노동자들을 대상으로 하는 천막으로 된 간이 식당으로 극과 극이었다. 나는 심호흡을 하고 간이 식당으로 들어가서 로티 차나이[roti canai,카레나 달(dhal)을 곁들여 주는 이스트를 넣지 않은 빵]와 테타릭(teh tarik, 거품이 있는 달콤한 차)을 주문했다. 나는 빈자리를 발견하고 앉았는데, 음식점 안에 있는 어느 누구도 말쑥한 정장 바지와 셔츠를 입고 있는 외로운 백인 남성 근처에 앉으려고 하지 않았다. 나는 아마도 이 사람들이 내가 (나의 옷차림과 피부색으로 미루어 보건대) KLCC 건설 프로젝트와 관련된 외국계 회사의 사장 정도 된다고 생각해서 그럴 것이라고 짐작했다. 돌이켜 보건대 그 당시 오해로 부여받은 나의 권위를 잘 활용할 수도 있었을 것이다. 대신 나는 나와 가장 가까이에 앉은 남성과 대화를 시도했다.

공사장 간이 식당에 있는 대부분의 남성들은 인도네시아 출신들이었다. 그리고 나는 (과거에 인도네시아에서 반년간 배낭여행을 한 경험이 있었기 때문에) 젊은 인도네시아 남성들과 대화를 이끌어 내는 가장 좋은 방법이 영국 축구를 화제로 꺼내는 것이라는 것을 알고 있었다! 인도네시아 사람들은 자기가 만나는 사람들에게 습관상 '다리 마나(dari man)?'라고 말한다. 이것은 '어디 출신이냐?'라는 뜻인데, 이에 대해서는 '저는 (도시 저쪽 편의) 브릭필드(Brickfield)의 아파트에서 막 여기에

도착했어요'에서부터 '나는 영국 출신입니다'에 이르기까지 다양하게 대답할 수 있는 질문이다. 나는 습관적으로 (지리적 사실을 약간 왜곡해서) 리버풀 출신이라고 대답한다(사실 나의 가족은 잉글랜드 북서부의 체스터 출신이지 리버풀 출신은 아니다). 리버풀은 모든 인도네시아인들이 (축구로 인해) 한번쯤은 들어 본 곳이며, 대개는 예전에 활약했거나 현역 LFC 선수들의 이름을 늘어놓는다. 잉글랜드의 축구와 리버풀은 내가 서먹서먹함을 깨고 대화를 이끌어 내는 주요 전략이다. 이를 통해서 나는 (문자 그대로) 말레이시아 국가 건설이라는 노동을 수행하고 있는 도시의 대규모 건설 노동자들과 이야기를 이어갈 수 있고, 도시 생활에 대한 아래로부터의 관점을 배울 수 있었다.

당연히 대화를 풀어나가는 데 있어 축구가 유일한 방법인 것은 아니다. 쿠알라룸푸르의 다른 지역에서는 새로운 철도역이 건설되고 있는데, 이곳의 경우 나는 지역사회에서 오가는 이야기를 듣기 위해 인근 이발소에서 머리를 깎았다. 나는 이발소에 앉아서 많은 시간을 보냈는데, 잉글랜드의 축구에 관심이 없는 인도 출신의 이발소 주인들조차도 지역 문제에 대해 이야기하는 것은 매우 즐거워했다.

학생들은 이러한 경험으로부터 무엇을 배울 수 있을까? 학생들이 현지 언어를 구사할 수 있든지 아니면 통역자를 통해서 연구를 하든지 간에, 유의미한 대인 관계를 형성할 수 있는 방법을 터득하는 것이 중요하다. 왜냐하면 그런 인간관계를 통해서 자신의 연구에 도움이 될 수 있는 통찰력이나 경험을 갖출 수 있기 때문이다. 결국 내가 여러분에게 조언하고 싶은 것은 현지 언어를 배우기 위해 노력하고, 대화를 열 수 있는 적절한 방법이 무엇인지 생각하라는 것이다. 이런 시도가 성공하지 못한다면 이발소에 가서 머리를 깎으라고 조언하고 싶다.

그렇지만 이 단계들은 참여관찰을 수행하는 대부분의 연구자들이 수긍하는 것이므로, 각 단계는 여러분에게 큰 도움이 될 것이다. 다음에서 제시하는 단계를 선택적·비판적으로 받아들이고 적용해 보자.

• **답사 현장을 정하라.** 참여관찰은 "장소에 대해 체계적으로 이해할 수 있도록 자기 자신을 그 상황에 맞게 전략적으로 놓아 두는 것"이기 때문에(Kearns 2005: 196) 여러분이 어떤 유형의 장소를 이해하고자 하는지를 결정하는 것이 우선적으로 요구된다. 맬번의 연구가 클럽에서 어울리려는 열정이 무엇인지를 확인하려 했던 것처럼, 여러분도 자신이 어떤 장소에 관심이 있는지를 명확하게 이해한 후에 출발하는 것이 좋다. 또는 롱허스트의 연구와 같이 이론적 관심이나 보다 포괄적인 질문에서 시작한 후, 이와 관련된 구체적인 장소를 탐구하는 방법도 가능하다. 많은 학생들은 자신이 예전에 한 번도 가 본 적이 없는 장소에서 답사를 수행하기 때문에 자신이 방문하는 곳에 대해 무지하다고 느낄 수 있고, 그 장소에서 탐구할 수 있는 주제나 문제에 대해서 확신을 갖지 못하기도 한다. 만일 여러분이 이러하다고 해서 크게 걱정할 것은 없다. 왜냐하면 언제나 외부자의 입장에 서 있을 때에는 장점이 있기 마련이기 때문이다. 따라서 여러분은 현지 주민들보다는 좀 더 열린 마음을 가질 필요가 있다. 재클린 버제스와 피터 잭슨(Jaquelin Burgess and Peter Jackson 1992: 153)은 "여러분의 인식이 내부자의 무딘 호기심보다 훨씬 더 예리할 수 있다. 왜냐하면 내부자의 호기심은 일상화된 관찰과 습관적인 경험으로 인해 둔감해져 있기 때문이다."라고 설명한다. 이는 곧 익숙하지 않은 낯선 장소에서 참여관찰을 수행하는 것이 오히려 매우 좋은 선택일 수 있다는 것을 의미한다. 그렇다고 해서, 자신의 역량을 넘어 이해할 수 없고 극단적으로 어려운 곳에서 참여관찰을 하라는 것으로 받아들이는 것은 너무 지나친 해석이다. 헤스터 파(Hester Parr 1998)가 수행한 정신질환자 커뮤니티에 관한 학술 연구는 매우 어려웠을 뿐만 아니라 엄청난 시간적 투자와 노력을 필요로 했다. 이런 사례는 대다수 학부생들의 답사나 졸업 논문의 연구 범위를 넘어선 것이다. 따라서 자신의 안전지대(comfort zone)를 넘어서는 것은 바람직하지만, 그렇다고 해서

극단적으로 치닫는 것은 바람직하지 못하다. 로빈 컨스(Robin Kearns 2005)는 여러분이 낯설게 느끼는 곳이면서도 완전히 탈장소화된 느낌을 갖지는 않는 곳을 참여관찰의 대상 지역으로 선정할 것을 조언한다. 그러기 위해서는 우선 어떤 유형의 장소에 관심이 있는지를 결정해야 하고, 그 후 그에 대한 보다 구체적인 조사와 탐구를 수행하기 위한 사전 작업을 (아마도 인터넷이나 2차 자료 등의 도움을 받아서) 수행해야 할 것이다.

- **윤리적 선택을 하라.** 면담과 같은 다른 연구 방법과는 달리, 참여관찰 연구는 (잠재적으로 관련되어 있는) 다른 사람들에게 참여관찰의 목적을 설명하거나 참여를 수락받기 위해 명시적으로 협의하는 것이 항상 가능한 것은 아니다(4장 참조). 제인 제이컵스가 보스턴의 거리를 걸으면서 자신이 누구인지를 만나는 모든 사람들에게 일일이 설명했다면, 결과는 실패했을 것이다. 이러한 점은 여러분 스스로 윤리적 판단을 해야만 한다는 것을 함의한다. 여러분의 판단이 모든 윤리적 공동체에서 받아들여지는 것도 아니고, 연구 윤리의 적용을 통해서 그 판단이 결정될 수 있는 것도 아니다. 우선 자신의 연구를 완전히 공개적으로 수행할 것인지 아니면 은밀하게 수행할 것인지를 선택할 필요가 있다. 앞서 언급했던 바와 같이, 여러분이 커뮤니티의 대표나 게이트키퍼와 같은 핵심 인물에게 자기 자신에 대해 최대한 설명할 수는 있겠지만, 자신과 자신의 연구를 완벽하게 공개하는 것은 어렵고 불가능한 일이다. 때때로 연구자들은 조사상 기술적인 이유로 인해 또는 자신의 연구를 훼손시키지 않기 위해 은밀하게 행동하기도 한다. 은밀한 연구가 때로는 정당화될 수는 있겠지만, 연구자 스스로 불안해할 수도 있고 윤리적으로 문제가 될 수도 있다. 가령, 자동차 정비 기사가 되어 은밀하게 연구를 수행했던 어떤 박사과정 학생은 연구 프로젝트 동안 자기가 친구처럼 만나고 이야기했던 사람들을 마치 배신하고 속인 것 같은 느낌이 들었다고 고백했다(Rose 1987). 이와는 반대로, 경영학 분야의

경우에는 연구자가 조사 대상 회사의 직원이 되어 은밀하게 참여관찰을 수행하는 것이 보편적이며, 이를 윤리적으로 정당하고 중요한 연구 방법이라고 간주한다. 이처럼 참여관찰을 수행할 때에는 자신이 연구하려는 사람들에게 명시적으로 밝힐 것인지 아니면 은밀하게 수행할 것인지를 결정해야 하고, 자신의 답사노트를 그들에게 보여 주거나 그에 대해 피드백을 받을 것인지를 결정해야 하며, 답사노트에 다른 사람들을 재현하는 방식에 대해 스스로 불편해하지는 않는지 등에 대해 생각해 보아야 한다.

- **자신과 타인에 대한 위험을 평가하라.** 참여관찰은 2장에서 논의했던 일반적인 위험과 아울러 그 자체의 고유한 위험을 갖고 있다. 여러분이 은밀하게 연구를 수행하고 있을 때 뜻하지 않게 연구 참여자가 이를 알게 된다면, 여러분은 위험에 빠질 수도 있다. 또한 여러분이 명시적으로 연구할지라도 좀 더 관찰자적인 방법에서는 발생하지 않는 위험에 부딪힐 수도 있다. 이러한 위험은 외국과 같이 자신의 집에서 멀리 떨어져 있는 경우에 더 크다. 또한 어떤 건강상의 문제가 발생했을 때 현지의 의료 시스템에 익숙하지 않거나, 경찰이 어떤 문제를 처리하는 방식이나 법률 체계를 잘 모를 수도 있다. 호가트 등(Hoggart et al. 2002: 274)은 참여관찰과 관련된 일련의 위험들에 대해 설명하는데, 여기에는 법적인 위험(가령, 클럽에서 어울리기와 같은 참여관찰의 경우 금지된 약물에 노출될 가능성이 있다), 윤리적 위험(만약 약물을 사용했을 경우 자신의 행동 원리에 위배될 수도 있고, 연구에 함께 참여한 친구를 범죄자로 만들 수도 있다), 신체적 위험(당연히 약물을 사용하는 것은 건강에 해롭다) 등이 있다. 우리가 이 책에서 여러분에게 답사에서 무엇을 하라, 무엇을 하지 말라고 할 자격은 없다. 그러나 여러분은 참여관찰과 관련하여 법적·윤리적·신체적 위험에 대해 숙고하고, 이를 연구팀의 구성원 및 리더와 논의한 다음, 최종적으로 스스로 결정을 내릴 필요가 있다.

- **현장 속으로 들어가라.** 제인 제이컵스가 기술했던 보도경관과 같은 장소들은 접근하기가 쉽다. 쇼핑몰이나 철도역처럼 준-공적(semi-public) 공간이나 마을회관이나 교회와 같은 준-사적(semi-private) 공간은 보안 요원들이 순찰을 돌거나 CCTV가 설치되어 있고, 그 공간에 부합하는 나름의 명시적 규칙과 불문율을 갖고 있다. 이러한 장소에 들어가기 위해서 때로는 공식적인 기관으로부터 허가를 받거나 비공식적으로 '게이트키퍼'에게 승낙을 받아야 한다. 게이트키퍼는 영향력 있는 인물로서 여러분을 반갑게 맞이하고, 다른 사람들에게 여러분을 소개해 주기도 하며, 운이 좋으면 그곳에서 어떻게 하면 다른 사람들과 어울리고 참여할 수 있는지에 대해 조언해 주기도 한다. 때때로 어떤 환경 속으로 들어가기 위해서는 자신이 그곳에 맞는다는 것을 보여 주어야 한다. 가령, 맬번의 경우에는 클럽에 들어가기 위해 그 클럽에 맞는 특정한 옷을 입고, 클럽 출입구 앞의 호스트와 은밀한 대화를 나누기도 했을 것이다. 이와는 달리, 롱허스트가 공동 점심 식사 자리에 초대받았던 사례처럼 사전에 정중한 자기소개서를 보내고 끈기 있게 상대방의 초대를 기다려야만 할 수도 있다. 또는 필립 크랭(Philip Crang 1994)의 멕시코 레스토랑에 관한 연구처럼, 대상 회사에 지원서를 내고 직원이 되어 훈련을 받은 후 장기간 일을 해야 할 수도 있다. 위에서 제시한 몇 가지 기술들은 짧은 기간 동안의 답사를 수행하는 학생들에게도 실질적으로 도움이 될 것이다. 어떤 것이 여러분에게 맞는지를 결정하는 것은 전적으로 자신의 결정에 달려 있다.
- **자신을 어떻게 표현할지를 결정하라.** 앞서 논의했던 것처럼, 어떤 옷을 입고 어떤 외양으로 표현되는가는 그 장소나 사건 속으로 들어갈 수 있을지 없을지를 결정하기도 한다. 아울러 보다 중요한 사실은 옷차림이나 외양이 여러분이 그 환경 속에서 사람들과 어울리고 참여할 수 있는 능력에 영향을 미치기도 한다는 점이다. 크랭이 말했던 것처럼, 웨이터로 일할 때에는 그에 맞는 특

수한 옷차림과 몸단장이 필요하다. 신체적 표현은 단지 옷차림에만 국한되지 않는다. 헤스터 파(1998)는 정신질환자들에 대한 연구를 수행하면서 자신을 표현하는 비시각적 측면을 의식할 수 있게 되었다. 그녀는 샴푸 냄새를 풍기거나 향수를 사용하는 것이 자신을 연구 대상자들로부터 유리시킨다고 느꼈기 때문에 정신건강센터에 갈 때에는 일부러 몸단장을 하지 않기로 결정했다. 물론 연구자가 대상 환경 속으로 들어가기 위해서 옷차림을 거기에 맞추는 데에는 한계가 있을 수밖에 없다. 예를 들어, 여러분 중에는 로열애스콧(Royal Ascot, 영국 버크셔에서 왕실이 주최하는 유명한 경마 대회) 기간에 열리는 '숙녀의 날(Ladies' Day)과 같은 행사에 참여하기 위해 드레스코드에 맞는 값비싼 옷을 구입할 여유가 없는 사람들이 있을 것이다! 또한 여러분의 성별과 반대되는 옷을 입거나 상대방 문화에 맞는 옷차림을 해야 할 경우, 그것이 윤리적이거나 납득할 만하지 않다고 결정을 내릴 수도 있을 것이다.

- **어떻게 그리고 얼마나 참여할지를 결정하라.** 참여관찰은 매우 다양한 형식으로 수행되고 참여의 정도도 매우 다르다. 우선, 깊이 참여하는 '관찰자로서의 참여자(participant-as-observer)'와 상황에서 다소 물러나 덜 능동적으로 참여하는 '참여자로서의 관찰자(observer-as-participant)'를 구분할 필요가 있다. 정신건강센터에 깊이 참여하고자 했던 파의 연구와 깊은 관계없이 환자들을 관찰하려고 했던 컨스의 연구는 참여와 참여 대상자들과의 관계에 여러 형태가 있음을 잘 보여 준다. 컨스는 "치료에 참여하는 환자들 속에 섞여 들어가서, 신문을 읽는 척하면서 눈에 띄지 않게 현장을 관찰했다."고 기록했다(Kearns 2005: 202). 참여와 관련해서 여러분이 내릴 또 다른 결정은 개인으로서 참여할 것인지 아니면 집단으로 참여할 것인지의 문제이다. 그리고 만약 후자를 택한다면, 몇 명이 가장 적절한지에 대해서도 결정해야 한다. 두 명 이상이 함께 참여하면 보다 안전할 수도 있고 보다 폭넓은 관점을 형성할 수도 있지만,

너무 많은 학생들이 참여한다면 참여 그 자체가 와해되어 (가령, 누군가 여러 사람들에 의해 둘러싸여 있는 경우에는 잘 모르는 사람들과 어울리는 것을 꺼리는 경향이 높다) 연구 집단이 돋보이게 될 우려가 있다. 여러분은 자신이 참여하는 장소나 행사 및 그곳에서 사람들이 행동하는 방식에 대해 충분히 숙고한 다음, 개인적으로 참여할지 아니면 집단으로 참여할지에 대해 결정을 내려야 한다.

- **관찰하고 기록하라.** 현장, 자기 주변의 사람들 그리고 자기 자신을 관찰하고, 이 모든 것을 나름의 방식으로 기술해야 한다. 이를 위해서 여러분은 랩톱컴퓨터나 클립보드보다는 별개의 답사노트를 사용하는 것을 선호할 것이다. 그리고 일과가 끝난 후에 개인적인 시간을 마련해서 일기를 쓰는 것은 활동의 흐름을 방해하지 않기 때문에 좋다. 대개 관찰과 기록은 보다 세밀하게 관찰할 수 있도록 도와주는 몇 가지의 단순한 질문들을 중심으로 이루어진다. 가령, "어떤 일이 일어나고 있는가? 언제 일어나는가? 어디에서 일어나는가? 누가 그 활동에 참여하는가? 그 일에 대한 사람들의 반응은 어떠한가?"와 같은 질문들이 포함될 수 있다(Hoggart et al. 2002: 276). 가능하면 보다 직접적이고 세부적으로 기술하려고 노력하는 것이 좋다. 이를 위해서는 그 사건이 무엇을 의미하는지에 대한 자신의 생각을 쓰는 대신, 그 사건에서 무엇을 보고 어떤 일이 일어나는지에 주목하여 기술하는 것이 좋다. 그리고 그에 대한 해석은 나중에 해도 충분하다! 답사노트를 쓸 때에는 1인칭의 시점으로 글을 써라. 곧 자신이 무엇을 보고, 무엇을 하고, 무엇을 느끼는지에 대해 기술하라. 내용상의 시제는 현재형도 좋고 과거형도 괜찮다. 여러분이 노트를 기록할 때에는 무엇이 중요하고 왜 중요한지를 확신할 수 없기 때문에 처음에는 그 내용이 매우 다양하고 산만하겠지만, 내용의 대부분은 차츰 시간이 지나면서 초점을 형성하게 될 것이다(Silvey 2003).
- **답사노트를 분석하라.** 답사노트에 대한 분석은 대개 전사(轉寫, transcribing)에

서 시작되는데, 이는 가급적 빨리 수행할수록 좋다. 왜냐하면 답사노트에 기록한 내용에 암호가 담겨 있거나 시간에 쫓겨 휘갈겨 썼을 수도 있을 뿐만 아니라, 답사 경험이 여전히 머릿속에 선명하게 남아 있는 동안에는 답사노트에 내용을 추가하거나 좀 더 풍성하게 만들 수 있기 때문이다. 어떤 연구자들은 질적 자료 분석 프로그램을 사용하거나 카드 색인 시스템(card indexing system)을 활용하는 것이 도움이 된다고도 한다(Hoggart et al. 2002). 그러나 학부생 답사 수준에서 참여관찰을 통해 얻을 수 있는 자료의 양을 고려할 때, 이러한 프로그램이나 시스템을 활용하기 위해 투자하는 것은 그리 바람직하지 않다. 이런 경우에는 노트를 컴퓨터 문서 파일로 전사한 후 키워드 검색을 하는 것보다는, 오히려 수작업으로 자료를 분석하는 것이 낫다. 이 단계에서 여러분은 자신이 발견한 사실을 해석해야 하며, 그것이 의미하는 바가 무엇인지에 대해서도 생각해 보아야 한다. 자신이 관찰한 사실과 자신의 해석 및 판단을 구분하기 위해서 다른 색깔이나 서체를 사용해서 문서화하는 것도 좋은 생각이다.

- **연구 결과에 대해 글을 써라.** 많은 학생들은 참여관찰에서 가장 힘든 작업으로 최종적인 글쓰기를 꼽는다. 한 세대 전만 하더라도 학생들은 '나' 또는 '우리'와 같은 1인칭 시점에서 글을 쓰는 것에 대해, 그리고 "자료를 그대로 받아들이는 것과 자료를 해석하는 것 사이의 균형점을 찾아내는 것"에 대해 매우 어려워했다(Burgess and Jackson 1992: 155). 오늘날의 학생들은 1인칭 시점으로 글쓰는 것에 과거보다 좀 더 익숙하고 편안해하지만, 많은 학생들은 여전히 글쓰기라는 실천을 어렵게 생각한다. 불행하게도 이를 쉽게 해낼 수 있는 방법은 어디에도 없다. 문화기술지적 글쓰기는 매우 어려운 일이다! 여기에 간단한 공식이란 있을 수가 없기 때문이다. 따라서 우리는 여러분이 참여관찰을 사용한 다른 연구들, 특히 앞서 제시했던 함께 먹기, 클럽에서 어울리기, 서성거리기와 관련된 세 연구의 글쓰기를 참조하길 바란다. 또한 글상자를 따로

만들어서 답사노트를 포함시키되 전체적으로는 기존의 답사 보고서와 같은 글쓰기를 시도할 수도 있다. 이 경우 글상자에는 일기에서와 같이 1인칭 시점과 현재 시제에 바탕을 둔 세밀한 기술을 넣고, 전체 보고서는 좀 더 정련되고 다듬어진 연구 내용을 중심으로 글을 쓰는 것이 바람직하다. 참여관찰 결과에 대한 글쓰기에 어떠한 공식이란 있을 수 없으며, 매우 다양한 방식들이 존재할 따름이다. 자기만의 독특한 문체를 발견하기 위해서는 많이 읽고 많이 써보는 것 외에는 대안이 없다. 이런 부단한 노력을 통해서만이 여러분의 연구와 능력에 가장 적합한 형식을 찾아낼 수 있을 것이다.

이제까지 참여관찰의 여러 단계를 설명하면서, 각 단계에서 어떠한 어려움과 한계가 있는지를 소개했다. 우리는 이를 통해서 참여관찰이 매우 강력하면서도 쉽게 파악하기 어려운 방법론이라는 것을 살펴보았다. 이러한 이유로 케이티 베넷(Katy Bennett 2002: 148)은 "참여관찰은 단기 연구 프로젝트에 사용할 만한 방법이 아니다."라고 주장했다. 왜냐하면 단기 연구 프로젝트에서는 구체적인 테크닉을 개발하고 대상에 접근해서 관계를 형성하고 유지하기에 충분한 시간이 주어지지 않는다고 보았기 때문이다. 그러나 그녀는 여전히 참여관찰 방법이 학생들의 연구에 활용될 수 있다는 점을 인정했으며, 이언 쿡(Ian Cook 2005) 또한 학생들이 수행한 학위논문 연구에 대해 기술하면서 이 점을 강조했다. 예를 들어, 어떤 학생은 패스트푸드점에서 일을 했고, 또 어떤 학생은 음악 축제에 참여하기도 했다. 중요한 점은 자신이 실제 연구에서 어느 정도의 시간을 투자할 수 있을지를 가늠해 보고, 앞에서 제시했던 각 단계에 어느 정도의 시간을 안배할 것인지에 대해 현실적으로 접근할 필요가 있다는 점이다. 참여관찰은 여러분이 친숙하게 느끼는 커뮤니티나 환경에서 이루어져야 쉽게 접근할 수 있고, 참여가 가능하다. 예를 들어, 같은 지역이라고 할지라도 병원, 감옥, 요트 클럽 속으로 들어가는 것보다는 학생 커뮤니티에 들어가서 참여하는 것이 훨씬 용이하다. 그리고 현지에서의 참여관찰은 쉽게 그 관계 속으로 들어가고 나올 수 있는 경우에 더욱 잘 수행될 수 있다. 그래야만 참여관찰의 과정에서 쉽게 상처를 받을 수 있는 사람이나 반대로 여러분에게 특정한 방식으로 따를 것을 기대하는 사람을 피해 나가면서 연구를 수행할 수 있다. 바로 이런 이유로 우리는 이 장에서 클럽에서 어울리기, 함께 먹기, 서성거리기 등 학생들이 답사를 수행하면서 쉽게 상상할 수 있는 사례에 초점을 두고 참여관찰을 설명하고자 했다. 참여관찰을 계획하는 과정에서 이러한 사례를 꼼꼼히 검토하고 비판적이고 선택적으로 적용할 수 있기를 바란다.

그러나 여러분이 앞서 제시한 많은 난관들을 성공적으로 극복하여 학술적으로 유의미하고 실제로 수행 가능하며 윤리적으로 방어 가능한 연구 프로젝트를 계획했다고 할지라도, 여러분은 여전히 무언가가 빠진 것처럼 느낄 수도 있다. 아마도 여러분은 자신이 연구 참여자들을 위해 무엇을 할 수 있는지보다 그들이 여러분을 위해 무엇을 해 줄 수 있는지를 중심으로 생각하고 있는지도 모르겠다. 4장에서 설명한 바와 같이, 이러한 느낌을 갖는 것이 여러분이 처음은 아니다. 누구나 자신의 연구 계획에서 무언가 부족하다고 느낄 수 있으며, 누구나 연구 참여자의 필요, 관심, 생각과 적극적으로 교감하기 위해 자신의 연구 계획을 처음부터 다시 설계해야 할 수도 있다. 몇몇 지리학자들은 이러한 윤리적 문제를 인식하고, 참여관찰 외에 좀 더 연구 참여자와 깊은 관계를 형성할 수 있는 이른바 참여행동연구(Participatory and/or Action Research)라는 방법론으로 관심을 옮기고 있다. 다음 절에서 소개할 이 접근은 연구 프로젝트의 목적과 구조에 대해 급진적으로 새롭게 생각해 보려는 시도로서, 연구 목적을 달성하기 위해 계획을 이리저리 수정하기보다는 연구 프로젝트의 실천적 효과에 주안점을 두고 각 단계를 참여자들과 함께 계획하려는 방법이다.

참여적 지리

참여행동연구는 수많은 참여적 연구와 (효과-지향적인) 행동 연구를 포괄하는 절충적 용어이다. 이는 대체로 "명시적으로 사회적 변혁을 지향하면서 수행하는 집단적인 연구, 교육, 행동의 과정"이라고 정의할 수 있다(Kindon et al. 2007: 9). 참여행동연구는 "사람들에 '대한' 연구라기보다는 사람들과 '함께 하는' 연구"로서 고안되었는데(Heron and Reason 2006: 144), 기존의 연구자와 연구 참여자 간의 권력 관계를 무너뜨리고자 할 뿐만 아니라 전통적으로 연구자가 지휘해 온 (무엇을, 어떻게, 어디에서, 언제, 왜 연구할지를 연구자가 결정하는) 계층적 관계를 평등하게 만들고자 한다. 연구 문제와 연구 의제는 학계의 이론가나 정책 입안자 또는 연구자 자신의 호기심에 의해서 결정되기보다는 연구 참여자들에 의해서 결정된다. 그리고 모든 것이 순조롭게 진행될 경우, 연구는 실천 윤리와 민주적 정신을 획득하게 된다(Reason and Bradbury 2006: 7). 보다 구체적으로 참여행동연구는 많은 경우에 '배제된' 또는 '억압된' 참여자들을 연구하는 데 초점을 둔다(Kindon et al. 2007: 9). 여기에는 장애인(McFarlane and Hansen 2007), 이주민(Pratt 2007), 토착 원주민(Hume-Cook et al. 2007) 등과 같이 불이익이나 문제를 겪고 있는 커뮤니티와 집단이 포함되기도 한다.

참여행동연구는 다양한 방법들을 포괄하지만 대체로 일련의 공통적인 단계를 거치는데, 세라 킨던(Sarah Kindon 2005)은 이를 다음과 같이 정리하고 있다.

- 잠재적 이해관계자와 참여자가 누구인지 확인한다.
- 선택된 이해관계자 및 참여자와 접촉한다.
- 이해관계자 및 참여자와 관계를 형성하기 시작한다.
- 주요 이슈가 무엇인지 함께 탐색하면서 관련 정보를 수집한다.

• 윤리적 문제를 검토한 후 양해각서(MOU)를 체결한다.
• 연구 과정 및 방법을 함께 설계한다.
• 연구 실행과 자료 수집을 공동으로 실행한다. 자료를 함께 분석한다.
• 연구에 바탕을 두고 행동을 계획하며, 이에 대해 다른 참여자나 사람들의 피드백을 받는다.
• 연구 과정과 행동을 전체적으로 평가한다.

이와 같이 참여행동연구는 기존의 연구 설계와는 달리 각 연구 단계에서 참여자들을 관여시키기 위해 상당히 확대되는 경향을 띤다. 케이틀린 케이힐(Caitlin Cahill 2007: 184)은 이를 '순환적 분석-성찰 과정(cyclical analytic-reflective process)'이라고 지칭한다.

그러나 실제적으로 참여행동연구는 모든 단계에서 참여자들과 함께 연구를 진행하는 방식에서부터 어느 정도 제한적인 상호작용하에서 연구를 진행하는 프로젝트에 이르기까지 매우 넓은 스펙트럼을 갖고 있다. 곧 가능할 경우에는 참여자들에게 자문을 구하고 연구 정보를 공유하지만, 기술적인 필요에 따라 기존의 연구 방법을 채택하기도 한다. 실제 연구 사례들은 이러한 넓은 스펙트럼을 잘 보여 주므로, 이러한 접근 및 방법론을 참고하여 자신의 연구에 적용해 보자. 첫째, 장애인들과 함께 수행하는 연구에서는 참여적 연구가 기존의 방법론을 수용하되 얼마나 혁신적이고 혁명적인 방식으로 전개될 수 있는지를 보여준다. 헤이즐 맥팔레인과 낸시 핸슨(Hazel McFarlane and Nancy Hansen)이 구현한 참여적 연구 프레임에서는 인문지리학 답사에서 가장 전통적인 방법 중의 하나인 면담을 적용하고 있다. 이 연구자들은 스스로를 학자이자 활동가로 위치 지으면서 장애인을 포괄하고 그들의 권리를 강화할 수 있는 '해방적 연구'를 수행했다(McFarlane and Hansen 2007: 88). 이 연구 프로젝트는 학부 답사에서 실제 이루어질 수 있는 사례들을 포함하고 있으며, 참여적 연구 틀 밖에서 수행되는 기존의 방법들을 비판적으로 고찰할 수 있는 통찰력을 제시한다. 다른 참여행동 연구자들과는 달리, 맥팔레인과 핸슨은 연구프로젝트 계획 단계에서 (상당히 많은 시간이 소요되고 복잡하기 때문에) 참여자들과 함께 작업하지는 않았지만, 사전에 일련의 탐구 주제들을 만들어서 참여자들을 초빙하여 언제, 어디에서 면담하고 싶은지를 결정하게 했다. 연구자들은 이러한 계획이 기존의 면담 연구가 지니고 있는 계층적 권력 관계에 도전하는 것이라고 생각했다. 또한 연구자들은 장애 여성인 자신의 위치를 바탕으로 한 인적 네트워크를 활용했는데, 그들은 이를 통해 잠재적 참여자들에 대해 신뢰감을 가지고 그들의 필요와 경험을 잘 이해할 수 있었다. 연구자들이 설명하는 것처럼, "우리는 우리 자신을 평생 장애인으로 살아온 여성들이라고 소개했으며, 우리의 연구 관심사를 개괄적으로 설명하면서 참여적 연구에 대한 의지를 보여 주었고, 장애 여성들의 참여를 촉진하고 싶어 한다는 점을 강조했다."(2007: 91)

또 다른 두 가지 연구 사례는 전통적인 사회과학적 방법을 넘어서서 전체 연구 과정 내에 참여를 아우르려는 혁신적인 방법을 보여 준다. 이 두 연구 사례는 모두 시각적 방법(visual methods)을 채택하였다. 디비야 톨리아-켈리(Divya Tolia-Kelly 2007: 132)의 설명에 따르면, "시각적 방법은 다수자 지배적인 세계에서 어린이, 여성, 정신질환자 등 사회에서 주변화된 사람들의 경험과 관계를 맺으려는 연구자들과 농촌 발전 정책에 관한 연구자들이 오래 전부터 채택해 온 방법이다." 이의 첫 번째 사례로서 로레인 영과 헤이즐 배럿(Lorrine Young and Hazel Barrett 2001)은 참여적 방법을 사용함으로써 우간다 캄팔라(Kampala)에 사는 길거리 아이들이 도시를 어떻게 지각, 경험하는지를 탐구하고자 했다. 6장에서 언급한 바와 같이, 이들은 길거리 아이들에게 일회용 카메라를 주고 자신이 중요하다고 생각하는 장소를 사진으로 찍어 달라고 요청했다. 연구자들은 아이들의 참여 덕분에 자신들의 연구가 무엇에 초점을 두어야 할지를 결정할 수 있었고, 결과적으로 연구를 설계하는 데 아이들을 참여시킬 수 있었다. 연구자들이 참여적 연구를 선택하는 이유 중에 하나는 참여관찰이 불가능한 상황에 처해 있는 경우이다. 외국의 백인 여성들은 참여관찰자로서 아프리카의 길거리 아이들의 삶 속으로 들어가는 것이 설득력도 약하고 윤리적으로나 안전의 측면에서나 어렵다는 것을 알고 있었던 것이다(Kindon 2003; McEwan 2006 참조).

이러한 방법은 때때로 학부 답사에서도 충분히 실행 가능하다. 예를 들어, 리버풀 출신의 학생들은 네팔에서 참여적 사진 촬영 프로젝트를 수행하면서, 현지 청소년들과 함께 사진을 찍고 사진을 해석했다(그림 8.4, 그림 8.5 및 그림 1.3 참조).

학부생들이 참조할 수 있는 또 다른 참여행동연구의 사례로서, 런던에 거주하고 있는 남아시아 출신 여성들에 관한 톨리아-켈리의 연구 프로젝트를 들 수 있다. 그녀는 시각적 방법이 참여적 연구에 매우 적합하다고 설명하면서, 시각적 방법은 보다 포용적일 뿐만 아니라 구술이나 문자의 한계를 비켜갈 수 있는 장점이 있다고 강조했다. 이 연구의 참여자들은 "자신이 생각하는 집을 가장 잘 표현하는 경관을 글이나 그림으로 아래에 기술해 보라."는 요청을 받았다(Tolia-Kelly 2007: 138). 이 연구 프로젝트에 사용된 (직업 예술가를 연구에 참여시키는 것과 같은) 다른 방법들은 학부생들의 답사에 적용하기는 어렵지만, 위와 같은 참여적 연구 방법은 학생들도 자신의 답사에서 충분히 구사할 수 있을 것이라고 생각한다.

학술 문헌에서 사용된 다른 참여행동연구 사례는 이상적으로 볼 때 이러한 참여적 연구가 학부 답사에서 수행되기는 어렵다는 점을 보여 준다. 왜냐하면 학부 답사는 참여 커뮤니티에 유의미하고 지속적인 투자를 하기에는 너무 단순하고 짧기 때문이다. 앞서 언급한 바와 같이, 학부 답사에서는 취약하거나 억압

■ **그림** 8.4 네팔의 시크리스(Sikles)의 한 청소년 단체 회원인 탕카 구룽이 영국 학생인 리처드 조지와 함께 참여적 사진 촬영 프로젝트 동안 지역 주민들이 찍은 사진에 대해 논의하고 있다. (사진: Sarah Parker)

■ **그림** 8.5 네팔에서 진행한 사진 촬영 프로젝트에 참여한 사람들이 학생 연구자들과 자신들의 이야기를 함께 공유하고 있다. (사진: Suchil Gurung and Sarah Parker)

된 커뮤니티와의 관계 형성을 요구하는 참여관찰 프로젝트는 수행하지 않는 것이 보다 적절할 것 같다. 왜냐하면 참여관찰에서는 그러한 관계를 올바로 형성하고 유지해 나가는 것이 특히 중요할 뿐만 아니라 답사를 마치고 돌아온 후에도 (시차로 지쳐 있거나 다른 일에 몰두해야 함에도 불구하고) 그들을 잊지 않는 것이 중요한데, 학부 답사에서는 이를 실천에 옮기기 위한 여러 환경이 어렵기 때문이다. 이는 참여행동연구에도 마찬가지로 적용될 수 있으며, 특히 취약하거나 억압된 집단과 관련해서는 더욱 그러하다. 참여행동연구자들이 끼친 실천적 영향에 대해 생각해 보자. 맥팔레인과 핸슨(2007: 92)은 장애인에 관한 연구를 수행하면서 몇몇 여성들로 하여금 자신의 '감정·경험 아카이브'를 구축할 수 있도록 도와주었고, 이 결과 어떤 여성은 자신이 배우자와 '학대적인 관계'에 있다는 것을 인식하고 배우자와 결별했다. 다른 참여행동연구 사례들 또한 단순한 학부 연구 프로젝트의 범위를 넘어선 개입의 양상들을 보여 주는데, 이들은 개입이란 깊은 수준의 이해가 오랜 시간에 걸쳐 형성될 경우에만 이루어져야 한다는 것을 보여 준다. 브린턴 라이크스(Brinton Lykes)는 전쟁 종식 후의 과테말라에서 한 커뮤니티를 '재구성'하기 위한 참여행동연구 프로젝트를 수행한 바 있다. 연구자는 이 프로젝트를 통해 "전쟁과 그 영향에 대해 이야기하면서 개인과 커뮤니티의 변화를 이끌어 내고자 했고, 이를 통해 전쟁 후에 빈곤이 만연한 과테말라에 있어서 커뮤니티의 삶의 질을 향상시키고자 했다."(2006: 269) 위와 같은 개입의 사례들은 참여행동연구자들이 참여적 연구를 수행함에 있어서 어떤 민감한 이슈들과 관계하고자 하는지를 잘 보여 준다.

학생들이 지킬 수 있는 최고의 규칙은 한 사람의 인생이나 커뮤니티 속으로 돌진해 들어가서 자신이 완전히 이해하지도 못하는 어떤 변화를 만들어 내려는 기대나 계획을 하지 않아야 한다는 것이다! 실제 노련한 참여행동연구자들은 참여적 접근을 매우 빠른 속도로 수행하려는 사람들에 대해 비판적이다. 제럴

딘 프랫(Geraldine Pratt)은 캐나다의 필리핀계 이주민 센터와 성공적으로 작업했던 자신의 경험을 다른 연구자들의 실패와 대조시키면서, 자신의 연구팀이 "신뢰를 쌓고 커뮤니티에 대한 소속감을 갖기 위해" 장기적으로 "11년에 걸친 협동작업을 통해" 노력했기 가능했다고 언급한다(2007: 98). 단기 답사에서 참여행동연구를 시도할 때의 또 다른 위험은 새로운 유형의 착취적 연구를 시도한다는 인상을 줄 수도 있다는 점이다. 이러한 착취적 연구는 많은 참여행동연구자들이 채택했던 '사회적 변혁을 이끌어 내려는 협력적인 연구와 교육과 행동'이라는 목적에 근본적으로 부합하지 않는다(Kindon et al. 2007: Monk 2007: xxiii).

답사에서 보다 급진적인 참여행동연구를 시도하는 것이 현명한 결정이 아닌 이유로는 다음과 같은 것들이 있다. 우선, 쿡과 코타리(Cooke and Kothari 2001)의 주장에 따르면, 이러한 방법은 실제로 개발의 지리(geography of development)에 있어서 새로운 정설을 만듦으로써 착취적인 하향식 개발 계획을 은폐하는 구실이 될 수도 있다. 이러한 상황에서는 연구자와 연구 대상자 사이의 권력 관계가 비대칭적인 상태로 잔존한다. 둘째, 혁신적인 형태의 참여행동연구는 비용과 시간이 많이 소요되는 기술을 개발하기 위한 투자를 동반하기도 한다. 예를 들어, 참여적 비디오를 제작하기 위해서는 비디오, 촬영 및 편집 기술 등 필요한 장비를 구입하고(컨설턴트나 프리랜서의 도움을 얻기 위해 비용을 지불하는 등) 그것을 사용하기 위한 기술이 필요하다(Kindon 2003; Hume-Cook et al. 2007). 셋째, 무엇보다도 참여행동연구가 관계를 형성하고 옹호하려는 대상이 반드시 "평범한 사람들"(KIndon et al. 2007: 1)이나 억압되고 취약한 집단은 아니라는 점이다. 가령, 관리자나 전문직 이주민들과 같은 엘리트 집단을 연구한다면, 참여행동연구를 사용할 수 있는 뚜렷한 방법을 발견하기도 어렵고, 어떤 영향을 만들어 낼 것인가라는 문제에 대답하기 힘들 것이다. 따라서 여러분은 피상적인 판단에 근거를 두고, 자신의 연구 참여자들이나 집단의 권리를 옹호할 것이라고 단순하게 생각해서는 안 된다(Staeheli and Mitchell 2005; Phillips 2010).

그러나 참여적 연구 방식이 학생 답사에서도 구현될 수 있는 몇 가지 방식들이 있다. 물론 엄밀하게 참여행동연구는 아니지만, 윌리엄 굴드(William Gould)는 자신의 답사에서 참여적 원리가 어떻게 현지에서 실천될 수 있는지에 대해 기술하고 있다(엽서 4.1 참조). 굴드는 답사를 수행하면서 영국 및 아프리카 학생들과의 공동 작업을 통해 서로를 지원하고, 서로에게서 많은 것을 배웠던 경험을 기술하고 있다. 굴드는 답사 과정에서 연구자와 연구 대상 커뮤니티 간, (학생들과 답사 인솔자 등) 연구자들 간의 계층화된 권력 관계를 문제시하고 무력화함으로써, 프로젝트와 답사를 추진하는 학생들뿐만 아니라 답사 중에 만난 다른 사람들과도 깊은 관계를 형성할 수 있었다는 것을 보여 준다(Nelson et al. 2009). 마찬가지로 엽서 8.2에서 피터 홉킨스(Peter Hopkins)는 가능한 경우 어떻게 참여적 접근을 사용했는지에 대해 기술하고 있다. 이러한 구체적인 사례들은 학부생들도 답사에서 참여적인 요소들을 만들어 낼 수 있다는 점을 보여 준다(Kesby 2000; Pain and Francis 2003; Hopkins 2006; Hopkins and Hill 2006; Alexander et al. 2007).

엽서 8.2 청소년의 지리를 탐구하기 위한 참여적 도표 만들기를 사용하기

보내는 사람: 피터 홉킨스

스코틀랜드에서 아무런 보호자도 없이 망명지를 찾고 있는 아동들이 무엇을 필요로 하고 어떤 경험을 하는지를 조사하기 위해 스코틀랜드난민위원회(Scottish Refugee Council) 답사 프로젝트를 수행하는 동안, 나는 관계 직원 및 아이들과의 면담을 100번 이상 수행했다. 말콤힐(Malcolm Hill)에서 조사를 하면서 나는 '미래를 향해 걸음을 내딛는 젊은 생존자들(Young Survivors Step to the Future)'이라는 단

체를 조직했던 청소년들을 만났다. 우리는 이 청소년들이 스코틀랜드와 자신들의 모국이 어떤 점에서 좋고 나쁘다고 느끼는지를 파악하기 위해서 참여적 도표 만들기 방법을 수행했다.

우리는 참여적 도표 만들기 프로젝트를 수행하기 위해 대형 플립 차트, 펜, 포스트잇을 활용했다. 각각의 플립 차트는 '좋은 것'과 '나쁜 것'의 두 부분으로 나누었다. 청소년들은 포스트잇에 각 이슈에 대한 자신의 생각을 적었고, 플립 차트에 한 사람당 한 개씩 붙이도록 했다. 스코틀랜드와 자신들의 모국에 대한 플립 차트에 포스트잇을 모두 붙인 후에, 우리는 참여자들로 하여금 비슷한 내용의 포스트잇을 함께 모으고 각각의 플립 차트에서 핵심적인 세 가지 이슈가 무엇인지를 도출하도록 했다. 결과적으로 우리는 이 과정을 통해서 주요 이슈가 무엇이며, 이슈별 중요성이 어떠한지를 파악할 수 있었다. 가령, 아무런 동반자가 없는 난민 신청 청소년들이 '스코틀랜드의 좋은 점 세 가지'와 '스코틀랜드의 나쁜 점 세 가지'에 대해 어떻게 생각하는지 알 수 있었다. 레이첼 페인과 피터 프랜시스(Rachel Pain and Peter Francis 2003)는 사안에 대한 초점이나 관점에 따라, 연구 일정 계획에 따라, 원인-결과 차트를 사용하는지 아니면 순위 매기기 활동을 하는지 등에 따라 참여적 도표 만들기 외에도 수많은 참여적 방법들이 사용될 수 있음을 제시한 바 있다.

참여적 도표 만들기는 다른 질적 방법과 연계해서 사용할 수 있다. 가령, 이 프로젝트는 참여자들이 아니라 연구자들에 의해서 계획되었기 때문에 전형적인 참여적 방법론이라고 할 수는 없다. 따라서 참여적 요소들을 활용한 연구와 완전한 참여적 연구의 차이를 구분해서 생각할 필요가 있다. 그럼에도 불구하고 이 프로젝트는 참여적 도표 만들기가 어떤 측면에서 도움이 될 수 있는지를 보여 준다.

- 난민 신청 청소년들이 스코틀랜드와 자신들의 모국에 대해 어떤 관점을 갖고 있는지를 알 수 있었고, 몇몇 이슈는 우리가 전혀 생각하지 않았던 것들이었다.
- 익명성이 보장되었기 때문에, 어떤 이슈들은 참여자 집단 내부에서는 서로 말로 표현하기 어려웠던 것들도 있었다.
- 전통적인 교실 환경하에서라면 대체로 구두로 참여하기 어려웠던 내성적인 청소

년들도 적극적으로 참여할 수 있었으며, 이들은 자신의 생각을 포스트잇에 적어 도표를 만드는 과정에서 매우 즐거워했다.

- 참여자들 스스로 자신의 참여 정도를 선택할 수 있었다.
- 이 방법은 청소년들의 관점과 경험을 보여 주는 효과적인 즉석 사진을 만들어 낼 수 있었다.
- 집단적인 참여를 통해 청소년들의 참여를 이끌어 낼 수 있었고, 그들은 스스로 문제를 파악하고 가능한 해결책을 제시할 수 있었다(Pain and Francis 2003). 이 방법은 참여적 도표 만들기가 연구 내에서의 권력 관계에 도전하고, 이를 바꿀 수 있는 잠재력이 있다는 것을 일깨워 주었다.

그렇지만 참여적 도표 만들기는 이와 동시에 한계와 문제점을 안고 있다. 나는 이 프로젝트를 수행하면서 참여자들보다 내가 상대적으로 권력적인 위치에 있다는 것을 자각할 수 있었다. 또한 청소년들은 어른, 남성, 백인, 연구자, 대학 강사 등 다양한 시각에서 나의 위치를 인지하고 있었다. 또 다른 문제점으로는 대다수의 청소년들은 이와 같은 활동에 참여하는 데 익숙하겠지만 몇몇 청소년들은 그렇지 않아서 전체적인 부연 설명이 필요할 수 있다는 점을 들 수 있다. 어떤 청소년들은 이 프로젝트의 목적과 절차에 대해서 좀 더 상세하게 설명해 줄 것을 나에게 부탁하기도 했다. 그렇지만 나는 이 점은 충분히 개선될 수 있다고 생각한다. 참여한 청소년들은 이 프로젝트를 통해서 자신들이 얼마나 다양한 관점들을 가지고 있고, 어떤 이슈에 대해서 견해가 다른지를 확인할 수 있었다. 프로젝트 이후에 우리는 참여자들에게 개별 면담에 응해 줄 것을 요청했다. 이 프로젝트는 우리의 면담 요청을 수락한 청소년들에게 면담의 맥락을 효과적으로 제시해 줄 수 있었고, 연구자와 면담 대상자가 서로 이야기하는 과정에서 이 프로젝트를 공유점으로 꺼낼 수 있었다는 점 또한 큰 도움이 되었다.

요약

이 장에서는 참여관찰과 참여적 연구 방법에 대해 소개했고, 이러한 방법이 실제 답사에서 어떻게 활용될 수 있는지에 대해 논의했다. 이 방법들은 연구자와 연구 참여자 모두에게 충분히 즐길 만하고 가치 있는 활동이다. 핵심 내용은 다음과 같다.

- 참여관찰과 참여적 연구는 면담이나 2차 자료 연구처럼 좀 더 공식적인 방법과는 차이가 있다.
- 참여관찰은 다양한 환경에서 여러 가지 방식으로 수행될 수 있다. 참여관찰의 사례로 음식을 함께 먹기, 클럽에서 어울리기, 서성거리기를 소개했지만 이 외에도 많은 다른 방식들이 있다.
- 참여관찰과 참여적 방법은 어렵지만 그만큼 충분한 가치가 있다.

결론

참여관찰과 참여적 연구 방법은 다른 현지 조사 방법과 중첩될 수 있고, 서로 결합되어 활용될 때 많은 장점을 얻을 수 있다. 참여관찰과 참여행동연구는 수행하기 어렵고 결과를 글로 작성하는 것도 쉽지 않지만, 다른 예측 가능하면서도 (솔직히 말해서) 손쉬운 방법을 보완하기 위해 활용할 수 있다. 동일한 연구 문제를 탐색하는 데 상이한 접근 방법을 사용함으로써 그 결과를 상호 비교할 때 좋은 시사점을 얻을 수 있다. 나아가 참여관찰과 참여행동연구는 다른 유형의 답사를 보완하는 데 이용될 수 있다. 예를 들어, 롱허스트 등(Longhurst et al. 2008: 213)은 점심을 함께 먹으면서 특정 사안에 대해 집중적이고 명시적으로 이야기하는 것이 적절하지 않았다고 말한 바 있다. 이러한 사안은 공식적 또는 사적인 면담을 위해 남겨 두는 것이 좋다. 마찬가지로 제니퍼 존스(Jennifer Johns 2004: 2010)는 맨체스터의 영화 및 텔레비전 산업을 연구하는 과정에서, 기업 면담과 아울러 산업 관련자들이 사교적으로 모이는 술집이나 클럽에서 참여관찰을 수행했다. 존스는 이러한 참여관찰이 자신의 면담을 계획하고 해석하는 데 큰 도움이 되었다고 한다. 이러한 연구자들과 마찬가지로, 여러분도 반드시 참여관찰/참여행동연구와 보다 공식화된 연구 방법 중에 양자택일해야 한다고 느낄 필요는 없다. 오히려 현지에서 이러한 방법을 다른 방법과 잘 결합하여 활용하기를 추천한다. 이 장의 내용을 앞서 논의했던 다른 방법들과 함께 답사에서 수행하는 좀 더 넓고 포괄적인 연구 방법의 일부분으로 생각하길 바란다.

참여관찰과 참여적 접근을 위해서 여러분은 자신이 답사에서 어떤 유형의 관계를 형성할지 선택할 필요가 있다. 참여행동연구와 같이 보다 깊은 관계를 선택한다면 연구 과정의 각 단계에서 참여를 수반해야 하며, 가능하다면 연구를 시작하는 단계에서부터 이루어지는 것이 바람직하다. 기존의 참여관찰과 같이 좀 더 얕은 관계를 선택한다면 참여자들에게 자신을 소개하고 자문을 얻는 과정에서 참여가 필요하다. 학부 답사의 여러 한계를 고려한다면, 아마 후자의 방법이 좀 더 실행 가능하고 적절할 것이다. 답사에서 어떤 유형의 참여관찰이나 참여적 연구를 선택해서 어떤 유형과 깊이의 관계를 형성할 것인가에 대한 판단은, 어떤 관계가 자신의 답사에서 보다 생산적이고 윤리적인지에 대한 고민 속에서 이루어져야 할 것이다(4장 참조). 다시 말하지만 모든 연구는 여러분의 판단에서 시작된다.

더 읽을거리와 핵심 문헌

- Bennett, K. (2002) 'Participant observation'. In P. Shurmer–Smith (ed.), *Doing Cultural Geography*. London: SAGE, 139–149. 이 문헌에는 참여관찰과 관련된 유용한 사례들이 제시되어 있다.
- Cahill, C. (2007) 'Participant data analysis'. In S. Kingdon, R. Pain and M. Kesby (eds), *Participatory Action Research Approaches and Methods*. London: Routledge, 181–187. 소위 '지긋지긋하게 사랑하는 자들(the Fed Up Honeys)'이라고 불리는 집단에 대한 이 연구 프로젝트는 추상적인 방법론적 원리를 넘어서 진정 철저한 참여행동연구가 무엇인지를 보여 준다.

제9장

탐험가가 되는 법: 호기심의 재발견

개 요

이 장에서 논의할 주요 내용은 다음과 같다.

- 여러분은 답사에 대해 어느 정도의 호기심과 열린 마음을 갖고 있는가?
- 세상을 새로운 시각에서 바라볼 수 있는 준비된 탐험가가 되려면 무엇부터 시작해야 할까?

이 장에서는 앞서 논의한 내용의 핵심 메시지를 말하고자 한다. 이는 다름이 아니라 훌륭한 답사 연구에는 연구자의 열린 마음, 상상, 유연성이 필요하다는 사실이다. 이를 바탕으로 왜 호기심과 탐구가 중요한지, 왜 우리는 답사를 창의적으로 접근해야 하는지에 대해 논의한다.

만일 여러분이 답사에 참여하기로 결정했다면, 아마 자신이 잘 알지 못하는 곳에 대한 호기심에서 그랬을 가능성이 높다. 여러분의 도전은 가장 훌륭한 출발점이라고 할 수 있는 지리적 호기심을 키워 줄 것이다. 답사에서는 구조화된 연구와 개방적인 연구가 혼용되지만, 이 책에서는 주로 전자에 초점을 두어 신중하게 계획되고 정확한 초점을 지닌 현장 조사에 대해 다루었다. 여러분은 이를 활용하여 유용한 테크닉을 얻을 수 있고, 결과적으로 좋은 학점을 받을 수도 있을 것이다. 그렇지만 구조화된 답사는 그 본연의 한계를 동시에 갖고 있다. 구조화된 답사는 비록 신뢰도가 높은 양질의 연구 결과를 얻을 수 있지만, 새로운 발견이나 경험의 가능성을 낮춤으로써 애초에 답사를 떠나기로 한 원초적인 이유로부터 자기 자신을 소외시킬 수 있다. 바로 자신의 끝없는 호기심으로부터 말이다. 우리는 여러분이 주변 세계에 대해 열린 마음을 가질 수 있기를 바란다. 그리고 가능한 한 창의적이고 개방적으로 현장과 뒤엉키기를 바란다. 이것은 여러 가지 의미에서 앞서 논의했던 내용과 정면으로 배치되면서도 그 연장선상에 있기도 하다. 이 장에서 우리는 여러분이 어떻게 하면 "자신의 주변 세계를 마치 이전에 한 번도 가보지 못했던 것처럼 관찰할 수 있을지"(Smith 2008: 1)에 대해 안내하고자 한다. 이를 위해 우리는 몇 가지 실험적인 접근을 제안하면서 열린 마음, 자발성, 창의성, 유쾌함을 강조하고자 한다.

호기심 주도적 답사

학부생의 공부는 대체로 매우 규범적이다. 모든 강의 계획서는 '본 강좌를 수강한 후에 학생들은 이것을 할 수 있고 저것을 할 수 있다'는 식으로 되어 있으며, 학생들은 자신이 무엇을 배웠는지를 측정하기 위해 시험을 통해 평가를 받는다. 답사나 현장 연구 과목도 이와 별반 차이가 없다. 규범적인 답사의 이점은 학생들이 자기가 어디에 와 있으며, 무엇을 해야 하는지를 배울 수 있다는 것이다. 그리고 2장과 3장에서 설명한 바와 같이, 학생들이 목표-지향적인 프로젝트를 어떻게 계획하고 실행하는지를 배울 수 있다는 점도 중요하다. 그러나 규범성의 정도가 너무 클 경우에 답사는 질문에 대한 답을 찾기 위해 수행하는 '일방적인 학습'이 될 수 있다. 이것은 학생들의 학습 경험을 구속하는 것이다. 영국지리학협회(Geographycal Association)가 교사들에게 발간한 소책자는 "교사는 우선 답사나 방문 계획의 목적을 신중하게 결정해야 하며, 그 목적을 달성하기 위해서 교실 밖 활동이 과연 가장 바람직한지를 생각해 보아야만 한다."고 말한다(Geographical Association 1995: 1). 이런 표현은 답사에 대한 하향식 접근을 가리키며, 답사 인솔자는 답사에서 수행될 것을 사전에 결정해야 한다. 그러나 대부분의 대학에서는 구조를 지나치게 강조하다 보면 가르치고 배우는 과정이 생기를 잃어버린다는 것을 알고 있기 때문에, 유연성이나 자유로움을 가질 수 있는 기회를 열어 두고 있다. 최근 영국 대학의 교수들을 대표하는 영국대학교육연합(University and College Union, UCU)의 회장은 모험, 자유, 호기심이 대학 교육의 가장 근본적인 가치라고 설파한 바 있다. 그녀의 말에 따르면, "대학은 앞으로도 연구자들이 학문적 자유를 느낄 수 있는 모험 정신의 공간으로 계속 남아 있어야 할 것이다."(Phillips 2010) 교수들이 연구를 통해 밝혀 내는 진실은 학생들에게도 마찬가지로 진실이어야 한다. 또한 새로운 모험을 발견하는 데 있어서, 그리고 장소와 생각을 탐구하는 데 있어서 과연 답사보다 더 훌륭한 것이 어디 있겠는가?

답사는 매우 다양하기 때문에 학생들이 답사 중에 느끼는 자유와 허용의 폭은 매우 다르다. 달리 말하면, 같은 답사라고 할지라도 어떤 학생에게는 기회를 갖고 탐험을 시도하라고 격려를 해 줄 필요가 있지만, 다른 학생은 좀 더 구속되어 있다는 느낌을 가질 수도 있다. 만일 여러분이 보다 규범적이고 치밀하게 짜여진 답사를 하고 있어서 호기심이나 도전 정신을 발휘하기 힘들다고 느낀다면, 자투리 시간을 활용해서 탐험을 모색하여 이 장에서 설명할 호기심 주도적 답사(curiosity-driven fieldwork) 테크닉을 시도해 보기 바란다. 클레어 헤릭(Clare Herrick)은 캘리포니아 산타크루스(Santa Cruz)에서 답사를 진행하는 동안 학생들이 '새로운 장소에서 자기만의 시간을 통해 즐기고 경험할 자유'를 강하게 요구했다고 밝힌 바 있다. 그녀는 "학생들은 '과도하게 조직화된' 답사를 적극적으로 거부함으로써, 제한된 기간 내에 교육적으로 가치 있고 적절한 연구 프로젝트를 시도하기 위해 많은 자유 시간을 요구한다."고 지적했다(Herrick 2010: 11).

여러분 중 어떤 학생들은 답사의 목적과 방법이 뚜렷하게 준비되어 있는 규범적인 답사를 좀 더 편안하게 느낄 수도 있을 것이다. 실제로 어떤 연구들에 따르면, 일부 학생은 시험과 평가를 성공적으로 통과할 수 있는 길을 찾아 전략적으로 배우고자 하거나 또는 단순히 많은 답사 비용을 들이지 않고 '교육받는 것'을 선호한다(Bradbeer et al. 2004). 물론 이런 태도에 수긍할 수도 있다. 그렇지만 우리가 여러분으로 하여금 배움에 대해서 (특히 답사를 통한 배움에 있어서) 보다 덜 구조화된 접근법을 택해 실험적인 자세를 가질 것을 촉구하는 데에는 많은 개인적, 정치적, 실제적 이유들이 있다. 우선, 호기심 주도적 프로젝트와 활동은 여러분 스스로 주변 세계에 생동감을 부여하도록 만들기 때문에 자기 만족도가 높다. 이는 일종의 '매혹(enchantment)'이라고도 표현할 수 있다. 매혹이라는 것은 "마치 팔에 주사를 한 방 맞음으로써 자신의 신경 상태 또는 집중력을 고양시키거나 재충전하는 것 같은 느낌으로, 어렸을 때 가졌던 생동감 넘치는 즐거운 순간으로 순식간에 되돌아가는 것과 같다."(Bennett 2001: 5) 왜냐하면 "새로운 색깔을 발견하고, 예전에는 무시했던 것들을 섬세하게 인지하고, 소리를 평범하지 않게 들음으로써 익숙해져 있던 경관에 대한 감각이 예리해지고 강렬해지기 때문이다."(2001: 5) 매혹과 놀라움은 답사가 주는 감정적 롤러코스터로부터 오는 매우 긍정적인 부산물이다. 고단하고 스트레스 강도가 높은 답사 경험에 동반되는 황홀감인 것이다. 이 책의 여러 군데에서 언급했던 바와 같이, 어떤 학생들은 답사 기간 내내 지속되는 사회적 경험을 감정적으로 힘들어하기도 하며, 또 다른 학생들은 같은 상황에서 겪는 육체적 활동, 여행, 연구 그 자체 등을 힘들어하기도 한다. 콕찬라이(Kwok Chan Lai)는 "감정적 경험은 답사의 부산물이 아니라 답사에서 떼어 놓을 수 없는 한 부분"이라고 주장한다(2000: 167). 이것은 지리적 연구는 이미 인간의 감정과 느낌에 의해 주도되는 것이라는 리즈

본디(Liz Bondi 2005)의 말과도 일치한다. 그녀의 주장에 따르면, 우리는 이러한 감정과 느낌을 포용하고 들여다보고 이끌어 나갈 수 있어야 한다. 라이는 답사 인솔자들과 학생들은 모두 '감동적인(affective) 답사의 가능성'을 수용해야 한다고 주장하면서, 감정을 반영하고 감정으로부터 배움으로써 답사에서의 감정적 기회에 항상 열린 마음을 가져야 한다고 말한다. 이러한 감동적인 답사가 가능하려면, 여러분이 새로운 사람과 장소와 마주칠 때 너무 형식적인 답사 방법론에 의존하거나 그 뒤에 숨지말고, 오히려 이들에 대해 자기 자신을 열어젖힐 수 있어야 한다.

둘째, 호기심 주도적 답사는 정치적, 학술적으로도 중요한 의미를 지닌다. 4장과 5장에서 말한 바와 같이 지리 답사는 남성적이고 남성들의 독보적 실천이었다는 점에서 비판받았다. 그러나 이와 동시에 우리는 답사라는 실천이 훨씬 개방적이기 때문에 급진적이고 전복적인 가능성을 많이 갖고 있다는 점도 살펴보았다. 호기심 주도적 답사는 보다 구조화되어 있고 고도로 계획된 학습과는 달리, 잠재적으로 새로운 생각을 열어젖히고 새로운 탐구 주제를 제시해 줄 수 있다. 역사적으로 볼 때 호기심은 '부적절한 탐구에 대한 충동'이라고 간주되었다(Lee 2007: 109). 또한 리(Lee)는 "마치 교회가 '호기심'을 신의 세계에 대한 적절한 탐구에 반하는 것이라고 위압했던 것과 마찬가지로, 예술가나 학자로서 자신의 호기심을 진정 따르는 데에는 제도적 파문의 위험을 감수해야 하는 두려움을 느낀다."라고 말했다(2007: 112). 호기심 주도적 탐험은 여러분을 위협하거나 곤란한 상황으로 빠뜨릴 수도 있다! 산더르 바이스(Sander Bais)는 과학의 역사와 문화에 대한 책에서 "모든 어린이들은 위험할 수 있다는 이유로 이쪽으로 가지 마라 또는 저쪽으로 가지 마라고 근엄한 목소리로 끊임없이 지도하는 부모의 자기-선언적 권위와 정면으로 부딪힌다."라고 지적한 바 있다(2010: 21).

마지막으로, 여러분 중에서 호기심 주도적 답사의 중요성과 관련해서 앞서 설명한 개인적, 정치적, 학술적 이유에 아직 설득되지 않았다면, 좀 더 실제적인 측면에서 자유롭게 열린 답사는 분명 여러분의 학위 취득과 그 이후의 커리어를 만들어 나가는 데 중요한 자질을 키워 줄 것이라는 점을 받아들이기 바란다. 2장에서 논의했던 것처럼, 영국의 고등교육평가원(QAA)과 같이 경직되어 보이는 정부 기관조차도 이따금 호기심의 가치를 인정하고 있다.

> 지리학자들은 답사와 같은 여러 실험적 학습을 통해 지리적 이해를 넓혀 나가고 있으며, 이는 사회적·자연적 환경에 대한 호기심을 증진시키는 데 크게 도움이 된다. (QAA 2007)

자, 그렇다면 이제 답사 중에 여러분을 바쁘게 하는 교수들을 조심하라! 여러분은 구조화되지 않고 개방적인 유형의 답사를 전적으로 편안하게 받아들이지 않을 수도 있지만, 부디 짧은 시간 동안이라도 자신의 호기심을 쫓아서 연구 의제를 설정해 보기를 바란다. 아마 이것이 여러분의 여행에서 가장 흥미롭고 생산적인 부분이 될 것이다.

탐험가가 되기

탐험가가 된다는 것은 형식적이고 지독하게 기계적인 연구 방법과 결별하는 것을 의미할 수 있다. 그러나 말이 쉽지, 이를 행동으로 옮기는 것은 쉽지 않다. 형식적으로 구조화된 답사에 대한 비판가이기도 한 인본주의 지리학자 이-푸 투안(Yi-Fu Tuan)은 '구조화되지 않은' 답사도 이와 마찬가지로 회의적이라고 보면서, "사전에 아무런 물음도 갖지 않은 채, 그냥 밖에 뭐가 있는지 바라보는 것"을 수행했다(Tuan 2001: 40). 투안은 "이것은 상상력을 자극할 수 있다는 믿음을 갖고, 책 속의 글자가 아닌 현지의 대상들이 불러일으키는 영감에 자신을 맡기고자 했다."고 말했다. 그의 주장에 따르면, 인간의 눈과 마음은 외부의 경험을 있는 그대로 받아들이도록 열려 있지 않기 때문에 이것은 불가능하며, (우리가 최대한 외부에 대해 수용적이기 위해 노력한다고 해도) 우리는 항상 자신의 경험을 예견하고, 여과하고, 초점을 두고, 구조화하고, 해석하는 존재이다. 투안의 결론은 이른바 "우연적인 여행(casual outing)"은 결코 자신을 "보다 현명하게 하거나 지식을 갖도록" 만들지는 않았다는 것이었다(2001: 42). 그러나 탐험적인 답사라고 해서 완전하게 '우연적일' 필요는 없다. 왜냐하면 열린 마음과 호기심을 키울 수 있는 방법들이 있기 때문이다. 다음의 내용에서 맷 배일리-스미스(Matt Baillie-Smith)는 인도를 답사하는 학생들이 어떻게 몇 가지 개방적인 방법들을 채택하여 호기심을 키움으로써 사전 준비가 미숙했던 연구 답사를 극복했는지

엽서 9.1 남인도에서의 열린 답사 보내는 사람: 맷 배일리-스미스

우리를 태운 미니버스가 남인도 티루바난타푸람(Thiruvananthapuram) 공항에서 나와 고속도로를 달리는 동안, 버스 안의 학생 참가자들의 침묵은 내가 처음 도착했을 때 느꼈던 흥분과는 전적으로 대비되어 보인다. 지난번 답사 이후에 (도로 상태에서부터 도로 주변의 휴대전화 광고판에 이르기까지) 무엇이 변했고 무엇이 그대로인지, 언제 도사(dosa, 남인도 지방의 팬케이크)를 먹기 위해 잠깐 정차할 수 있는지, 여행하기에 오늘이 좀 더 더운 날씨인지를 궁금해하다가, 나는 일순간 학생들이 느끼고 있는 근심을 전혀 생각하지 않았다는 것을 깨닫는다. 인도 전체가 복잡한 도로와 마찬가지로 혼돈스러울지, 인도 음식은 괜찮을지, 바깥의 더위는 견딜 수 있을지 등의 근심 말이다. 답사를 비구조적이고 유연하며 열린 방식으로 개발하면서, 답사 초반에 느끼는 이러한 당황스러운 경험은 답사를 계획하는 단계에서 생각하지 않았지만 지금은 답사 그 자체가 되었다.

우리가 답사에서 추구하는 방법은 (인도와 개발도상국에 대한 이해를 도울 수 있는) 장소, 공간, 정체성에 대한 대담한 상상을 통해서 우리의 지리적 호기심을 키우려는 데 목적이 있다. 마치 어떤 곳을 한 번도 본 적이 없는 것처럼 관찰하는 것이 (더군다나 학생들이 대부분 인도에 처음으로 와 보는 경우에는) 얼핏 생각할 때 매우 쉬워 보일 수 있다. 그러나 특히 인도의 경우에는 공항에서 끊임없이 논의했던 우리 배낭 속의 내용물보다 해결해야 할 훨씬 더 많은 짐들이 있다. '개발', '빈곤', '필요'와 같은 관념은 인도에 대한 오리엔탈리즘적 상상을 만들어 낸다. 결과적으로 이런 상상으로 인해 학생들은 인도가 무엇이 부족한지, 그리고 그런 '문제'를 '도움'이나 '구호'와 같은 방편으로 완화할 수 있는지에 대한 생각을 하게 된다. 히말라야나 열대우림의 정글과 같은 지역에 대한 대중의 공간적 상상은 환경에 대한 특수한 관념을 특권화함으로써 '사회적인 것'을 (달리 말해 사회적 공간에 대한 생각을) 지워 버릴 수 있다. '도와주기', '자원봉사', '구호'와 같은 관념처럼 '탐험'이나 '모험'이라는 식민주의적/포스트식민주의적 역사 또한 마찬가지로, (이동할 수 있는 '권리'와 '발견', '용기', '차이 만들기'라는 환상 등의 위험성을 지닌) 연구자 자신에 대한 호기심을 불러일으킨다.

우리의 유동적 접근(fluid approach)은 우리 자신을 성찰할 수 있는 중요한 시간을 갖는 데 초점을 둔다. 이 시간에 우리는 우리의 감정적 반응을 탐구하기, 연구 아이디어와 가능성을 다시 상상하기, 생각을 전환하기 등을 시도한다. 이는 답사에 필수적인 '문화적 작업'의 요체이다. '열려 있음(open-endedness)'은 우리의 지평을 넓히고 새로운 호기심을 키우도록 도와준다. 우리는 인도 학자들, 비정부기구 활동가들, 학생들과 긴밀히 작업함으로써, 대중적 상상의 친숙성을 '낯설게' 만들 뿐만 아니라 우리가 공항을 떠나면서 느낀 처음의 낯섦을 좀 더 '친숙하게' 만들고자 한다. 어떤 측면에서 '차이'는 우리 답사의 기본적 문제 설정이자 연구 주제이다. 이는 답사 참여자들이 창의적이고 호기심 넘치는 방식으로 차이와 어우러지도록 격려할 뿐만 아니라, 참여자들이 자기 자신 내부의 상황을 탐구하는 과정에서 차이를 넘어서서 생각하도록 도와준다.

때때로 학생들로 하여금 아무런 계획된 일정 없이 오토 릭샤를 타고 한 시간 동안 시내를 둘러보게 하고, 돌아오는 길에 인도인 통역 보조원과 함께 왜 특정한 것들이 '눈에 띄었는지'에 대해 함께 이야기하고 생각해 보도록 한다. 결과적으로 이는 도시의 지리, 종교의 지리, 청소년의 지리, 젠더의 지리 등과 연관될 뿐만 아니라 무엇보다도 개발의 지리와 명백하게 관련될 수밖에 없다.

인도라는 환경에서 학생들의 자아 정체성이 어떻게 발전되고 교섭되는지는 매우 중요하다. 어떤 학생들에게 있어서 이는 앞서 언급했던 '도움을 주는 자'라는 상상에서 벗어나게 하는 중대한 도전이 된다. 많은 측면에서 우리의 유동적 접근은 어떤 지리를 형성하는 데 위치성(positionality)이 얼마나 중요한지를 이해하도록 할 뿐만 아니라, 남인도의 지리에 대한 이해력을 심화하는 데에도 도움을 준다. 전자가 없다면, 후자도 불가능하다. 학생들은 이를 통해서 자신이 속해 있는 장소와 공간의 대략적인 윤곽과 모순과 미묘함을 바라보기 시작한다. 또한 학생들은 카스트 제도나 아동 노동에 대해서 보다 비판적이고 성찰적으로 생각할 수 있다. 학생들은 자신이 가지고 올 수도 있었던 여행 물품들을 여전히 마음에 품고 있지만, 이제는 자신이 어디에서부터 질문을 던져야 하는지를 이해하게 된 것이다.

이런 접근에서 학생들의 연구 프로젝트는 예기치 않은 결과를 가져올 수 있다. 어떤 학생 참여자는 자신의 '답사 프로젝트'의 일환으로 반성적 일기 쓰기를 선택했는데, 자신의 경험뿐만 아니라 자신이 속한 그룹의 변화 과정을 세밀하게 기술하는 역할을 맡았다. 또 다른 학생은 인도에 도착한 후 인도의 젊은 기독교인들의 경험과 자신의 경험 간에 어떤 공통점이 있는지에 관심을 갖기 시작했으며, 그 이후 해당 그룹은 이 경험에 주안점을 두고 연구 프로젝트를 계속 수행하기로 했다. 어떤 학생들은 기존의 '개발' 주제로 다시 되돌아가서, 유기농과 지속가능한 농업의 현황에 대해 글을 쓰면서 비정부기구의 교육 프로젝트가 이에 어떤 영향을 미쳤는지를 분석하기로 했다. 어떤 학생들의 경우에는 자신의 연구 프로젝트가 귀국하는 도중에 떠오르기도 했다. 위치성과 차이에 대해 배움으로써 이전에 단순히 '친숙한' 것이라고 생각했던 것을 새로운 관점으로 바라보기 시작한 것이다. 이 모든 과정에서 가장 핵심적인 사항은 참여자들로 하여금 단순히 남아시아를 탐험하라고 할 것이 아니라 탐험하는 과정에서 자기 자신에 대한 호기심도 함께 가지라는 것이다.

를 보여 주고 있다.

투안이 당부한 바와 같이, 개방적인 연구에서 '있는 그대로'라는 것은 존재하지 않는다. 현지에서 '자신을 잃어버리는 것'이란 불가능하다. 리베카 솔니트(Rebecca Solnit)는『자신을 잃어버리기 위한 답사 안내서(A Field Guide to Getting Lost)』에서 기존의 진부하고 일상화된 바라보기의 방식을 벗어나기 위해서 겪을 수밖에 없는 붕괴(disruption)를 설명하고 있다.

> 자기 자신을 잃어버리기 위해서, 답사 현장을 탐닉하여 자신의 항복을 선언하라! 세상에 항복하고, 눈앞에 있는 것에 완전히 빠져들어 그 주변의 것들을 사라지게 하라. … 이를 통해서 자신은 사라지지 않지만 자아는 사라진다. 이는 의식적 선택이고, 선택된 항복이며, 지리를 통해서 달성되는 정신적 상태이다. (2006: 6)

결국, 세상을 참신하게 바라보는 법을 배우고 이를 글쓰기와 같은 여러 방법으로 재현하는 법을 배우는 것은 다른 어떤 답사와 마찬가지로 도전적인 일이다. 이를 시작하는 좋은 방법은 다른 사람들이 이를 어떻게 시도했는지를 알아보는 것이다. 어떤 사람들은 글을 써서 당부할 사항을 제안하기도 했고, 또 어떤 사람들은 단순하게 사례만 제시하기도 했다. 앞서 언급했던 미술사학자 조앤 리(Joanne Lee)에 따르면 호기심 주도적 연구는 '자유로운 범위의 탐구 방법'을 가능케 하며, 이는 '쉽게 통제될 수 없어서' 관습에 얽매이지 않고, 비범하며, 심지어 '부적절한' 것일 수도 있다(2007: 109). 따라서 가장 창의적이고 흥미로운 지리 답사는 빌 벙기(Bill Bunge)가 말한 소위 '재야 지리학자들(folk geographers)'이 대학교라는 공식적 맥락 밖에서 실행했던 답사에서 찾아볼 수 있다. 이들의 연구와 참여는 급격하게 번성하고 있으며, 인터넷 등 여러 대중문화 양식을 통해 폭넓게 공유 및 소통되고 있다. 자신만의 답사를 수행하려는 지리학도들은 이처럼 범위가 폭넓은, 다양하게 열린, 자발적인, 창의적인, 그리고 재미있는 지리적 탐구로부터 많은 것을 배울 수 있을 것이다. 다음 절에서 이의 몇 가지에 대해 간략하게 소개하고자 한다.

'재야 지리학자들'은 매우 흥미로우면서도 속박되지 않은 지리 연구를 수행하면서 그 공로를 인정받고 있다. 벙기는 이런 사람들 가운데 대표적이라고 할 수 있다. 그는 나이나 배경에 관계없이 많은 사람들을 포용한 집단적 지리 연구 프로젝트를 구상했는데, 여기에는 '택시 기사, 이탈리아인, 앵글로계 노동 계급 커뮤니티 지도자' 등이 포함되었다(Bordessa and Bunge 1975: iii). 이 연구팀은 거대한 도시 탐험 프로젝트를 수행했는데, 여기에는 심상지도에서부터 감각 및 감성지도 제작뿐만 아니라 사람들의 도시 공간 이용에 대한 (예를 들어, 베란다는 어떤 용도로 이용되고 있고, 어린이들은 거리의 어디에서 놀고 있는지 등과 같이) 섬세한 관찰까지 아우르는 등 기존의 방법과 혁신적 방법이 다양하게 활용되었다. 이 프로젝트는 어떤 경우 장난스럽기도 하고 탐구적이면서도, 또 다른 경우에는 전통적이기도 했다. 이들은 1인칭 시점을 택해서 소리와 냄새의 경관을 기술했을 뿐만 아니라, 도시의 1평방마일당 임대료 지도와 같은 계량지리적 설명도 곁들였다. 결과적으로 이 연구는 비범하기보다는 절충적이었지만, 도시 내에서의 삶을 섬세하고, 대안적이며, 민주적으로 수집해서 그림을 그리고자 했다. 그리고 이를 바탕으로 공간이 어떻게 이용되어야 하는지에 대한 구체적인 주장을 입증하는 데 활용하고자 했다.

벙기의 프로젝트는 비록 많은 '재야 지리학자들'을 아우른 것이었지만 근본적으로는 대학교가 중심이 되어 진행한 것이었다. 반면, 완전히 학계의 외부에서 시작된 생기 넘치고 탐험적인 지리 연구들도 있다. 이는 특히 답사에서 자신만의 접근 방법을 폭넓게 확장하려는 학생들에게 혁신적인 영감을 불러일으킬 것이다. 케리 스미스(Keri Smith)는 『세상의 탐험가가 되는 법(How to be an Explorer of the World)』이라는 책에서 문화적 호기심을 일깨우고 키우기 위한 여러 가지의 실험적 과제를 제시한다. 그녀는 "우선 여러분이 큰 즐거움을 느낄 수 있는 것에서부터 시작할 것"을 주문하면서, "위대한 사상가나 예술가로부터 도용하고, 차용하고, 고쳐서 가져오고, 훔쳐 왔다."는 실천적 제안을 보여 준다(2008: 2). 가령, 그녀는 (미국의 전위적 작곡가인) '존 케이지(John Cage)와 장보기'에 대해 다음과 같이 설명한다.

> 한 가지 선택 기준에 따라 (색깔, 모양, 크기, 포장 상태, 한 번도 먹어 보지 않은 음식, 잘 모르는 품목, 맛없는 음식 등과 같은) 자신의 장바구니에 물건들을 담아라. 사고 싶지 않다면 구입하지 않아도 좋다. 장바구니에 담긴 것들에 대해 나름대로 상세하게 기술해 보자. (2008: 105)

이 책은 내용 자체뿐만 아니라 시각적으로도 생동감 넘치며, 독자의 지리적 상상에 불을 당기도록 창의적으로 고안되었다(그림 9.1). 『미션: 탐험하라(Mission: Explore)』(Geography Collective 2010)라는 책도 이와 유사하게 구성되어 있는데, 이 책은 어린이들을 겨냥해 여러 삽화와 함께 구성되어 있다. 이 책은 여러 '미션'을 제시하면서 다양한 놀이를 통한 지리 조사 활동을 소개한다. 가령, "대형 쇼핑몰에서 숨바꼭질 하기. 큰 쇼핑센터에 가서 숨바꼭질을 하자. 어느 쇼핑센터가 숨바꼭질 하기에 가장 좋은가?"(2010: 145)라고 제안한다. 이 책은 자칭 '함께하는 지리 모임(The Geography Collective)'이라는 단체에서 제작한 것인데, 이들은 스스로를 "세상을 탐험하고 세상에 질문을 던지는 것이 정말로 재미있고 중요하다고 생각하는 지리적 탐험가, 의사, 예술가, 교사, 활동가, 모험가 등"으로 구성되어 있는 "게릴라 지리학자 무리"라고 부른다(2010: 196).

보다 공식적인 명성을 가진 책들도 이러한 탐험 지리를 포함하고 있다. 가령,

■ **그림 9.1** 『세상의 탐험가가 되는 법』, Exploration #35: '보이지 않는 도시(Invisible city)'. (사진: Smith 2008)

『세상의 탐험가가 되는 법』에서는 명시적이지는 않지만 이러한 몇몇 책들에 대해 간략히 언급하고 있다. 여기에는 가스통 바슐라르(Gaston Bachelard 1964)의 『공간의 시학(Poetics of Space 1964)』과 조르주 페렉(Georges Perec)의 『공간의 종류와 단편들(Species of Space and Other Pieces, 1997[1978])』과 같이 지리학도들이 친숙하게 생각할 만한 책들도 포함된다. 페렉의 책은 격언, 스케치, 과제를 포함하고 있는데, 이 중 몇몇은 지리학자들에게도 친숙하다. 가령, "거리: 거리에 대해 기술해 보자. 거리는 어떻게 구성되어 있고, 거리는 무엇을 위해 사용되고 있는가? 거리의 사람들에 대해. 자동차들에 대해. 자동차들은 어떤 종류인가?" (1997[1978]: 50)라는 식이다. 페렉은 얼핏 보기에 다소 진부한 듯이 보이는 이 과제를 시선의 계몽이 이루어질 때까지 밀어붙인다. 그는 독자-탐험가들로 하여금 '보이는 장면이 낯설어질 때까지 이를 계속하라'라고 촉구하면서, 우리로 하

☐ME0021
Blindfold yourself

Get a friend to help you and explore just by smell. What can you find?

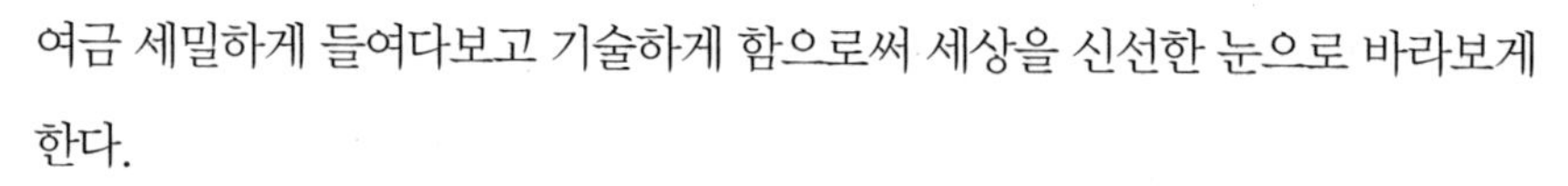

■ 그림 9.2 '눈가리개 하기'(출처: 『미션: 탐험하라』). 이 책의 앞표지에는 놀림조로 '경고: 이 책은 위험함'이라고 적혀 있다. 그리고 뒤표지에는 '게릴라 탐험가, 그리고 중력을 거스르는 극단적인 미션의 실행자가 되어, 눈으로 볼 수 없는 것들을 보고 자신의 정신적 민첩성을 시험해 보라'는 안내문이 실려 있다.

여금 세밀하게 들여다보고 기술하게 함으로써 세상을 신선한 눈으로 바라보게 한다.

사람들로 하여금 독자적으로 지리적 연구를 수행하게 하는 이런 과제는 모임이나 축제를 통해 지리적 탐험가들이 회합하는 보다 집단적인 프로젝트에서도 이루어질 수 있다. 이의 가장 전형적인 사례로서 뉴욕에서 매년 개최되는 '콘플럭스(Conflux, '합류'를 의미하는 단어)' 축제를 들 수 있다. 축제 당사자들의 표현에 따르면, 이는 '매일매일의 도시 생활을 점검하고, 축하하고, (재)구성할 수 있는 혁신적인 활동을 조직, 생산하는 데 헌신하려는 예술가, 도시지리학자, 기술자 등 다양한 사람들이 어우러지는 무대'이다(http://confluxf estival.org). '콘플럭스' 축제는 누구나 무료로 참여할 수 있고 대중에게 완전히 개방되는데, '도보 답사와 관광, 강연, 워크숍 및 심포지엄, 길거리 게임과 기술을 활용한 탐험 활동, 함께 어울리기 위한 공연, 사회-환경 연구, 공공 예술 설치, 시청각 프로그램' 등을 포함한다. 이 축제의 포괄적인 목적은 도시 내에서 '창의적 실험과 시민적 행동이 가능한 실험실'을 만들고, 이를 어떻게 지속시킬 수 있을지를 모색하는 것이다. 또한 '콘플럭스 예술가들은 대중적 참여, 예술가들이 조직한 도보 답사와 관광, 상호작용적 공연과 장치들, 자전거와 지하철을 이용한 탐험 등의 다양한 활동들을 통해 도시의 공공공간이 지닌 규칙과 정면으로 부딪히고, 이를 새롭게 만들어 내고자 한다'.

'콘플럭스'는 지리적으로 특정한 구역에서 열리고 만나는 구체적인 축제이지만, 인터넷 등 여러 정보 통신 기술 기반의 장에서도 크게 두각을 나타내고 있다. 우리가 이 책의 원고를 쓰는 동안에도 콘플럭스 웹사이트는 참여자들로 하여금 자신들의 프로젝트를 블로그 또는 페이스북이나 마이스페이스와 같은 SNS를 통해서 널리 홍보해 줄 것을 요청하고 있다. 예를 들어, '트위터를 통해서 자신의 프로젝트 진행 과정을 계속 업데이트 하거나 플리커에 현재 진행 중인 사진들을 올리도록' 하고 있다. '미션: 탐험하라'와 같은 프로젝트에서도 이는 유사하게 이루어지고 있다. 이 프로젝트는 미션을 완수한 사람들에게 자신의 경험이나 결과를 트위터나 프로젝트 웹사이트(www.miss ionexplore.co.uk)를 통해 보고하게 함으로써 새로운 보너스 미션을 논의하기 위한 포럼의 장으로 활용한다.

이 외에도 지리적 탐험을 위한 많은 포럼들은 **주로** 인터넷을 기반으로 하고 있다. 웹사이트는 (기술과 마찬가지로) 매년 방문자 수나 운영진 상태에 따라 변화하거나 폐쇄되기도 하지만, 여전히 인터넷을 기반으로 한 생생한 지리적 탐험의 문화가 남아 있다. 가령, 무키치크(Mookychick)는 작가이자 미술가인 매그덜리나 나이트(Magdalena Knight)에 의해 만들어진 웹사이트인데, 앞서 예를 들었던 다른 프로젝트와 마찬가지로 지리적 탐험을 수행하는 방법들을 제시하고 있다. 가령, '길거리의 낙서, 간판의 글자, 벽보 등 패턴이 없는 곳에서 패턴을 발견해 보라. 현지인들과 대화를 하고, 많은 사진을 찍어 보라'는 식이다. 이러한 일반적인 제안 다음에는 보다 지속적인 훈련 계획이 뒤따른다(이에 대해서는 이 장의 후반부에서 세부적으로 제시할 것이다). 실험이나 탐험을 수행하도록 하는 이러한 제안들과 더불어, 이러한 웹사이트는 프로젝트를 위한 별도의 공간을 운영함으로써 개발자들과 참여자들이 서로 토론할 수 있게 하고, 현재 진행 중인 프로젝트에 대한 수행 결과를 올릴 수 있도록 하고 있다. 무키치크 웹사이트는 접속자들로 하여금 탐험 수행뿐만 아니라 자신이 처한 환경에 대한 질문을 올릴 수 있게 한다.

> 낯설고 오래된 창고에 마음이 이끌리게 만들거나, 사람들이 직장으로 출근하는 모습은 왜 하나같이 로봇처럼 보이는지 궁금해하게 만드는 등, 무키치크는 여러분에게 유익한 과제를 제시함으로써 정신지리학(psychogeography)라는 신비로운 예술을 소개한다. 여러분은 정신지리를 통해서 자신을 둘러싼 환경이 어떻게 여러분의 사고방식을 형성하는지를 파악할 수 있다. 정신지리학자가 되는 것은 낙서를 연구하고 익숙하지 않은 것에 코를 대 보는 것처럼 쉬운 일이다. … (http://www.mookychick.co.uk/spirit/psychogeography.php)

이제까지 매뉴얼, 축제, 웹사이트, 저자 등이 제안하고 설명하는 지리적 탐험 기술들은 여러분의 탐험적 답사에도 충분히 차용되고 적용될 수 있다. 그리고 또 그래야만 한다. 왜냐하면 이러한 기술들은 생동감 있고 참여적이고 유익하고 구체적일 뿐만 아니라, 많은 지리학도들이 이미 제기해 온 질문들과도 깊이 관련되어 있기 때문이다. 이러한 미션 중 일부는 지리적 환경을 새롭게 기술하고 지도화할 수 있는 방법들을 탐구하고 있으며, 그 사례로 다음을 들 수 있다.

눈가리고 관찰하기: 컴컴한 자기 방에 들어가서 촉각으로 방의 모든 사물들을 느낀 다음, 그에 대해 세밀하게 묘사해 보자. (Smith 2008: 85)

구조: 대부분의 사람들이 무시하는 (가령, 천장, 화장실, 코너, 벽장 속, 장롱 서랍 안과 같은) 건물 구성 요소에 대해 기록해 보자. 숨겨진 장소들에 특히 주목하라. (Smith 2008: 64)

장소 기억하기: 오직 기억에만 의존해서 특정 장소의 지도를 연필로 그려라. 그다음 여러분이 그린 지도만을 사용해서 그곳을 탐색하라. 여러분의 지도에 무엇이 생략되어 있고 무엇이 포함되어 있으며, 무엇이 과장되어 있고 무엇이 축소되어 있는가? (Geography Collective 2010: 142)

잡동사니 지도: 여러분 주변의 쓰레기통 속을 들여다보고 그 내용물의 원산지가 어디인지 알아보자. 잡동사니들이 어느 나라에서 온 것인지 지도를 그려라. 잡동사니가 쓰레기통으로 버려지기 전까지 어느 정도의 거리를 지나 왔는지 계산할 수 있는가? 주의: 장갑을 끼거나 집게를 사용하고, 더럽고 날카로운 것은 손으로 집지 마라. (Geography Collective 2010: 106)

어떤 경우에는 미션들을 이보다 훨씬 상세하게 제시하고 있는데, 가령 무키치크 웹사이트는 보다 세부적으로 프로젝트와 그 원칙에 대해 설명한다.

오후에 시간을 내서 안전하고 소비주의적인 곳에 (가령, 여러분이 살고 있는 동네에서 가장 세련된 곳에) 가라. 그곳에서 절대 쇼핑을 해서는 안 된다는 것을 기억하자. 혼자 가도 괜찮고 관심 있는 친구를 함께 데려가도 좋다. 그러나 친구와 함께 간다면 쇼핑에 대한 욕망의 강도는 자동적으로 강해질 것이다. 여러분의 일탈(dérive)이 끝날 때까지 절대 쇼핑은 금지다!

이번 모험의 임무는 스스로 시간을 정해 두고 2시간 동안 어슬렁거리기이다. 두 시간 동안 발견한 낙서를 기록해 두고 사진도 찍어라. 이 과제는 소비주의적 사회가 여러분으로 하여금 보기 원하는 것을 (가령, 상점이나 간판 등 흔한 것을) 보지 않도록 하는 것에 목적이 있다. 그것을 뒤틀어 버리자. 정류장이나 공중화장실이나 골목을 탐험하라. 여러분이 쇼핑에 푹 빠져 있을 때에 보이지 않던 장소들에 주목하라. 여러분이 한 명의 착한 소시민으로서 주목하지 않던 모든 것들에 주목하라. CCTV 카메라와 술 취한 사람들과 낯설고 괴상한 소굴과 좁은 골목길 등에 말이다.

모든 작업을 끝마쳤다면 이제 어떤 작은 물품, 큰 의미가 없는 물품, 예쁜 물품을 구입하든지, 오랫동안 눈으로 점찍어 두었던 신발 한 켤레를 구입하든지, 아니면 카페 바깥이나 작은 공원에 앉아서 음료수를 사 마시면서 소비자로서의 순간을 한껏 만끽하라. 여러분은 눈에 보이지 않는 도시의 내부를 들여다보았기 때문에 이제는 콜라 한 잔 정도는 마실 자격이 있다. 모든 사진을 모은 다음에 스크랩북에 붙여라. 스크랩북의 제목은 소호(Soho)나 타임스퀘어(Times Square) 또는 '어쩌고저쩌고' 등 여러분이 살고 있는 동네에서 불리는 어떤 이름으로 붙여도 좋다. 그다지 매혹적이지 않은 사진들을 붙인 스크랩북에서 자신이 얼마나 큰 만족감과 의미를 느낄지에 대해 여러분 자신도 놀랄 것이다. (http://www.mookychick.co.uk/spirit/psycho geography.php)

이러한 웹사이트는 자신만의 창의적인 지리 답사를 준비하는 사람들에게 유용하고 실용적인 조언을 제시한다. 콘플럭스 웹사이트에서는 여기에서 제시한 여러 훈련 과제나 실험에 도움이 될 만한 실용적 조언들을 얻을 수 있다. 예를 들어, '풍부한 전략들을 갖추어라: 여러분을 도와줄 친구들을 포섭하고, 이 웹사이트를 활용해서 보다 심층적인 질문도 하고, 어떤 이벤트를 계획하기 위한 자문도 구하라. 왜냐하면 이 웹사이트는 모든 참여자들에게 도움이 될 수 있기 때문이다. 학교나 동네 커뮤니티와 맺고 있는 관계를 활용해서 자신의 이벤트를 도와줄 수 있게 만들어라'와 같은 식이다(http://confluxfestival.org).

일단 위와 같은 웹사이트를 찾다보면 (정신지리학이라는 용어를 구글에서 검색해 보는 것이 가장 좋은 방법이다), 다양한 웹사이트, 출판물, 프로젝트를 발견할 수 있을 것이다. 이를 통해서 지리적 상상과 탐험이 얼마나 창의적일 수 있고, 얼마나 넓은 범위에 걸쳐 있는지를 알게 될 것이다. 마지막으로, 이러한 탐험적 기술들이 어떻게 보다 공식적인 학술적 답사 방법과 연계되어 있는지를 예시하고자 한다. 8장에서 논의했던 참여관찰의 사례에서 뉴욕과 보스턴의 근린 지구를 주기적으로 배회했던 도시 활동가 제인 제이컵스(Jane Jacobs)를 기억해 보자. 그녀는 자신의 관찰 결과를 도시의 역동성과 도시계획을 비판하는 것으로 승화시켰다. 제이컵스는 많은 사람들에게 영감을 불러일으키는 인물이며, 그녀가 오늘날 많은 사람들에게 기억되는 것은 바로 '제인의 도보(Jane's Walks)'라고 불리는 도시 걷기를 통해서이다. '제인의 도보'는 인터넷상에서도 널리 퍼져 있는데, 이는 '걷고 싶은 동네, 도시 해독력, 사람을 위한, 그리고 사람에 의해 계획된 도시'를 촉진하는 데 기여하고 있다(http://www.janeswalk.net/about). 반복하건대, 지리적 탐험과 배회하기는 보다 넓은 정치적, 학술적 프로젝트와 연관되어 있고 무한한 가능성을 내포하고 있다.

유의미한 탐구

무키치크는 정신지리학을 언급하면서, 그것이 추구하는 바가 (케리 스미스가 자신의 저서 『세상의 탐험가가 되는 법』을 스스로 겸손하게 비하하면서 사용한 용어인) '목적 없는 놀이'(Smith 2008: 104)가 아니라 어떤 유의미한 것임을 분명하게 밝히고 있다. 무키치크는 자신의 제안을 따르는 참여자들이 '정신지리학자라는 새롭고 매력적인 호칭'을 얻을 것이라고 한다. 무키치크는 정신지리학이라는 용어를 간략하게 설명하면서, 이는 일종의 비판 도시지리학 분야로서 1950년대 파리에서 시작된 정치 예술 운동인 국제상황주의(Situationist International)와 가장 밀접하게 관련되어 있다고 말한다. 웹사이트의 설명에 따르면 상황주의자들은 장난스러운 지리학적 연구를 선도했던 사람들로서, 이들의 운동은 **'일탈(dérive)** 또는 도시 표류하기라는 용어로 계속 이어지고 있으며, 조용한 걷기를 통해 자신이 살고 있는 지역에서 새로운 것을 발견하려는 목적을 띠고 있다'.

또한 무키치크는 '주목할 만한 정신지리학자들'에 대한 추가적인 읽을거리를 소개하고 있는데, 이 문헌들은 오늘날 대학 외부에서 번성하고 있는 하나의 새로운 지리적 연구 흐름을 형성하고 있으며, 학계의 지리학자들도 이로부터 배울 점이 많이 있다. 대표적인 예로 이언 싱클레어(Iain Sinclair), 윌 셀프(Will Self), 제이지 밸러드(J.G. Ballard)와 같은 상대적으로 저명한 작가들의 배회하기 프로젝트와 작품을 들 수 있다. 싱클레어는 자신을 정신지리학자라고 칭하면서, 자신이 도보로 (또는 간혹 버스를 타면서) 답사했던 장소에 대해 책을 쓰고 있다. 또한 싱클레어는 의도적으로 느릿느릿하고 일상적이고 평범한 여행을 수행하면서 그에 대한 글도 쓴다. 가령, 도시에서 잊혀진 곳을 걸어 다니고 시내버스를 타고 여행을 다니면서, 그 장소로부터 (신자유주의의 대리인들이라고 지칭하는) 도시계획가나 부동산 개발업자의 지시를 거부하는 뒤틀어진 요소들을 발견함으로써 전복적이고 창의적인 지리를 찾고자 한다. 이와 유사하게 런던에 거주하는 방송인이자 기자인 윌 셀프는 상황주의적 실천을 수행하면서 『인디펜던트』지에 자신의 칼럼을 기고하고 있고, 런던에서 뉴욕까지의 여행 경험을 책으로 출판하기도 했다. 셀프의 프로젝트는 싱클레어와 마찬가지로 상상력을 새롭게 일깨움으로써 진부하고 일상화된 것을 불안정화하고 지리적 경험을 소생시키고자 한다. 그는 이러한 시도에 (도시에 대한 새롭고 전복적인 참여를 주장했던) 기 드보르(Guy Debord)가 주도한 상황주의자들의 작품과 수사(修辭)를 끌어들인다. 그는 상황주의자들이 사용하는 핵심 용어인 일탈(dérive)을 "도시 영토를 통한 실험적이고 비판적인 표류"(Pinder 2005b: 24; Guy Debord 재인용)라고 생각했다. 셀프에게 있어서, 일탈자(dériveur)의 걸음은 현대 도시의 조직과는 정면으로 대치되는 것이었다. 또한 도보는 자동차 교통을 중심으로 조직된 현대 도시에 있어서 새로운 의미를 갖게 되었다. 걷는다는 것은 도시 계획가들과 관리자들의 기술지배적 권력에 도전하는 것이었고, 지도 없이 걷는다는 것은 현대 도시의 규칙에 문제를 제기하는 것이었다.

> 모든 사람들은 아무 생각 없이 경로를 단 한번만에 학습하고 영원한 것으로 받아들였다. 직장으로 가는 길을, 집으로 가는 길을, 그리고 예측 가능한 미래로 가는 길을. 사람들에게 있어서 책임은 이미 습관이 되어 버렸고, 습관이 곧 책임이 되어 버렸다. 사람들은 자기 삶에서의 결핍을 당연하다고 생각했다. 우리는 이러한 조건화(conditioning)를 부수고 나오고 싶었다. 다른 방식으로 도시 경관을 이용할 수 있는 방식을 쫓으면서, 그리고 새로운 열망을 쫓으면서 말이다. (Guy Debord 1959; Blazwick 1989: 40 재인용)

현대 도시의 실용적·합리적 기능성에 정면으로 맞서는 이러한 상황주의자들의 투쟁은 일반적인 도시지리에 대한 비판에서는 찾기 어려운 속성들, 가령 유머, 논쟁, 놀이, 도발, 조롱 등에 의미를 부여한다.

상황주의적 수사는 신비주의적이고 파악하기 어려운 경향이 있지만, 오늘날 대중작가나 블로거 사이에서 널리 사용되는 것은 그런 수사가 큰 영감을 불러일으키기 때문이다. 지리학자들도 마찬가지로 상황주의자들이 선도해 온 생각들과 방법들로부터 영감을 받았다. 파리에서 인문지리 답사 프로젝트를 이끌고 있는 키스 바세트(Keith Basset)는 학생들이 자신의 답사에 상황주의적 개념과 방법을 적용할 수 있는 방법을 탐구하고 있다. 그는 통상 5~6명의 학생으로 구성된 그룹들에게 녹음기와 카메라를 주고 도시 속으로 내보내면서, 각 그룹에게 "그룹 구성원들 각자가 결정한 접근 방법들을 모두 결합한 다양한 접근 방법을 사용하여" 특정 구역의 "정신지리를 탐구하는 것"을 과제로 부여한다(Bassett 2004: 404). 아울러 바세트는 정신지리적 기술을 차용하려는 학생들에게 유용한 조언을 제시한다. 첫째, 그는 이러한 기법들을 학술적 맥락 안으로 끌어들인 후, 학생들이 수행하는 정신지리적 실천이 어떤 점에서 (가령, 예술가들의 실천과 달리) 차별화될 수 있을지에 대해 생각한다. 바세트는 학생들에게 가령 '통일성', '분위기 있는', '우회의 표석', '통로', '경계와 요새', '끌어들임의 경로'와 '밀쳐냄의 경로' 등과 같은 많은 상황주의적 어휘를 시험해 보고, 이를 자신만의 방식으로 더욱 확장시켜 볼 것을 촉구한다(2004: 404). 앞서 언급했던 예술가들과 탐험가들은 상황주의자들을 다소 상징적이고 함축적으로 인용하는 경향이 있다. 반면에 바세트는 학생들로 하여금 이러한 개념들을 적용해서 이러한 개념들로 대화할 수 있을 정도로 일관성 있고 명시적으로 보다 깊이 따져볼 것을 요구한다. 그의 프로젝트가 추구하는 일반적인 목적(가령, 참여자들이 '도시 공간과의 회합 속에서 당연하다고 간주하는 것이나 무시하고 있던 것에 대해 자신들의 눈과 귀를 여는 방법'을 배우게 하려는 목적)의 일부는 다른 열정적인 정신지리학자들도 공감하는 것이지만,

어떤 목적들의 경우에는 좀 더 학술적이고 실제 실험과 전략들을 통한 이론적 인 탐구를 지향한다(2004: 408).

엽서 9.2 그냥 표류하기 보내는 사람: 앨러스테어 보닛

한 무리의 학생들이 갑자기 (잉글랜드 동북부 더럼 주에 위치한) 게이츠헤드(Gateshead)의 정신질환자 요양소로 들어간다. 학생들은 대형 식당 한 가운데 멈춰 선 후 잠시 자신들끼리 의논한 후, 베를린의 지하철(U-Bahn)을 타고 라트하우스슈테글리츠(Rathaus Steglitz) 역에서 내리기로 결정한다. 이들은 정신지리학자들로, 여러 가지 지도를 섞어서 스스로 방향성을 잃게 만들어 도시를 예기치 않은 새로운 방식으로 바라보고자 한다. 다른 식으로 표현하자면, 이 학생들은 자신들이 무엇을 탐구하려고 하는지를 확신하지 않는다. 이 학생들은 의도적으로 불안감을 느끼고 당황해하고 끼어들면서, 신선한 공기를 마시러 밖으로 나가는 것이다.

나는 많은 정치적 짐을 안고 이러한 심리지리적 '표류'에 도달했다. 이 모임은 원래 뉴캐슬대학교의 건축학과 학생들이 조직한 것이었다. 나는 당시 이 모임에 동참한 유일한 교수였지만, 결코 책임자의 위치에 있지는 않았다. 이 모임은 전적으로 과외 활동이었기 때문이다. 나의 다소 흥분된 정치적 상상 속에서 내가 (학술적인 내 본업 외의 분야인) 미지의 세계로 진출하는 것은 꽉 막힌 루틴화된 도시 속에서 해방과 변화의 공간들을 찾아내려는 경계 초월적인 혁명이었다. 우리의 표류는 어느 곳에서나 끝났다. 테스코(Tesco) 매장 통로에서, 상점 뒤의 으슥한 골목길에서, 한때는 평범했지만 지금은 이상해진 곳에서, 그리고 과거에는 행선지였지만 지금은 사라진 이상한 비장소(non-places)에서 말이다.

우리는 정말로 흥미로운 무언가를 했던 것일까, 아니면 거만하고 급진적인 한 무리의 멋쟁이들처럼 행동했던 것일까? 아마 둘 다였을 것이다. 원래는 다섯 명이었지만 또 다른 18명의 학생들이 표류에 동참하기 위해서 나타났고, 이들은 어리벙벙해하면서도 오후 동안 지도를 새로 꿰어 나가며 행복해했다. 어떤 일이 일어날까?

우리가 싫증을 내지는 않을지, 참여자들이 모든 것을 어리석은 짓이라고 생각하고 떠나지는 않을지, 표류 도중에 언어적·신체적 폭력을 당하지는 않을지 등 … 이런 생각들이 지속적인 긴장감을 자아냈다. 이 긴장감은 우리가 즐겁게 표류를 끝마친 다음, 우리가 이전에는 한 번도 생각해 보지 않았던 방식으로 도시에 대해 생각해 보고 도시를 이용했다는 것을 깨달았을 때에 비로소 흥분된 안도감으로 바뀌었다.

1994년 제임스 버치(James Burch)는 이와 유사한 이벤트를 조직했고, 우리 모두에게 다양한 지하철역에 관한 설문 조사에 응해 줄 것을 부탁했다(버치는 '도시 탐험'에 관한 어떤 잡지에서 우리의 모험에 대해 글을 쓰기도 했다; Burch 1995 참조). 설문은 우리의 감정적 상태를 조사했다. 빈 칸에 글을 쓰게 되어 있는 그 설문지는 "나는 oo역에 있을 때, 나는 _____한 상태이고, _____하게 느끼고, _____하고 싶어 한다. 나는 _____을 바라볼 때, 그 사람들은 _____하고, _____하게 느껴지고, 그 사람들이 _____하기를 바란다. …" 등으로 구성되어 있었다. 설문 문항은 어색함과 유머, 가능성을 더욱 심화시켰다.

여러분은 내가 자만하는 것처럼 느낄 것이다. 왜냐하면 그때에는 자만했기 때문이다. 이러한 자만심은 때로는 충분한 가치가 있는 위험이기도 하다. 15년이 지난 지금, 나는 여전히 나의 표류와 그때의 불안감과 흥분을 기억하고 있다. 나는 나의 루틴화된 일상이 매우 허약하다는 것을, 쉽게 정상 궤도에서 벗어날 수 있다는 것을 배웠다. 몇 년 전 나는 아무런 이유 없이 거리 위를 걸으면서 생각하지도 않았던 장소들에 들어간 적이 있다. 내가 어디를 향하고 있는지, 나의 행선지가 어디인지를 알지 못한 채 말이다. 나는 더 이상 나의 '표류'가 정치적 의미를 갖고 있다고 확신하지 않는다. 적어도, 언젠가 내가 상상했던 승리의 깃발을 휘날리며 느끼던 해방감에 대해서는 확신하지 않는다. 그렇지만 나의 표류는 나에게 스릴 넘치면서도 묘하게 교란적인 어떤 것으로 남아 있다. 아마도 표류의 경험은 실제로 내가 나의 공간적 루틴(같은 도로, 같은 장소, 같은 얼굴)을 얼마나 필요로 하고 즐기는지를 일깨워 주었던 것 같다. 여러분은 자신을 잃어버리지 않는 것의 중요성을 깨닫기 위해서 최소한 한 번쯤 자신을 진정하게 잃을 필요가 있다.

기법을 차용해서 영감을 얻기

그러나 여러분이 앞서 제시했던 사례나 문헌들로부터 아이디어를 직접적으로 **차용**하는 것이 항상 가능하지는 않으며, 항상 바람직하지도 않다. 앞서 언급했던 기법의 일부, 특히 이언 싱클레어나 윌 셀프와 같은 명사들의 여행기나 지리적 저술 등은 결코 간단하지 않다. 곧 존경할 만하고 쉽게 해석할 수는 있지만, 학생들이 직접적으로 흉내를 내기란 쉽지 않다. 이들처럼 저명한 작가들은 절대로 어떤 지름길이나 명쾌한 원리를 제시하지 않는다. 학생들은 이들로부터 (특히 이들의 사례를 통해서) 배울 수는 있지만, 이들의 가르침은 여러 방면에서 일반적이고 함축적이다. 여행기에 대한 비판적 해석은 오늘날 지리학 연구의 중요 분야로서 자리를 굳혔지만, 지리학을 공부하는 학생들이 어떻게 '지리적 글쓰기'를 할 수 있는 장을 마련할 것인가에 대해서는 관심이 거의 없다. 우리 또한 이에 대한 명쾌한 해답을 제시하지 않는다. 만약 그러기 위해서는 창의적 글쓰기 수업의 반복과 같을 것이다. 다만, 우리는 기존의 여행기로부터 이를 위한 몇 가지 지침들을 제시하고자 한다.

이 장에서 소개한 방법들 중의 일부는 학생 답사에 적용하기에 적합하지는 않다. 빌 벙기의 연구 참여자들은 답사에 총 5천만 시간을 썼고, 두 개의 도시에서 수년에 걸쳐 진행했다. 이러한 방대한 연구 프로젝트는 소규모의 학생 그룹이 엄두조차 낼 수 없다. 혁신이란 시도와 실험을 거쳐 체계화되고 주류화되면 그 비판적 날을 상실한다! 이런 측면에서 위의 사례들을 문자 그대로 받아들이기보다는 그 정신을 배울 필요가 있다. 예를 들어, 빌 벙기가 시도했던 많은 기법은 이후 지리학계로 흡수된 후 정교화되었기 때문에 학생들이 그것을 반복하는 것은 무의미하다. 소리경관이나 아이들의 지리에 대한 벙기의 연구는 후속 연구들에 의해 대체되었고, 여러 새로운 저널과 하위 분야를 낳았기 때문에 방법론적 출발점으로 벙기를 직접적으로 설정하는 것은 현명한 결정이 아니다.

그렇다면 이러한 탐험을 어떻게 (단순히 모방하는 것을 넘어서) 배우고 해석할 수 있을까? 잠재적으로 여러분이 벙기로부터 배울 수 있는 많은 부분들이 있지만, 여기에서는 일단 두 가지를 강조하고 싶다. 첫째, 벙기는 절충적·실용적 방법론을 택했다. 그는 프로젝트를 보다 포괄적으로 진척시키기 위해 자신이 동원할 수 있는 최대한의 다양한 방법과 자료를 활용했다. 곧 벙기가 활용한 기법들 중 일부는 매우 창의적이었고, 그의 지도 또한 독창적이었지만, 벙기는 면담이나 양적 자료와 같은 기존의 방법과 자료를 거부하지 않았다. 그는 언제나 자신의 연구 목적을 염두에 둔 상태에서 장소마다 가장 적절한 방법들을 채택했다. 둘째, 벙기는 연구의 집단적 성격을 인식하고 이를 강화하고자 했다. 그의 연구는 동료 학자뿐만 아니라 많은 '재야 지리학자들'을 포함했고, 자료의 수집, 분석, 활용과 관련된 모든 사람들이 중요하다는 것을 받아들였다. 답사에서는 모든 학생들이 가능한 한 안전하고 즐겁게 여행하기 위해서, 그리고 궁극적으로 함께 연구 프로젝트를 수행하기 위해서 서로에게 의존해야만 한다. 따라서 이러한 벙기의 태도는 학부 답사에서 매우 중요하다고 할 수 있다(집단 연구와 관련하여 5장을 참조하라). 또한 벙기의 답사는 여러 측면에서 정신지리학자들이나 도시 탐험가들의 답사와 많은 특징들을 공유하고 있다. 벙기의 답사는 집단적이고 민주적이며 호기심 주도적인 학습과 같이, 이미 공유된 목적과 가치를 추구하기 위해 상황주의적 유행을 그대로 따를 필요는 없다는 점을 보여 준다.

앞선 세대의 방법론적 혁신을 어떻게 활용할 것인가라는 문제는 이보다는 좀 더 불분명하다. 앞서 언급한 키스 바세트는 정신지리학을 어떻게 학문과 결부시킬 것인지와 관련하여 도전적인 질문을 제기한다. 곧 "과연 우리는 상황주의적 도구들을 그 생명력과 참신성을 훼손하지 않게 급진성을 유지하면서도 이를 학술적 연구에 사용할 수 있을까?"라는 것이다(2008: 408). 이미 학생들이 자신만의 방식으로 해석할 수 있는 자유를 갖고 있을 때에도 과연 학생들로 하여금 정신지리적 미션을 수행하도록 할 수 있는 목적이 무엇인지에 대해 대답할 수 있는가? 역으로 말해서, 이러한 방법들은 항상 학생들의 일반적인 평가 과제 외부에 머물러 있어야만 하는가? 또한 바세트는 이미 이 운동이 원래의 형태로 번영을 구가했던 이후 반세기 이상이 지났음에도 불구하고, 과연 오늘날 이러한 기법을 반복하는 것이 어느 정도 의미가 있는지 질문을 제기한다. 이러한 기법을 단순히 반복하는 것은 특히 문제가 될 수 있다. 왜냐하면 먼저 이 운동은 자발성과 놀이를 강조했을 뿐만 아니라, 특정 기법을 규범화하여 이를 단순하게 반복하는 것을 거부했으며, 방법론적 모듈로부터 학생을 소외시키는 기계적 접근에 반대했기 때문이다. 그뿐만 아니라 상황주의자들은 특정한 역사적, 정치적 환경에 대응했던 사람들이기도 했다. 이들이 제기했던 몇몇 이슈는 아직까지 변하지 않고 남아 있지만, 또 어떤 것들은 우리로 하여금 새로운 방식을 제시하도록 요구하면서 계속 부상하고 있다. 바세트는 단순하게 상황주의적 실천을 반복하기보다는 그것을 재해석해야 한다고 주장한다. 이는 답사에서 일정 정도 정신지리적 프로젝트의 수행을 고려하고 있는 학생들에게 앞선 세대의 혁신을 어떻게 배울 것이며, 어떻게 그들의 결과물과 정신을 따를 것인지와 같은 질문을 제기한다. 요컨대, 상황주의적 실천은 학생들에게 무엇을 하라고 말하는 것처럼 단순히 규범적이고 교훈적인 결론을 거부한다. 반대로, 상황주의적 실천의 종착점은 학생들 스스로 대답할 수 있는 질문을 갖게 만드는 것이다.

진지한 놀이: 탐험적 답사

케리 스미스의 '목적 없는 놀이'라는 표현은 원래 좋은 의도를 가지고 있음에도 불구하고 (스미스는 거만함이나 학자적인 허세와는 거리가 먼 사람이다!) 자기-비난

적이고 심지어 불성실하게 들리기까지 한다. 어떤 사람들은 자신의 장난스러움에 대한 이유를 좀 더 명시적으로 밝힌다. 가령, '함께하는 지리 모임(Geography Collective)'은 (물론 어린이들을 대상으로 한 말이지만) "세상을 탐험하고 세상에 질문을 던지는 것은 정말 신나고 중요하다고 생각한다."고 명시적으로 말한다(2010: 196). 조르주 페렉은 "자신의 연구를 추상적이고 이론적인 용어로 말하는 것"이 절대로 편안하지 않다고 주장했지만(Perec 1997 [1978]: 138), 그의 책 『공간의 종류와 단편들』의 번역자는 그 책이 "도시와 가정이라는 공간에 관한, 그리고 오늘날 우리가 그 공간을 어떻게 점유하게 되어 있는지"(Sturrock, in Perec 1997 [1978]: vii)에 관한 것이라고 말한다. 글쓰기와 공간의 관계에 대한 (그가 공간을 기록하고 정의하고 기억하려고 사용하는 단어들에 있어서) 페렉의 관심은 글의 내용에서뿐만 아니라 각 페이지를 조직하고 제시하는 방식에서도 뚜렷이 나타난다. 가령, "이 페이지는 어떻게 공간이 오직 (빈 페이지 위에 그려진 기호라 할 수 있는) 단어들과 함께 시작하는가이다."(Perec 1997 [1978]: 13) 그의 포괄적인 프로젝트는 일상의 지리를 낯설게 하고 이에 다시 생기를 불어넣기 위해서, 일상의 지리를 그것이 이상하게 보이기 시작할 때까지 매우 세밀하게 관찰하고 기술하는 것이었다.

이 장에서 예로 든 많은 프로젝트에는 고유의 포용력과 유머 감각이 배어 있는데, 이의 기원은 『학교는 주변을 둘러본다(The School Looks Around 1948)』와 같은 책에 나오는 다양한 지역조사 등과 같은 20세기의 답사 전통으로까지 거슬러 올라갈 수 있다.

> 남자 어린이나 여자 어린이나 모두 자연적으로 자신들 주변에, 그곳 인근에 사는 사람들의 행동과 그 사람들이 하는 일에, 그 사람들의 집과 거리의 물리적인 특징에, 일상적인 사건들에 대해 관심을 갖는다. 이들의 자연스러운 호기심은 아이들의

질문에 대답하는 것에 싫증을 내는 어른들로 인해 종종 저지되기도 한다. 그렇게 하면 어린이들은 질문하는 것을 그만두고 주변을 호기심 있게 둘러본다. 아이들은 어른들이 주변의 모든 것들에 대해 관심이 부족하다는 것을 너무나도 금방 깨닫는다.

지역조사 방법은 이러한 과정을 전복하려는 시도이다. 어린이들의 즉각적인 관심을 사용해서 자신이 이해할 수 있는 것들을 알아보게 하고, 자기 동네를 열린 눈으로 바라보게 하며, (장차 학생으로서, 미래의 일꾼으로서, 젊은 시민으로서 살아갈) 커뮤니티의 다른 곳들에서도 편안한 마음을 갖게 하기 위함이다. … (Layton and White 1948: 1)

이러한 전통은 아이들이 '탐험 정신'을 배우도록 자극했고, 배움의 과정에서 상상력과 유머 감각을 키워 주었던 지리 답사로까지 더 거슬러 올라갈 수도 있다(Ploszajska 1998: 764).

이러한 역사적 고찰은 (탐험 지리가 왜 중요한지라는) '왜'라는 질문에 대한 대답을 제시하게 해 준다. 왜냐하면 몇몇 역사적 인물들은 (그리고 그들을 자신과 비슷하다고 생각한 사람들은) 자신들이 왜 이런 방식으로 지리에 접근하는지에 대한 이유를 명시적으로 밝혀 왔기 때문이다. 가령, 자신의 지리학적 역사에서 늘 배움의 즐거움을 찬양했던 데이비드 스토다트(David Stoddart 1986)는 답사에서 지리학을 공부하는 것은 책을 통해서는 얻을 수 없는 생생한 활동이라는 메시지를 남겼다. 스토다트의 '영웅들'은 이론가들이 아니라 『지문학(Physiography 1877)』을 집필한 토머스 헨리 헉슬리(Thomas Henry Huxley)와 같은 실천적인 인물이다. 헉슬리는 "책 속에서가 아니라 마을과 농촌에서 배워야 하는" 지리학을 설파하고 추구하면서 "답사 여행과 표본이 지식의 수단이다."라고 말했다(Stoddart 1986: 47). 어떤 사람들은 답사를 정치 프로젝트와 밀접하게 관련시켰다. 이는 현대의 탐험 지리학자들이 주창한 반체제적 정치도 아니고, 상황주의자나 정신지리학자들이 주장했던 급진 프로젝트도 아닌 제국주의적 시민성을 추구했던 주류 정치였다. 왕립지리학회(Royal Geographical Society)와 장학사들은 지역조사와 학교 답사를 추진하고 장려했는데, 이들은 "지리 학습의 원천으로서 학교의 토대와 지역성의 가치를 강조하면서, 만약 지리를 개인의 관찰과 능동적인 경험을 통해서 가르친다면 지리는 따분한 암기 훈련이 아니라 흥미롭고 환상적인 교과목이 될 것"이라고 주창했다(Ploszajska 1998: 759). 『학교는 주변을 둘러본다』는 이러한 전통을 계승하면서 "시민성교육위원회(Association for Education in Citizenship)의 후원하에 출간되었다(Layton and White 1948: i)." 그리고 그 가치는 다음과 같이 명백했다.

> 지역조사는 개인이 자기 주변과 능동적으로 공감할 수 있도록 도와줄 수 있다. 지역조사는 주위 환경에 대한 약간의 이해를 제공함으로써 개인이 보다 넓은 세상을 보다 나은 방식으로 접근할 수 있도록 하고, 심화된 지식을 축적할 수 있는 기법과 개인의 경험을 넘어선 사건들을 판단할 수 있는 기법을 계발한다. 이 책에서 제시하는 우리의 목적은 지역조사를 교육 방법의 하나로 상정하려는 것이며, 특히 시민성 함양 교육을 강조하고자 한다. (1948: 1)

요컨대, 지역조사는 시민성 함양 프로젝트와 국민교육에서부터 보다 급진적인 정치 프로그램을 지닌 커뮤니티 프로젝트에 이르기까지, 여러 다양한 이유와 맥락에서 전개되어 왔다.

요약

이 장은 답사에서의 호기심과 탐험에 대해 검토하면서, 새로운 사고와 행동에 대한 기회에 대해 우리 자신을 열어젖힘으로써 보다 흥미롭고 풍부한 답사 환경 속으로 들어갈 수 있음을 살펴보았다.

- 호기심 기반의 답사는 자발성, 창의성, 흥겨움과 관련되어 있다. 여러분은 답사에 있어서 매번 고도로 구조화된 접근만을 택하기보다는, 모든 학생들이 자기 자신과 다른 사람들의 예상 범위를 넘어서서 스스로를 자유롭게 할 수 있도록 장려하라.
- 답사에서 탐험가가 된다는 것은 자기 자신을 새로운 경험에 노출시키고, 자아를 잃어버리고, 세상을 신성하게 바라보는 법을 발견하는 것이다.
- 지리학계 내부와 외부에는 지리적 환경을 새롭게 기술하고 지도화할 것을 제안하는 많은 자료들이 있다. 가령, 우리가 유의미한 탐험을 어떻게 수행할 것인가와 관련해서는 정신지리학과 상황주의자들로부터 많은 것을 얻을 수 있다. 이들은 이 장의 앞 부분에서 제시된 보다 형식적이고 루틴화된 연구 방법과 근본적으로 대비된다.
- 답사와 연구를 수행하는 사람들은 언제나 독특하기 마련이므로, 우리는 현존하는 아이디어를 그대로 답습할 것이 아니라 이를 상황과 사람에 맞게 재해석해야 한다. 그러나 기존의 연구 방법과 자료를 멀리해서는 안 된다. 혁신적인 아이디어와 답사의 실제성(practicality) 사이에 균형을 유지하는 것이 중요하다.

결론

우리는 탐험 연구가 어떻게 수행되어 왔고 수행될 수 있는지에 대해서 뿐만 아니라 왜 수행되어 왔는지에 대해서도 질문을 던짐으로써, 이 기법을 맥락화하여 기계적으로 또는 단순히 새로움에 대한 욕망에서 채택해서는 안 된다는 것을 이해할 수 있었다. 탐험 연구를 주창하는 (스토다트에서부터 '함께하는 지리 모임'에 이르기까지 다양한) 사람들은 직접적 경험과 야외 학습을 통해서 생생함과 어울림을 느낄 수 있다고 주장했다. 어떤 사람들은 탐험 방법을 매우 다른 이유로 사용하기도 했는데, 이러한 시도는 영국의 국가장학관(Her Majesty's Inspectors)이나 시민성교육협의회가 추구했던 애국적·교육적 실천에서부터 빌 벙기의 급진적 프로젝트에 이르기까지 넓은 범위에 걸쳐 있다. 결국 답사에 있어서나, 그리고 답사를 위해 제시된 이유에 있어서나 모두 연속성과 변화, 전통과 혁신이 있다. 여러분이 답사 현장 속으로 들어갈 때에는 전통을 계승하고 새롭게 할 뿐만 아니라, (만일 여러분이 성공적으로 답사를 하고 있다면) 전적으로 독창적인 어떤 것을 동시에 수행하고 있는 셈이다.

더 읽을거리와 핵심문헌

- Perec, G. (1997) *Species of Space and Other Pieces* (trans. J. Sturrock) Harmondsworth: Penguin. 페렉은 상상력이 풍부한 작가로서 건물과 거리 풍경을 놀랍고 혁신적인 관점에서 보고자 했다.
- Smith, K. (2008) *How to be an Explorer of the World*. London: Perigee/Penguin. 이 책은 많은 영감을 불러일으키는 생생한 책으로서, 여러분 스스로 시도할 수 있는 많은 '탐험'에 관한 아이디어를 제시하고 있다. 더 읽어 볼 만한 문헌도 함께 소개하고 있다.

참고문헌

Abbott, D. (2006) 'Disrupting the "whiteness" of fieldwork in geography', *Singapore Journal of Tropical Geography*, 27: 326-341.

Adjaye, A. (2010) 'Urban Africa: A Photographic Survey', exhibition, Design Museum London, available at http://designmuseum.org/exhibitions/2010/urban-africa-a-photographic-journey by david-adjaye (last accessed 28 October 2010).

Alexander, C., Beale, N., Kesby, M., Kindon, S., McMillan, J., Pain, R. and Ziegler, F. (2007) 'Participatory diagramming: a critical view from North East England'. In S. Kindon, R. Pain and M. Kesby (eds), *Participatory Action Research Approaches and Methods: Connecting People*, Participation and Place. London: Routledge.

Anderson, B., Morton, F. and Revill, G. (eds) (2005) 'Geographies of music and sound'. Special Issue of *Social and Cultural Geography*, 6(5).

Ash, A., Bellew, J., Davies, M., Newman, T. and Richardson, L. (1997) ' Everybody in? The experience of disabled students in Further Education', *Disability and Society*, 12(4): 605-621.

Atkinson, P. and Silverman, D. (1997) 'Kundera's Immortality: the interview society and the invention of the self', *Qualitative Inquiry*, 3: 304-325.

Attwood, R. (2009) 'Glamour, not strategy, drives students abroad', *Times Higher Education*, 17 September. Available at http://www.timeshighereducation.co.uk/story.asp?storyCode=408205§ioncode=26

Bachelard, G. (1964) *Poetics of Space* (trans. Maria Jolas). New York: Orion.

Back, L. (2003) 'Deep listening: researching music and the cartographies of sound'. In A. Blunt, P. Gruffudd, J. May, M. Ogborn and D. Pinder (eds), *Cultural Geography in Practice*. London: Arnold.

Bais, S. (2010) *In Praise of Science: Curiosity, Understanding and Progress*. Cambridge, MA: MIT Press.

Bassett, K. (2004) 'Walking as an aesthetic practice and a critical tool: some psychogeographical experiments', *Journal of Geography in Higher Education*, 28(3): 397-410.

Belbin, M.R. (1981) *Management Teams: Why They Succeed or Fail*. Oxford: Heinemann.

Bell, D. and Valentine, G. (1997) *Consuming Geographies: We Are Where We Eat*. London: Rout-

ledge.
Bennett, J. (2001) *The Enchantment of Modern Life: Attachments, Crossings and Ethics*. Princeton: Princeton UP.
Bennett, K. (2002) 'Participant observation'. In P. Shurmer-Smith (ed.), *Doing Cultural Geography*. London: SAGE.
Bestor, T.C., Steinhoff, P.G. and Bestor, V.L. (eds) (2003) *Doing Fieldwork in Japan*. Honolulu: University of Hawaii Press.
Blazwick, I. (ed.) (1989) *A Situationist Scrapbook*. London: ICA/Verso.
Blunt, A. and Dowling, R. (1996) *Home (Key Ideas in Geography)*. London: Routledge.
Bondi, L. (2005) 'The place of emotions in research'. In J. Davidson, L. Bondi and M. Smith (eds), *Emotional Geographies*. Aldershot: Ashgate.
Bordessa, R. and Bunge, W. (eds) (1975) *The Canadian Alternative: Survival, Expeditions and Urban Change* (Geographical Monographs No. 2). Toronto: York University.
Bottomley, A. (2001) 'It's not what you study, it's how you benefit from your study that interests us'. *PLANET*, Special Edition 1, July: 24-25.
Bouma, G.D. (1993) *The Research Process*. Melbourne: Oxford University Press Australia.
Bradbeer, J., Healey, M. and Kneale, P. (2004) 'Undergraduate geographers' understandings of geography, learning and teaching', *Journal of Geography in Higher Education*, 28(1): 17-34.
Bracken, L. and Mawdsley, E. (2004) '"Muddy glee": rounding out the picture of women and physical geography fieldwork', *Area*, 36: 280-286.
Brydon, L. (2006) 'Ethical practices in doing development research'. In V. Desai and R.B. Potter (eds), *Doing Development Research*. London: SAGE.
Bullard, J. (2010) 'Health and safety in the field'. In N. Clifford, S. French and G. Valentine (eds), *Key Methods in Geography* (2nd edn). London: SAGE.
Bunge, W. (1979) 'Perspective on theoretical geography', *Annals of the Association of American Geographers*, 69 (1): 169-174.
Burch, J. (1995) 'An account of some experiential derive in Newcastle', *Transgressions*, 1, 29-32.
Burgess, J. and Jackson, P. (1992) 'Streetwork: an encounter with place', *Journal of Geography in Higher Education*, 16 (2): 151-157.
Burgess, R.G. (1984) *In the Field: An Introduction to Social Investigation*. London: Routledge.
Burgess, R.G. (1991) 'Access in educational settings'. In W.B. Shaffir and R.A. Stebbins (eds), *Experiencing Fieldwork: An Inside View of Qualitative Research*. London: SAGE.
Cahill, C. (2007) 'Participatory data analysis'. In S. Kingdon, R. Pain, and M. Kesby (eds), *Participatory Action Research Approaches and Methods*. London: Routledge.
Chacko, E. (2004) 'Positionality and praxis: fieldwork experiences in rural India', *Singapore Journal*

of Tropical Geography, 25(1): 51-63.

Chalkley, B. and Waterfield, J. (2001) *Providing Learning Support for Students with Hidden Disabilities and Dyslexia Undertaking Fieldwork and Related Activities*. The Geography Discipline Network (http://www.glos.ac.uk/el/philg/gdn/disabil/hidden/toc.htm).

Chaplin, E. (2004) 'My visual diary'. In C. Knowles and P. Sweetman (eds), *Picturing the Social Landscape: Visual Methods and the Sociological Imagination*. London: Routledge.

Chuan, G.K. and Poh, W.P. (2000) 'Status of fieldwork in the geography curriculum in South East Asia'. In R. Gerber and G.K. Chuan (eds), *Fieldwork in Geography: Reflections, Perspectives and Actions*. Dordrecht, Boston and London: Kluwer Academic.

Clegg, S. and Hardy, C. (1996) 'Some dare call it power'. In S. Clegg, C. Hardy and W. Nord (eds), *Handbook of Organisational Studies*. London: SAGE.

Clifford, J. (1997) *Routes: Travel and Translation in the Late Twentieth Century*,. Cambridge, MA: Harvard University Press.

Clifford, N., French, S. and Valentine, G. (eds) (2010) *Key Methods in Geography* (2nd edn). London: SAGE.

Cloke, P., Cook, I., Crang, P., Goodwin, M., Painter, J. and Philo, C. (2004) *Practising Human Geography*. London: SAGE.

Cochrane, A. (1998) 'Illusions of power: interviewing local elites', *Environment and Planning A*, 30: 2121-2132.

Coe, N.M. and Smyth, F. (2010) 'Students as tour guides: innovation in fieldwork assessment', *Journal of Geography in Higher Education*, 34 (1): 125-139.

Coffey, A. (2005) 'The sex(ual) field: sexual activity, desire and expectation impact upon the lived reality fieldwork'. In C. Pole (ed.), *Fieldwork*. London: SAGE.

Cohen, S. and Lashua, B.D. (2010) 'Re-mapping the precinct: music, the built environment and urban change in Liverpool'. In M. Leonard and R. Strachan (eds), *The Beat Goes On: Liverpool, Popular Music and the Changing City*. Liverpool: Liverpool University Press.

Cook, I. (1995) 'Constructing the exotic: the case of tropical fruit'. In J. Allen and C. Hamnett (eds), *A Shrinking World?* Oxford: Open University Press.

Cook, I. (2005) 'Participant observation'. In R. Flowerdew and D. Martin (eds), *Methods in Human Geography*. Harlow: Pearson Education.

Cook, I. and Crang, M. (1995) *Doing Ethnographies*. Norwich: Environmental Publications.

Cooke, B. and Kothari, U. (eds) (2001) *Participation: The New Tyranny?* London: Zed.

Cosgrove, D. (1984) *Social Formation and Symbolic Landscape*. London: Croom Helm.

Crang, M. (2003) 'Qualitative methods touchy, feely, look-see?', *Progress in Human Geography*, 27: 494-504.

Crang, P. (1994) 'It's showtime: on the workplace geographies of display in a restaurant', *Environment and Planning D*, Society and Space, 12, 675-702.

Cupples, C. (2002) 'The field as a landscape of desire: sex and sexuality in geographical fieldwork', *Area*, 34(4): 382-390.

Daniels, S. (1993) *Fields of Vision: Landscape Imagery and National Identity in England and the United States*. Cambridge: Polity.

Davies, A.D. (2009) 'Ethnography, space and politics: interrogating the process of protest in the Tibetan Freedom Movement', *Area*, 41(1): 19-25.

DeLyser, D. and Starrs, P.F. (2001) 'Doing fieldwork: Editors' Introduction', *Geographical Review*, 91(1-2): iv-viii.

Desai, V. and Potter, R.B. (2006) *Doing Development Research*. London: SAGE.

DfES (1999) Skills Task Force Employer Skills Survey, 1999. Department for Education and Skills, London. Available from: http://skillsbase.dfes.gov.uk/Narrative/Narrative.asp?sect=7 (last accessed 1 January 2010).

Dodge, M. and Kitchin, R. (2006) 'Net:Geography fieldwork frequently asked questions'. In J. Weiss, J. Nolan, J. Hunsinger and P. Trifonas (eds), *The International Handbook of Virtual Learning Environments*. Dordrecht: Springer.

Dodman, D.R. (2003) 'Shooting in the city: an autophotographic exploration of the urban environment in Kingston, Jamaica', *Area*, 35(3): 293-304.

Dowling, R. (2005) 'Power, subjectivity and ethics in qualitative research'. In I. Hay (ed.), *Qualitative Research Methods in Human Geography*. Melbourne: Oxford University Press.

Driver, F. (2000) 'Editorial: Field-work in geography', *Transactions of the Institute of British Geographers*, 25(3): 267-268.

Dummer, T.J.B., Cook, I.G., Parker, S.L., Barrett, G.A. and Hull, P.A. (2008) 'Promoting and assessing"deep learning" in geography fieldwork: an evaluation of reflective field diaries', *Journal of Geography in Higher Education*, 32(3): 459-479.

Duncan, J.S. (1990) *The City as Text: The Politics of Landscape Interpretation in the Kandyan Kingdom*. Cambridge: Cambridge University Press.

Duttro, K. (1999) 'Comments at Career Development Strategies II: E-tools and techniques'. AAG Conference Workshop, Honolulu, 25 March.

Elwood, S. and Martin, D. (2000) '"Placing" interviews: location and scales of power in qualitative research', *Professional Geographer*, 52: 649-657.

Ephross, P.H. and Vassit, J.V. (2005) *Groups that Work: Structure and Process* (2nd edn). New York: Columbia University Press.

Fishwick, M. (1995) 'Ray and Ronald girdle the globe', *Journal of American Popular Culture*, 18(1):

13-29.

Flowerdew, R. and Martin, D. (eds) (2005) *Methods in Human Geography: A Guide for Students Doing a Research Project* (2nd edn). Harlow: Prentice Hall.

Foskett, N. (1997) 'Teaching and learning through fieldwork'. In D. Tilbury and M. Williams (eds), *Teaching and Learning Geography*. London: Routledge.

Fuller, I., Edmonson, S., France, D., Higgitt, D. and Ratinen, I. (2006) 'International perspectives on the effectiveness of Geography fieldwork for learning', *Journal of Geography in Higher Education*, 30 (1): 89-101.

Gandy, M. (2008) 'Landscapes of disaster: water, modernity and urban fragmentation in Mumbai', *Environment and Planning A*, 40: 108-140.

Geikie, A. (1887) *The Teaching of Geography*. London: Macmillan

Geographical Association (1995) *Geography Outside the Classroom* (pamphlet). Sheffield: Geographical Association.

Geography Collective (2010) *Mission: Explore*. London: Can of Worms Kids Press.

Gerber, R. and Chuan, G.K. (eds) (2000) *Fieldwork in Geography: Reflections, Perspectives and Actions*. Dordrecht, Boston and London: Kluwer Academic.

Glassie, H. (1982) *Passing the Time in Ballymenone: Culture and History of an Ulster Community*. Philadelphia: Wiley.

Gleeson, B. (1998) *Geographies of Disability*. London: Routledge.

Glynn, P. (1988) *Fieldwork Firsthand: A Close Look at Geography Fieldwork*. London: Crakehill.

Goh K.C. and Wong P.P. (2000) 'Status of fieldwork in the geography curriculum in Southeast Asia'. In R. Gerber and G.K. Chuan (eds), *Fieldwork in Geography: Reflections, Perspectives and Actions*. Dordrecht, Boston and London: Kluwer Academic.

Gold, J.R., Jenkins, A., Lee, R., Monk, J., Riley, J., Shepherd, I. and Unwin, D. (1991) *Teaching Geography in Higher Education: A Manual of Good Practice*. Oxford: Blackwell.

Grady, J. (2004) 'Working with visible evidence: an invitation and some practical advice'. In C. Knowles and P. Sweetman (eds), *Picturing the Social Landscape: Visual Methods and the Sociological Imagination*. London: Routledge.

Guardian (2003a) 'Memories caught on the brink of extinction', 3 January, p. 17.

Guardian (2003b) 'Online archive brings Britain's migration story to life', 30 July, p. 7.

Hall, T., Healey, M. and Harrison, M. (2004) 'Fieldwork and disabled students: discourses of exclusion and inclusion', *Transactions of the Institute of British Geographers*, 27: 213-231.

Hamlyn, N. (1989) 'Those tricky situationists', *Guardian*, 4 July.

Harris, R.C. (2001) 'Archival fieldwork', *Geographical Review*, 91(1-2): 328-335.

Healey, M. and Healey, R.L. (2010) 'How to conduct a literature search'. In N. Clifford, S. French and G. Valentine (eds), *Key Methods in Geography* (2nd edn). London: SAGE.

Heath, S. and Cleaver, E. (2004) 'Mapping the spatial in shared household life: a missed opportunity?'. In C. Knowles and P. Sweetman (eds), *Picturing the Social Landscape: Visual Methods and the Sociological Imagination*. London: Routledge.

Heron, J. and Reason, P. (2006) 'The practice of co-operative enquiry: research "with" rather than"on" people'. In P. Reason and H. Bradbury (eds), *Handbook of Action Research*. London: SAGE.

Herrick, C. (2010) 'Lost in the field: ensuring student learning in the "threatened" geography fieldtrip', *Area*, 42 (1): 108-116.

Hoggart, K., Lees, L. and Davies, A. (2002) *Researching Human Geographies*. London: Arnold.

Hope, M. (2009) 'The importance of direct experience: a philosophical defence of fieldwork in human geography', *Journal of Geography in Higher Education*, 33(2): 169-182.

Hopkins, P. (2006) 'Youth transitions and going to university: the perceptions of students attending a geography summer school access programme', *Area*, 38(3): 240-247.

Hopkins, P. and Hill, M. (2006) 'This is a good place to live and think about the future': the needs and experiences of unaccompanied asylum-seeking children and young people in Scotland. Glasgow: Scottish Refugee Council.

Hume-Cook, G., Curtis, T., Woods, K., Potaka, J., Tangaroa Wagner, A. and Kindon, S. (2007) 'Uniting people with place using participatory video in Aotearoa/New Zealand'. In S. Kingdon, R. Pain and M. Kesby (eds), *Participatory Action Research Approaches and Methods*. London: Routledge.

Jackson, J.B. (1984) *Discovering the Vernacular Landscape*. New Haven: Yale University Press.

Jackson, P. (1988) 'Definitions of the situation: neighbourhood change and local politics in Chicago'. In J. Eyles and D.M. Smith (eds), *Qualitative Methods in Human Geography*. Cambridge: Polity.

Jackson, P. (1989) *Maps of Meaning: An Introduction to Cultural Geography*. London: Unwin Hyman.

Jacobs, J. (1962 [1961]) *The Death and Life of Great American Cities*. London: Jonathan Cape.

Jacques, D. and Salmon, G. (2007) *Learning in Groups: A Handbook for Face-to-Face and Online Environments* (4th edn). London: Routledge.

Jazeel, T. and McFarlane, C. (2007) 'Intervention: responsible learning: cultures of knowledge production and the north-south divide', *Antipode*, 39(5): 781-789.

Jazeel, T. and McFarlane, C. (2009) 'The limits of responsibility: a postcolonial politics of academic knowledge production', *Transactions of the Institute of British Geographers*, 35: 109-124.

Johns, J. (2004) *Tracing the Connections: Manchester's Film and Television Industry*. PhD thesis,

School of Geography, University of Manchester.
Johns, J. (2010) 'Reconceptualizing the film and television production system: relational networks and "project teams"', *Urban Studies*, 47 (5): 1059-1077.
Johnsen, S., May, J. and Cloke, P. (2008) 'Imag(in)ing "homeless places": using auto-photography to (re)examine the geographies of homelessness', *Area*, 40(2): 194-207.
Jones, R. (2000) 'Marking closely or on the bench? An Australian's benchmark statement', *Journal of Geography in Higher Education*, 24 (3): 419-421.
Katz, C. (1994) 'Playing the field: questions of fieldwork in geography', *Professional Geographer*, 46(1): 67-72.
Kearns, R. (2002) 'Back to the future/field: doing fieldwork', *New Zealand Geographer*, 58(2): 75-76.
Kearns, R. (2005) 'Knowing seeing? Undertaking observational research', In I. Hay (ed.), *Qualitative Research Methods in Human Geography*. Melbourne: Oxford University Press.
Kesby, M. (2000) 'Participatory diagramming: deploying qualitative methods through an action research epistemology', *Area*, 32(4): 423-435.
Kindon, S. (2003) 'Participatory video in geographic research: a feminist practice of looking?', *Area*, 35(2): 142-153.
Kindon, S. (2005) 'Participatory action research'. In I. Hay (ed.), *Qualitative Research Methods in Human Geography*. Melbourne: Oxford University Press.
Kindon, S., Pain, R. and Kesby, M. (eds) (2007) *Participatory Action Research Approaches and Methods*. London: Routledge.
Knapp C. (1990) 'Outdoor education in the United States'. In K. McRae (ed.), *Outdoor and Environmental Education*. Melbourne: Macmillan.
Knight, P. and Yorke, M. (2004) *Learning, Curriculum and Employability in Higher Education*. London: Routledge.
Kobayashi, A. (ed.) (1994) *Women, Work and Place*. Montreal: McGill-Queens University Press.
Kubler, B. and Forbes, P. (2006) *Student Employability Profiles: A Guide for Employers*. London: CIHE.
Kumar, N. (1992) *Friends, Brothers and Informants: Fieldwork Memoirs of Banaras*. Berkeley: University of California Press.
Kwan, T. (2000) 'Fieldwork in geography teaching: the case in Hong Kong'. In R. Gerber and G.K. Chuan (eds), *Fieldwork in Geography: Reflections, Perspectives and Actions*. Dordrecht, Boston and London: Kluwer Academic.
Lai, K.C. (2000) 'Affective-focussed geographical fieldwork: what do adventurous experiences during field trips mean to pupils?'. In R. Gerber and G.K. Chuan (eds), *Fieldwork in Ge-*

ography: Reflections, Perspectives and Actions. Dordrecht, Boston and London: Kluwer Academic.

Lashua, B.D. and Cohen, S. (2010) 'Liverpool musicscapes: music performance, movement and the built urban environment'. In B. Fincham, M. McGuinness and L. Murray (eds), *Mobile Methodologies*. London: Palgrave.

Latham, A. and McCormack, D.P. (2007) 'Digital photography and web-based assignments in an urban field course: snapshots from Berlin', *Journal of Geography in Higher Education*, 31(2): 241-256.

Laurier, E. (2003) 'Participant observation'. In N. Clifford and G. Valentine (eds), *Key Methods in Geography*. London: SAGE.

Laurier, E. and Philo, C. (2006) 'Possible geographies: a passing encounter in a café', *Area*, 38(4): 353-363.

Layton, E. and Blanco White, J. (for the Association for Education in Citizenship) (1948) *The School Looks Around*. London: Longmans, Green and Co.

Lee, J. (2007) 'Languages for learning to delight in art'. In G. Beer, M. Bowie and B. Perrey (eds), *In(ter) Discipline: New Languages for Criticism*. Oxford: Legenda.

Lee, R.M. (1995) *Dangerous Fieldwork*. London: SAGE.

Le Heron, R. and Hathaway, J.T. (2000) 'An international perspective on developing skills through geography programmes for employability and life: narratives from New Zealand and the United States', *Journal of Geography in Higher Education*, 24 (2): 271-276.

Levin, P. (2003) 'Running group projects: dealing with the free-rider problem', *PLANET*, 5: 7-8.

Levin, P. (2005) *Successful Teamwork*. Maidenhead: Oxford University Press.

Lewis, P. (1979) 'Axioms for reading the landscape: some guides to the American scene'. In D.W. Meinig (ed.), *The Interpretation of Ordinary Landscapes*. New York: Oxford University Press.

Ley, D. and Cybriwsky, R. (1974) 'Urban graffiti as territorial markers', *Annals of the Association of American Geographers*, 64(4): 491-505.

Leyshon, A., Matless, D. and Revill, G. (eds) (1996) *The Place of Music*. New York: Guilford.

Linton, D. (1960) 'Foreword'. In G.E. Hutchings (ed.), *Landscape Drawing*. London: Methuen.

Little, B. (2003) *International Perspectives on Employability*. Enhancing Student Employability Co-ordination Team (ESECT) & Centre for Higher Education Research and Information (CHERI) at the Open University. Available at www.ltsn.ac.uk/genericcentre/index.asp?id=18285 (last accessed April 2003).

Livingstone, I., Matthews, H. and Castley, A. (1998) *Fieldwork and Dissertations in Geography*. Cheltenham: Geography Discipline Network.

Lonergan, N. and Andersen, L.W. (1988) 'Field-based education: some theoretical considerations', *Higher Education Research and Development*, 7 (1): 63-77.

Longhurst, R. (2010) 'Semi-structured interviews and focus groups'. In N. Clifford, S. French and G. Valentine (eds), *Key Methods in Geography* (2nd edn). London: SAGE.

Longhurst, R., Ho, E. and Johnston, L. (2008) Using 'the body' as an 'instrument of research': kimch'i and pavlova. *Area* 40(2) p. 208-217.

Low, J. (1996) 'Negotiating identities, negotiating environments', *Disability & Society*, 11(2): 235-248.

Low, K.E.Y. (2005) 'Ruminations on smell as a sociocultural phenomenon', *Current Sociology*, 53: 397-417.

Lykes, M.B. (2006) 'Creative arts and photography in Participatory Action Research in Guatemala'. In P. Reason and H. Bradbury (eds), *Handbook of Action Research*. London: SAGE.

Maddrell, A. (2010) 'Academic geography as terra incognita: lessons from the "expedition debate" and another border to cross', *Transactions of the Institute of British Geographers*, 35: 149-153.

Madge, C. (1993) 'Boundary disputes - comments on Sidaway (1992)', *Area*, 25 (3): 294-299.

Maguire, S. (1998) 'Gender differences in attitudes to undergraduate fieldwork', *Area*, 30(3): 207-214.

Malbon, B. (1999) *Clubbing: Dancing, Ecstasy and Vitality*. London: Routledge.

Marsden, B. (2000) 'A British historical perspective on fieldwork from the 1820s to the 1970s'. In R. Gerber and G.K. Chuan (eds), *Fieldwork in Geography: Reflections, Perspectives and Actions*. Dordrecht, Boston and London: Kluwer Academic.

Maskall, J. and Stokes, A. (2008) *Designing Effective Fieldwork for the Environmental and Natural Sciences*. GEES Subject Centre Learning and Teaching Guide. Available at www.gees.ac.uk/pubs/guides/fw2/GEESfwGuide.pdf (last accessed 13 April 2010).

Mason, J. (2002) *Qualitative Researching* (2nd edn). London: SAGE.

Mathewson, K. (2001) 'Between "in camp" and "out of bounds": notes on the history of fieldwork in American geography', *Geographical Review*, 91(1-2): 215-224.

McCaffrey, K., Holdsworth, R.L., Clegg, P., Jones, R. and Wilson, R. (2003) 'Using digital mapping tools and 3-D visualisation to improve undergraduate fieldwork', *Planet*, Special Edition, 5: 34-36.

McCulloch, G. (2004) *Documentary Research in Education, History and Social Sciences*. London: RoutledgeFalmer.

McDowell, L. (1992) 'Doing gender: feminisim, feminists and research methods in Human Geography', *Transactions of the Institute of British Geographers*, 17 (4): 399-416.

McDowell, L. (1997) 'Women/gender/feminisms: doing feminist geography', *Journal of Geography in Higher Education*, 21(3): 381-400.

McEwan, C. (2006) 'Using images, films and photography'. In V. Desai and R.B. Potter (eds), *Doing Development Research*. London: SAGE.

McFarlane, H. and Hansen, N.E. (2007) 'Inclusive methodologies: including disabled people in participatory action research in Scotland and Canada'. In S. Kingdon, R. Pain and M. Kesby (eds), *Participatory Action Research Approaches and Methods*. London: Routledge.

McGuiness, M. and Simm, D. (2005) 'Going global? Long-haul fieldwork in undergraduate geography', *Journal of Geography in Higher Education*, 29 (2): 241-253.

Meinig, D. (1983) 'Geography as an art', *Transactions of the Institute of British Geographers*, 8(3): 314-328.

Miéville, C. (2009) *The City and the City*. London: Pan Macmillan.

Miles, M. (1964) *Innovations in Education*. New York: Teachers College Press of Columbia University.

Miles, M. and Huberman, A. (1984) *Qualitative Data Analysis*. London: SAGE.

Mistry, J., Berardi, A. and Simpson, M. (2009) 'Critical reflections on practice: the changing roles of three physical geographers carrying out research in a developing country', *Area*, 41(1): 82-93.

Mitchell, D. (2000) *Cultural Geography: A Critical Introduction*. Oxford: Blackwell.

Mitchell, W.J. (2003) '*Wunderkammer* to World Wide Web: picturing place in the post-photographic era'. In J.M. Schwarz and J.R. Ryan (eds), *Picturing Place: Photography and the Geographical Imagination*. London: I.B. Tauris.

Momsen, J.H. (2006) 'Women, men and fieldwork'. In V. Desai and R.B. Potter (eds), *Doing Development Research*. London: SAGE.

Monk, J. (2007) 'Foreword'. In S. Kingdon, R. Pain and M. Kesby (eds), *Participatory Action Research Approaches and Methods*. London: Routledge.

Mowforth, M. and Munt, I. (1998) *Tourism and Sustainability: New Tourism in the Third World*. London: Routledge.

Mullings, B (1999) 'Insider or outsider, both or neither? Some dilemmas of interviewing in a cross-cultural setting', *Geoforum*, 30: 337-350.

Myers, G. A. (2001) 'Protecting privacy in foreign fields', *Geographical Review*, 91(1-2): 192-200.

Nairn, K. (1999) 'Embodied fieldwork', *Journal of Geography*, 98(6): 272-282.

Nairn, K. (2003) 'What has the geography of sleeping arrangements got to do with the geography of our teaching spaces?', *Gender, Place and Culture*, 10(1): 67-81.

Nairn, K., Higgitt, D.L. and Vanneste, D. (2000) 'International perspectives in fieldcourses', *Journal of Geography in Higher Education*, 24 (2): 246-254.

Nast, H.J. (1994) 'Women in the field: critical feminist methodologies and theoretical perspectives', *Professional Geographer,* 46 (1): 54-66.

Nelson, A., Hiner, C. and Rios, M. (2009) 'Book review forum: participatory action research', *Area*, 41(3): 364-367.

Ogborn, M. (2010) 'Finding historical sources'. In N. Clifford, S. French and G. Valentine (eds), *Key Methods in Geography* (2nd edn). London: SAGE.

Ostuni, J. (2000) 'The irreplaceable experience of fieldwork in geography'. In R. Gerber and G.K. Chuan (eds), *Fieldwork in Geography: Reflections, Perspectives and Actions.* Dordrecht, Boston and London: Kluwer Academic.

Pain, R. and Francis, P. (2003) 'Reflections on participatory research', *Area*, 35(1): 46-54.

Palriwala, R. (1991) 'Researcher and women: dilemmas of a fieldworker in a Rajasthan village'. In M.N. Panini (ed.), *From the Female Eye: Accounts of Fieldworkers Studying their own Communities.* Delhi: Hindustan.

Parfitt, J. (1997) 'Questionnaire design and sampling'. In M. Flowerdew. and D. Martin (eds), *Methods in Human Geography.* Harlow: Addison Wesley Longman.

Parr, H. (1998) 'Mental health, ethnography and the body', *Area*, 30: 28-37.

Parsons, T. and Knight, P. (1995) *How To Do Your Dissertation in Geography and Related Disciplines.* London: Chapman and Hall.

Pawson, E. and Teather, E.K. (2002) '"Geographical expeditions": assessing the benefits of a studentdriven fieldwork method', *Journal of Geography in Higher Education*, 26(3): 275-289.

Perec, G. (1997[1978]) Species of Space and Other Pieces (trans. J. Sturrock). Harmondsworth: Penguin.

Peterson, J. and Earl, R. (2000) 'Trends and developments in university level geography field methods courses in the United States'. In R. Gerber and G.K. Chuan (eds), *Fieldwork in Geography: Reflections, Perspectives and Actions.* Dordrecht, Boston and London: Kluwer Academic.

Phillips, R. (2010) 'The impact agenda and geographies of curiosity', *Transactions of the Institute of British Geographers*, 35: 447-452.

Pinder, D. (2005a) *Visions of the City: Utopianism, Power and Politics in Twentieth-Century Urbanism.* Edinburgh: Edinburgh University Press.

Pinder, D. (2005b) 'Arts of urban exploration', *Cultural Geographies*, 12(4): 383-411.

Ploszajska, T. (1998) 'Down to earth? Geography fieldwork in English schools, 1870-1944', *Environment and Planning D*, 16: 757-774.

Plummer, K. (2001) *Documents of Life 2: An Invitation to A Critical Humanism.* London: SAGE.

Powell, R.C. (2002) 'The sirens' voices? Field practices and dialogue in geography', *Area*, 34(3):

261-272.

Powell, R.C. (2008) 'Becoming a geographical scientist: oral histories of Arctic fieldwork', *Transactions of the Institute of British Geographers*, 33(4): 548-565.

Pratt, G. (2007) 'Working with migrant communities: collaborating with the Kalayaan Centre in Vancouver, Canada'. In S. Kingdon, R. Pain and M. Kesby (eds), *Participatory Action Research Approaches and Methods*. London: Routledge.

Priestnall, G. (2009) 'Landscape visualization in fieldwork', *Journal of Geography in Higher Education*, 33(1): 104-112.

Quality Assessment Authority (QAA) (2007) 'Benchmark statement for geography'. Available at: http://www.qaa.ac.uk/academicinfrastructure/benchmark/statements/Geography.asp (last accessed March 2010).

Reason, R. and Bradbury, H. (eds) (2006) *Handbook of Action Research*. London: SAGE.

Reich, R.B. (2002) *The Future of Success*. New York: Vintage.

Robson, C. (1993) *Real World Research*. London: Blackwell.

Robson, E. and Willis, K. with Elmhirst, R.E. (1997) 'Practical tips'. In E. Robson and K. Willis (eds) *Postgraduate Fieldwork in Developing Areas*. Monograph no.9. Developing Areas Research Group. London: RGS-IBG.

Rodaway, P. (1994) *Sensuous Geographies: Body, Sense, Place*. London: Routledge.

Rose, D. (1987) *Black American Street Life: South Philadelphia 1969-71*. Philadelphia: University of Pennsylvania Press.

Rose, G. (1993) *Feminism and Geography: the Limits of Geographical Knowledge*. Cambridge: Polity.

Rose, G. (1997) 'Situating knowledges: positionality, reflexivities and other tactics', *Progress in Human Geography*, 21(3): 305-320.

Rose, G. (2001) *Visual Methodologies: An Introduction to the Interpretation of Visual Materials*. London: SAGE.

Royal Geographical Society (2008) Fieldwork safety: a resource briefing on BS8848. Available at http://www.rgs.org/NR/rdonlyres/D93E45F0-68A4-430B-BC8F-DD0DEEB6D0FA/0/GEES8848Brief.pdf (last accessed 12 May 2010).

Rubenstein, S. (2004) 'Fieldwork and the erotic economy on the colonial frontier', *Signs: Journal of Women in Culture and Society:* 29(4): 1041-1071.

Rundstrom, R.A. and Kenzer, M.S. (1989) 'The decline of field work in human geography', *Professional Geographer*, 41 (3): 294-303.

Sauer, C. (1956) 'The education of a geographer', *Annals of the Association of American Geographers*, 46: 287-299.

Schensul, S.L., Schesul, J.J. and LeCompte, M.D. (1999) *Essential Ethnographic Methods: Observa-*

tions, Interviews and Questionnaires. London: SAGE.

Scheyvens, R., Nowak, B. and Scheyvens, H. (2003) 'Ethical issues'. In R. Scheyvens and D. Storey (eds), *Development Fieldwork: A Practical Guide*. London: SAGE.

Scheyvens, R. and Storey, D. (eds) (2003) *Development Fieldwork: A Practical Guide*. London: SAGE.

Schwarz, J.M. and Ryan, J.R. (eds) (2003) *Picturing Place: Photography and the Geographical Imagination*. London: I.B. Tauris.

Scott, A.J. (2000) 'French cinema: economy, policy and place in the making of a cultural products industry', *Theory, Culture and Society*, 17 (1): 1-38.

Scott, A.J. (2002) 'A new map of Hollywood: the production and distribution of American Hollywood pictures', *Regional Studies*, 36 (9): 957-975.

Scott, S., Miller, F. and Lloyd, K. (2006) 'Doing fieldwork in development geography: research culture and research spaces in Vietnam', *Geographical Research*, 44(1): 28-40.

Shaffir, W.B. and Stebbins, R.A. (eds) (1991) *Experiencing Fieldwork: An Inside View of Qualitative Research*. London: SAGE.

Shah, S. (2004) 'The researcher/interviewer in intercultural context: a social intruder!', *British Educational Research Journal*, 30 (4): 549-575.

Shiel, M. and Fitzmaurice, T. (eds) (2001) *Cinema and the City: Film and Urban Societies in a Global Context*. Oxford: Blackwell.

Sidaway, J.D. (2002) 'Photography as geographical fieldwork', *Journal of Geography in Higher Education*, 26(1): 95-103.

Silverman, D. (1985) *Qualitative Methodology and Sociology*. Aldershot: Gower.

Silverman, D. (2000) *Doing Qualitative Research: A Practical Handbook*. London: SAGE.

Silvey, R. (2003) 'Gender and mobility: critical ethnographies of migration in Indonesia'. In A. Blunt, P. Gruffudd, J. May, M. Ogborn and D. Pinder (eds), *Cultural Geography in Practice*. London: Arnold.

Smith, K. (2008) *How to be an Explorer of the World*. New York: Penguin.

Smith. M. (1996) 'The empire filters back: consumption, production and the politics of Starbucks Coffee', *Urban Geography*, 17(6): 502-524.

Smith, S.J. (1994) 'Soundscape', *Area*, 26: 232-240.

Solnit, R. (2006) *A Field Guide to Getting Lost*. Edinburgh: Canongate.

Spronken-Smith, R.A. (2005) 'Implementing a problem-based learning approach for teaching research methods in Geography', *Journal of Geography in Higher Education*, 29: 203-221.

Spronken-Smith, R.A. and Hilton, M. (2009) 'Recapturing quality field experiences and strengthening teaching-research links', *New Zealand Geographer*, 65: 139-146.

Staeheli, L.A. and Lawson, V.A. (1994) 'A discussion of "Women in the field": the politics of feminist fieldwork', *Professional Geographer*, 46(1): 96-102.

Staeheli, L.A. and Mitchell, D. (2005) 'The complex politics of relevance in geography', *Annals of the Association of American Geographers*, 95(2): 357-372.

Stanley, L. and Wise, S. (1993) *Breaking Out Against: Feminist Ontology and Epistemology*. London: Routledge.

Stevens, S. (2001) 'Fieldwork as commitment', *Geographical Review*, 91(1-2): 66-73.

Stoddart, D.R. (1986) *On Geography and its History*. Oxford: Basil Blackwell.

Suchar, C. (2004) 'Amsterdam and Chicago: seeing the macro-characteristics of gentrification'. In C. Knowles and P. Sweetman (eds), *Picturing the Social Landscape: Visual Methods and the Sociological Imagination*. London: Routledge.

Thorndycraft, V.R., Thompson, D. and Tomlinson, E. (2009) 'Google Earth, virtual fieldwork and quantitative methods in physical geography', *Planet*, 22: 48-51.

Thrift, N. (2000) 'Dead or alive?'. In I. Cook, D. Couch, S. Naylor and J. Ryan (eds), *Cultural Turns/Geographical Turns: Perspectives on Cultural Geography*. Harlow: Prentice Hall.

Times (2009) 'Geography outdoors' , 1 May, p.2.

Times Higher Education Supplement (2009) 'Letter from philosophers: only scholarly freedom delivers real "impact"', 5 November.

Tolia-Kelly, D.P. (2007) 'Capturing spatial vocabularies in a collaborative visual methodology with Melanie Carvalho and South Asian women in London, UK'. In S. Kingdon, R. Pain and M. Kesby (eds), *Participatory Action Research Approaches and Methods*. London: Routledge.

Tuan, Y.F. (2001) 'Life as a field trip', *Geographical Review*, 91(1-2): 41-45.

Valentine, G. (2005) '"Tell me about ...": using interviews as a research methodology'. In R. Flowerdew and D. Martin (eds), *Methods in Human Geography: A Guide for Students Doing a Research Project* (2nd edn). Edinburgh Gate: Addison Wesley Longman.

West, M. (1994) *Effective Teamwork*. Leicester: British Psychological Society.

West, R.C. (1979) *Carl Sauer's Fieldwork in Latin America*. New York: Department of Geography, Syracuse University.

Whitehead, T.L. and Conway, M.E. (eds) (1986) *Self, Sex and Gender in Cross-cultural Fieldwork*. Urbana: University of Illinois Press.

Whyte, W. F. (1955) *Street Corner Society: The Social Structure of an Italian Slum*. Chicago: Chicago University Press.

Williams, R. (1961) *The Long Revolution*. London: Chatto & Windus.

Wilson, C. and Groth, P. (eds) (2003) *Everyday America: Cultural Landscape Studies after J. B. Jackson*. Berkeley: University of California Press.

Wilson, D. (1990) 'Comments on "The Decline of Fieldwork in Human Geography"', Professional *Geographer*, 42 (2): 219-221.

Winchester, H.P.M. (1996) 'Ethical issues in interviewing as a research method in human geography', *Australian Geographer*, 2(1): 117-131.

Winchester, H., Kong, L. and Dunn, K. (2003) *Landscapes: Ways of Imagining the World*. Harlow: Pearson Education.

Wooldridge, S.W. (1955) 'The status of geography and the role of fieldwork', *Geography* 40: 73-83.

Wolcott, H.F. (1990) *Writing up Qualitative Research*. London: SAGE.

Yeung, H. W-C. (1995) 'Qualitative personal interviews in international business research: some lessons from a study of Hong Kong transnational corporations', *International Business Review*, 4 (3): 313-339.

Young, L. and Barrett, H. (2001) 'Adapting visual methods: action research with Kampala street children', *Area*, 33(2): 141-152

Zelinsky, W. (1985) 'The roving palate: North America's ethnic cuisines', *Geoforum*, 16: 51-72.

Ziller, R.C. (1990) *Auto-Photography: Observations from the Inside-Out*. Newbury Park, CA: SAGE.

색인

| 용어 |

ㅇ

ㅈ

| 인명 |

|지명|

이 책에 도움을 준 사람들

조지프 아산(Joseph Assan)은 더블린의 트리니티대학에서 개발실천학을 가르치고 있다. 그는 아프리카에서 오랫동안 답사를 수행했다. 그는 개발 정책과 실천의 상호작용과 정치생태학을 연구하고 있다. 그가 집필한 『생계와 개발(Livelihoods and Development)』이 곧 출간될 예정이다.

맷 배일리-스미스(Matt Ballie-Smith)는 노섬브리아대학교 사회학과 부교수이다. 그는 주로 개발, 비정부기구, 시민사회와 사회참여 등을 범세계주의와 시민성과의 관계를 연구하고 있다. 최근의 연구 성과로는 국제 자원 활동, 인도 남부의 비정부기구 활동가들의 자서전, 개발도상국의 개발 교육에 관한 것들이 있다.

앨러스테어 보닛(Alastair Bonnett)는 뉴캐슬대학교 사회지리학과 교수이다. 최근의 저서인 『과거의 좌파: 급진주의와 향수의 정치(Left in the Past: Radicalism and the Politics of Nostalgia)』(Continuum, 2010)는 현대 급진주의의 역설에 대한 그의 오랜 관심을 반영하고 있다. 그는 지리학의 비전을 '세계 학문'으로서의 지리학에서 찾고 있으며, 이러한 비전의 핵심 방법론이 답사라고 생각하고 있다. 이와 관련하여 그의 저서 『지리학이란 무엇인가?(What is Geography)』(Sage 2008)를 참조하라.

팀 버넬(Tim Bunnell)은 국립싱가포르대학교 지리학과 부교수이자 아시아연구소 겸임교수이다. 그는 말레이시아에서 박사학위 논문 및 박사후과정 연구를 마친 후, 리버풀과 동남아시아 간의 상호 관계(특히 인도네시아의 도시 변화와의 관계)에 대해 연구하고 있다.

닉 클라크(Nick Clarke)는 사우샘프턴대학교에서 인문지리학을 가르치고 있으며, 주요 연구 및 강의 분야는 글로벌화의 문화적 차원에 초점을 두고 있다. 그는 학부생 때부터 답사를 가장 사랑했고, 현재 베를린 답사 과목을 가르치면서 20세기 유럽에서의 도시 공간의 생산이라는 주제를 탐구하고 있다.

빌 굴드(Bill Gould)는 1960년대에 우간다에서 대학수학능력(A-레벨) 지리학을 가르친 후 1970년부터 2007년까지 리버풀대학교 지리학과에서 인문지리학과 개발론 강의를 하면서 줄곧 답사를 적극적으로 활용해 왔다. 아울러 영국뿐만 아니라 우간다, 케냐, 탄자니아, 짐바브웨, 남아프리카공화국에서 답사 과목을 가르친 바 있다.

앤드루 그레고리(Andrew Gregory)는 맨체스터대학교 지리학과를 졸업하고, 경제학 및 사회학으로 석사학위를 취득했다. 그는 2004년 7월 액센추어(Accenture)사에 취직한 후 경영 컨설턴트로서 경력을 쌓아 왔다. 현재 그는 상품생명과학부 매니저로 일하고 있다.

제니퍼 그레핸(Jennifer Grehan)은 리버풀대학교 지리학과를 졸업했다. 그녀는 2009년 밴쿠버에서 열흘 동안 답사를 수행한 적이 있다. 캐나다의 주요 법률회사에서 인턴 과정을 밟은 후 현재 법조계에서 일하고 있다.

피터 홉킨스(Peter Hopkins)는 뉴캐슬대학교의 지리·정치·사회학부에서 사회지리학과 정치지리학을 가르치고 있다. 그는 주로 초점집단연구, 면담, 참여관찰 등 질적 방법론을 활용하여 청소년, 종교, 인종, 남성성의 지리를 연구하고 있다.

피터 잭슨(Peter Jackson)은 셰필드대학교의 인문지리학 교수이다. 그는 현재 유럽연구위원회(European Research Council)로부터 연구비를 지원받아 '근심의 시대에 있어서 소비자 문화'에 대한 연구 프로젝트를 수행하고 있다. 그는 레버흄 재단(Leverhulme Trust)의 연구비 지원을 받아 '변화하는 가족, 변화하는 식품'이라는 주제의 학제적 연구를 수행한 바 있다.

마크 제인(Mark Jayne)은 맨체스터대학교 인문지리학 조교수이다. 그의 연구는 주로 소비, 도시문화, 도시경제에 초점을 두고 있다. 주요 저서로 『도시와 소비(Cities and Consumption)』(Routledge 2005)와 『술, 음주, 취기: (무)질서 공간(Alcohol, Drinking, Drunkenness: (Dis)Orderly Space)』(Ashgate 2011)이 있다.

이네스 키렌(Innes M. Keighren)은 로열홀러웨이-런던대학교의 인문지리학 조교수이다. 주요 연구 분야는 역사지리학, 도서역사학, 과학사이며, 최근의 저서로 『지리학과 책 사이에 다리 놓기: 앨런 셈플과 지리적 지식의 수용(Bridging Geography to Book: Ellen Semple and the Reception of Geographical Knowledge)』(I.B.Tauris 2010)이 있다.

브렛 라슈아(Brett Lashua)는 리즈시립대학교 카네기 교수로 재직 중이다. 그의 연구는 젊은이들이 예술, 여가, 문화를 통해 어떻게 자신의 삶을 이해하는지, 그리고 젊은이들이 재현적·서사적 실천을 통해 어떻게 '의미화되는지'에 초점을 둔다.

케이트 로이드(Kate Lloyd)는 매쿼리대학교 환경·지리학과에서 부교수로 재직 중이다. 그녀는 개발지리학 전공자로서, 주로 아시아-태평양 지역의 초국적 경제와 오스트레일리아의 노던보더랜즈에서의 횡단 및 상호 관계를 연구하고 가르치고 있다.

세라 파커(Sarah Parker)는 이 책을 위해서 많은 사진을 제공해 주었다. 그녀는 현재 리버풀의 존무어대학교에서 지리학을 강의하고 있다. 거의 20년에 걸쳐 네팔로 답사를 다니면서, 안나푸르나 보존지구에 있는 시크리스 마을에 대해 연구를 수행하였고, 지역 답사를 지도하고 있다. 그녀가 이 지역에서 수행하고 있는 커뮤니티 프로젝트 사례는 자신의 저서 『우리의 마을, 우리의 삶: 시크리스를 중심으로(Our Village Our Life: Sikles in Focus)』에 잘 나타나 있다.

에릭 포슨(Eric Pawson)은 뉴질랜드 캔터베리대학교 지리학과 교수이다. 주요 저서로 『능동적 학습과 학생 참여(Active Learning and Student Engagement)』(with Mick Healey and Michael Solem, Routledge 2010)와 『제국의 씨앗: 뉴질랜드의 환경 변동(Seeds of Empire: The Environmental Transformation of New Zealand)』(with Tom Brooking, I.B.Tauris, 2011)이 있다.

크리스 립체스터(Chris Ribchester)는 체스터대학교의 지리·개발연구학과의 학과장이자 최우수 지리학 프로그램 책임교수이다. 주로 지리 교육 분야를 연구하고 있으며, 현재 직장 생활 이전의 사회 네트워킹의 영향과 윤리 교육에 관심을 두고 있다.

레이철 스프론켄-스미스(Rachel Spronken-Smith)는 캔터베리대학교에서 지리학을 강의한 바 있고, 현재 오타고대학교 고등교육개발센터장으로 재직하고 있다. 주요 연구 관심은 기후학과 고등교육이다.

마크 야올린 왕(Mark Yaolin Wang)은 멜버른대학교 자원관리·지리학과의 인문지리학 부교수이다. 그의 주요 연구 관심사는 중국과 동아시아의 도시화, 개발, 환경 문제에 초점을 두고 있다. 그는 15년 이상 중국 답사 강의를 담당하고 있다.

지은이 소개

온두라스의 작은 축산 농가에서 답사 중인 리처드 필립스 교수

리처드 필립스(Richard Phillips)는 셰필드대학교 인문지리학 교수이다. 이 책이 한국에서 출간되는 2015년 봄에는 학생들을 데리고 뉴욕을 답사하고 있는 중일 것이다. 강의실에서는 문화지리학, 사회지리학, 포스트식민 지리학을 가르친다. 이 책 외의 연구 성과로 『남성과 제국: 모험의 지리(Mapping Men and Empire: A Geography of Adventure』(Routledge, 1997), 『섹슈얼리티의 탈중심화: 대도시 너머의 정치와 재현(Decentering Sexualities: Politics and Representations Beyond the Metropolis)』(Routledge, 2000), 『성, 정치, 제국: 포스트식민 지리(Sex, Politics and Empire: A Postcolonial Geography)』(Manchester University Press, 2006), 『무슬림들의 희망의 공간(Muslim Spaces of Hope)』(Zed, 2009), 『81년 리버풀: 폭동을 돌이켜보며(Liverpool '81: Remembering the Riots)』(Liverpool University Press, 2011) 등이 있다.

캐나다의 아시아 테마 쇼핑몰에서 답사 중인 제니퍼 존스 교수

제니퍼 존스(Jennifer Johns)는 리버풀대학교 경영대학 국제경영학 부교수로서, 과거에 리버풀대학교와 맨체스터대학교에서 지리를 가르쳤다. 학부생, 대학원생 및 MBA 과정 학생들을 대상으로 경제지리학과 국제경영학을 포괄하는 주제들을 가르치고 있으며, 다국적기업의 국제화 전략 활동과 영향이 주요 주제 중 하나다. 주요 연구 분야는 경제활동의 집적 그리고 새로운 기업 조직 형태이다. 주요 저널에 논문을 게재해 오고 있으며, 현재에는 경제지리학과 국제경영학에 관한 책을 집필하고 있는 중이다.

옮긴이 소개

박경환

전남대학교 지리교육과 교수로 재직 중이다. 강의 및 연구의 초점은 사회이론과 인문지리학의 접점에 두고 있고, 답사를 통한 배움과 가르침이 얼마나 즐거운가를 주변에 전파하기 위해 노력하고 있다. (kpark3@gmail.com)

윤희주

전남대학교 지리교육과 석사과정에 재학 중이다. 아직도 답사의 목적보다 식도락과 같은 잿밥에 더 관심이 많지만, 낯선 곳에서 발견하는 희열감과 익숙한 곳에서 만나는 새로움 덕에 여전히 가방을 꾸릴 때마다 설레는 초보 지리학자다. (hiz0210@naver.com)

김나리

전남대학교 지리교육과 박사과정에 재학 중이며, 인문지리학도로서 '지리란 무엇인가'라는 질문에 대한 답을 찾는 중이다. 이 과정에서 연구 현장과 답사의 중요성을 몸소 체험했다. 향후의 연구에서도 열심히 발로 뛸 예정이다. (nr0509k@naver.com)

서태동

전남대학교 지리교육과 박사과정에 재학 중이며, 광주 풍암고등학교 학생들을 재미있는 지리의 길로 인도하는 열혈 지리교사다. 태생적으로 길치라 여행은 그리 즐기지 않았으나, 운명적으로 지리와 만나게 되면서 답사라면 지금 당장 짐을 꾸릴 기세로 살아가고 있다. (coolstd@nate.com)

지리 답사란 무엇인가 · FIELDWORK FOR HUMAN GEOGRAPHY

초판 1쇄 발행 2015년 5월 31일

지은이 리처드 필립스 · 제니퍼 존스
옮긴이 박경환 · 윤희주 · 김나리 · 서태동

펴낸이 김선기
펴낸곳 (주)푸른길
출판등록 1996년 4월 12일 제16-1292호
주소 (152-847) 서울특별시 구로구 디지털로 33길 48 대륭포스트타워 7차 1008호
전화 02-523-2907, 6942-9570~2
팩스 02-523-2951
이메일 purungilbook@naver.com
홈페이지 www.purungil.co.kr

ISBN 978-89-6291-276-0 93980

* 이 도서의 국립중앙도서관 출판시도서목록(CIP)은 서지정보유통지원시스템 홈페이지(http://seoji.nl.go.kr)와 국가자료공동목록시스템(http://www.nl.go.kr/kolisnet)에서 이용하실 수 있습니다.(CIP제어번호: CIP2015014108)